中国科学技术大学研究生教育创新计划项目经费支持

研究生系列教材
生物学

生物化学与分子生物学实验指南

PROTOCOLS IN BIOCHEMISTRY AND MOLECULAR BIOLOGY

金腾川　徐志豪　主编

中国科学技术大学出版社

内容简介

本书主要包括分子克隆及相关实验技术、蛋白质生化与生物物理技术、细胞生物学实验技术、结构生物学实验技术等内容，有60多项实验。每项实验详细介绍了实验材料、实验步骤等内容，其中包含一些最新的实验技术、部分实验的代表性结果和数据处理。

本书层次分明、逻辑清晰且切实联系实验室科研工作，可供生命科学等专业的教师和学生以及相关领域的研究人员使用。

图书在版编目(CIP)数据

生物化学与分子生物学实验指南/金腾川，徐志豪主编. —合肥：中国科学技术大学出版社，2023.3

ISBN 978-7-312-05566-9

Ⅰ. 生… Ⅱ. ①金… ②徐… Ⅲ. ①生物化学—实验—高等学校—教学参考资料 ②分子生物学—实验—高等学校—教学参考资料 Ⅳ. ①Q5-33 ②Q7-33

中国国家版本馆 CIP 数据核字(2023)第 012176 号

生物化学与分子生物学实验指南

SHENGWU HUAXUE YU FENZI SHENGWUXUE SHIYAN ZHINAN

出版 中国科学技术大学出版社
安徽省合肥市金寨路 96 号，230026
http://press.ustc.edu.cn
https://zgkxjsdxcbs.tmall.com

印刷 安徽国文彩印有限公司

发行 中国科学技术大学出版社

开本 787 mm×1092 mm 1/16

印张 17

字数 444 千

版次 2023 年 3 月第 1 版

印次 2023 年 3 月第 1 次印刷

定价 60.00 元

编　委　会

主　编　金腾川　徐志豪

副主编　邓莎莎　朱利霞

编　委（以姓氏笔画为序）

马　欢　王清清　刘木子樱　纪　正

杜　宇　杨芸茹　李越龙　张彩英

陈　凤　陈　时　赵　丹　胡　婧

姚靖雪　黄语洛　黄晓雪　曹晓聪

曾威红

前　言

本书基于中国科学技术大学结构免疫学实验室全体人员所熟悉和掌握的生物化学与分子生物学实验的经验，由实验室全体人员编写而成。本书可用于培养进入生物化学与分子生物学领域的新人，让其迅速了解相关实验方法，也可供相关领域的同行相互学习，从而促进知识的传播，以消除实验方法领域的壁垒。希望本书的出版可以加快实验室技术的传播，从而有助于建立一个成熟、规范的生物化学与分子生物学实验室。

本书几乎涵盖了本实验室所有实验人员在近几年科研活动中所进行的所有实验的操作指导。这样一本实验指南，逻辑清晰且实用性强。书中包含生物化学与分子生物学方面大量常用的实验技术，希望可以对生物化学与分子生物学实验的学习起到指导作用。

本书共包含4章及附录，书中介绍的实验方法均是编者根据自己的实践需要将其运用于实际，并进行探究、修改后而得的。需要注意的是，本书中的实验方法对编者自身所进行的实验是可行的，但读者们要视情况而定。

由于编者水平及时间有限，书中不足之处在所难免，欢迎广大读者批评指正。

编　者

2022年6月

目　录

第1章　分子克隆及相关实验技术

1.1　酶的使用指南

酶主要是构建分子克隆时使用的，可以分为Pfu酶、Taq酶、限制性内切酶、T4 DNA连接酶和TEV蛋白酶等。TEV蛋白酶是纯化蛋白时使用的，用来酶切TEV酶切位点，将标签从目的蛋白上切去。

Pfu-XI DNA聚合酶、Pfu酶和Taq酶都可自己纯化，若浓度极高，则需要稀释至0.5～1 mg/mL后再使用。一般在20 μL体系中加入0.2 μL酶即可。Pfu-XI DNA聚合酶和Pfu酶的效率是3 kb/min，Taq酶的效率是1 kb/min。目前，Pfu-XI DNA聚合酶、Pfu酶用的缓冲液是10×Pfu缓冲液、5×GC缓冲液和5×HF缓冲液3种。Taq酶用的缓冲液是10×Taq缓冲液。

限制性内切酶是用经典方法进行分子克隆时必不可少的一种酶，一般采用双酶切的方法。由于每种酶保证其最优效率的缓冲液不同，因此在搭配不同的酶时需要在NEB(纽英伦)网站上查找最优缓冲液。

T4 DNA连接酶也可自己纯化，也有商用的，如全式金和GenStar 2个品牌的T4 DNA连接酶。T4 DNA连接酶可与NEB的10×连接酶缓冲液或2×快速连接酶缓冲液配用，商用的T4 DNA连接酶用对应的缓冲液即可。连接时间一般是在16 ℃下过夜连接，快速连接时间一般是室温下半小时(也可以更长，根据加入的目的基因和质粒的量来决定)。

2×Taq Mix可用于菌液鉴定，使用时只需加入模板和引物，效率为1 kb/min。

TEV蛋白酶的浓度一般为2～5 mg/mL。酶切的温度一般在4 ℃，酶切体系按照酶∶底物=1∶20的摩尔比过夜即可，但也可以在不同的温度上调节酶切时间。表1.1是赛默飞世尔科技(Thermo Fisher Scientific)公司提供的在不同温度和时间下酶切底物的效率。

酶在-20 ℃下是不会结冰的，因为其储存溶液中含有50%甘油用作保护剂，如果发现酶结冰，那么肯定是里面进水了，这会导致酶的效率大大降低。而作为保护剂的甘油会抑制酶切过程，因此不建议多加酶，控制体系中的甘油浓度不超过10%。

表 1.1 使用 1 U TEV 蛋白酶酶切 3 μg 底物时在不同温度和时间下的酶切效率

时间(h)	温度(℃)			
	4 ℃	6 ℃	21 ℃	30 ℃
0.5	34	58	56	77
1	58	80	78	90
2	71	99	99	99
3	84	99	99	99

参 考 文 献

[1] Kapust R B，Waugh D S. Controlled Intracellular Processing of Fusion Proteins by TEV Protease [J]. Protein Expression and Purification，2000(19)：312-318.

1.2 分 子 克 隆

1.2.1 实验简介

完整的分子克隆可以简述为“分、切、接、转、筛、表”6 个实验，如图 1.1 所示。PCR、酶切、连接、转化是传统基因克隆方法获得重组质粒必不可少的步骤。用 PCR 方法扩增需要克隆的目的基因，限制性内切酶使插入片段和克隆载体之间建立互补配对的碱基序列，再经连接酶的连接反应完成插入片段和线性载体之间的重组。考虑到重组效率，通常要先将连接的产物转化到用于扩增质粒的克隆大肠杆菌的感受态细胞中，进一步筛选正确的重组子。

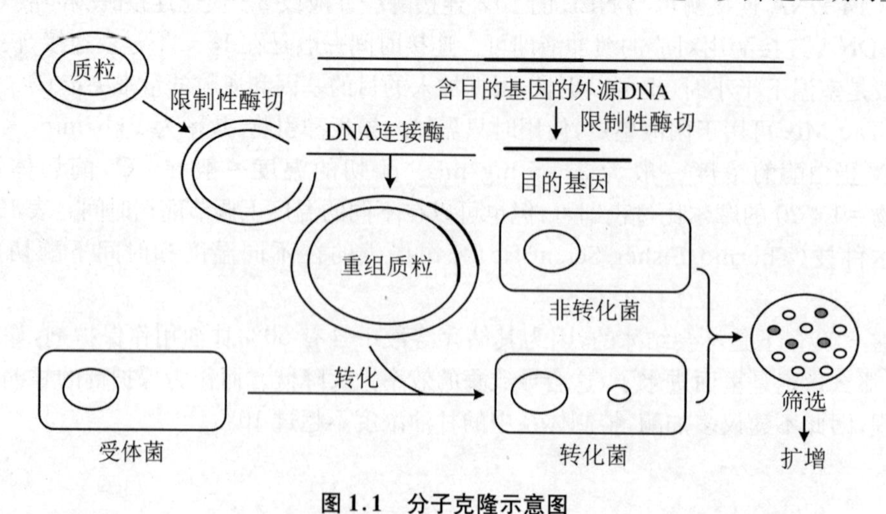

图 1.1 分子克隆示意图

1. PCR

PCR 即多聚酶链式反应，它是一种用于放大扩增特定的 DNA 片段的分子生物学技术，可看作生物体外的特殊 DNA 复制。PCR 的最大特点是能将微量的 DNA 大幅增加。反应过程分为 3 步：变性、退火、延伸。变性即双链 DNA 解旋形成单链，退火即特定引物与 DNA 单链模板结合，延伸即从 5′端向 3′端进行 DNA 链的复制延伸。

2. 酶切

限制性内切酶能特异性地结合在一段被称为限制性酶识别序列的 DNA 序列之内或其附近的特异性位点上，并切割双链 DNA。分子克隆实验中最常用的是Ⅱ型限制性内切酶，即那些可识别 4 个或 6 个碱基对的限制性内切酶。Ⅱ型限制性内切酶的识别顺序是一个回文对称顺序，切割后得到的是带黏性末端或平末端的线性 DNA。

3. 连接

DNA 连接酶催化双链 DNA 分子中相邻碱基的 5′-P 末端，且与 3′-OH 间形成 3′,5′-磷酸二酯键。一个 DNA 片段的 5′-P 末端与另一个 3′-OH 末端相靠近时，在 DNA 连接酶的作用下，在有 Mg^{2+}、ATP 存在的缓冲系统中可以被连接起来形成重组分子。常用的 DNA 连接酶是 T4 DNA 连接酶，其作用底物是双链 DNA 分子或 RNA∶DNA 杂交分子，可以连接黏性末端和平末端。

4. 转化

体外连接的 DNA 分子必须尽快引入宿主细胞，否则会很快降解，而且只有导入细胞中后，才能扩增及研究其功能的表达，细胞转化是常用且最有效的方法之一，细菌转化是指裸露的（或纯化的）DNA 被细菌吸收而导致基因转移的现象。大肠杆菌的感受态需诱导。将对数生长期的细菌放入 0 ℃氯化钙（$CaCl_2$）低渗溶液中，使其细胞膨胀，形成原生质球，获得吸收外源 DNA 的能力。加入 DNA 后，形成抗 DNA 酶的羟基-磷酸钙复合物黏附于原生质球表面，经 42 ℃的热冲击，DNA 被吸收。将细胞混合物涂布于合适的（筛选）培养基中培养几小时，使细胞恢复和增殖，转化基因得以表达，然后根据合适的选择条件可以区分转化细胞和非转化细胞。

1.2.2　实验材料

1. PCR 试剂

核酸模板、引物（10 μM，上下游引物）、dNTPs、氯化镁（$MgCl_2$）、DNA 聚合酶、HF 或 GC 缓冲液、二甲基亚砜（DMSO）、去离子水（ddH_2O）。

2. 酶切试剂

限制性核酸内切酶（如 Sal I、Not I）、酶切缓冲液、线性化的插入片段和载体。

3. 连接试剂

T4 DNA 连接酶、10×T4 DNA 连接酶缓冲液。

4. 转化试剂

感受态细胞（如 DH5α、TOP10）、抗性 LB 平板、无菌无抗的 SOC 或 LB 培养基。

1.2.3 实验步骤

1. PCR 部分

(1) 建立 PCR 反应体系(以 Pfu-XI DNA 聚合酶为例),见表 1.2。

表 1.2 PCR 反应体系

试剂	体积(共 20 μL)	体积(共 50 μL)
5×HF 或 GC 缓冲液	4 μL	10 μL
10×dNTP(每个 2.5 mM)	2 μL	5 μL
50 mM $MgCl_2$	0～0.2 μL	0.5 μL
Pfu-XI 聚合酶	0.2 μL	0.2～0.5 μL
引物	0.5 μL+0.5 μL	1 μL+1 μL
DNA 模板	0.1～1 μL	0.1～1 μL
DMSO(一般不加)	0.2 μL	0.5 μL
ddH_2O	补至 20 μL	补至 50 μL

注:选择薄壁的 PCR 管,按照上述体积系数,将上述物质依次加入混匀。

关键步骤

① 酶催化反应通常最后加入酶,并于冰上操作。

② DMSO 能够减少模板二级结构,从而促进引物与模板的结合,但也会增加突变的概率。

③ 在执行 PCR 扩增程序(表 1.3)时,最好每管 20～50 μL,过大的体积会使 PCR 仪中反应溶液的温度变化的均一性降低,导致反应条件不准确。

④ 实验时应具体情况具体分析。

(2) 建立 PCR 扩增程序(以 Pfu-XI DNA 聚合酶为例),见表 1.3。

表 1.3 PCR 扩增程序

步骤	温度	时间
预变性	98 ℃	1～5 min
变性	98 ℃	10 s
退火	62 ℃	10 s
延伸	72 ℃	1000 bp/15～30 s
再延伸	72 ℃	5 min
保温	12 ℃	10 min

关键步骤

① 不同的DNA聚合酶有不同的效率：Pfu-XI DNA聚合酶为3000 bp/min，Taq酶为1000 bp/min。

② 若以菌落或菌液为模板，预变性时间可适当提高至3～5 min。

(3) 通过琼脂糖凝胶电泳实验鉴定PCR结果。选择合适的琼脂糖凝胶浓度及合适大小的DNA Marker(DNA分子量标准)。

(4) PCR产物纯化回收。若条带产物较纯，推荐用PCR产物回收试剂盒回收；若条带产物较杂，可用胶回收。操作步骤见试剂盒说明书。

2. 酶切部分

(1) 建立酶切体系。

(2) 插入片段的酶切体系。插入片段可以是已经纯化回收的PCR产物或含有插入片段的质粒。以Sal I/Not I系列的限制性核酸内切酶为例，酶切PCR产物的体系见表1.4。

表1.4　酶切PCR产物的体系

PCR产物	体积(1～2 μg)
10×缓冲液3	10 μL
Sal I	0.5 μL
Not I	0.5 μL
ddH_2O	补足到50 μL

注：放置于37 ℃水浴锅中，反应2 h。

注意事项：

① 根据定义，1 U限制酶可以在1 h内切割1 μg DNA质粒。Sal I、Sal I HF、Not I HF为20 U/μL，这意味着在大多数情况下，0.5 μL或10 U绰绰有余。

② 选择合适的内切酶和该酶所对应的特定的酶切缓冲液，每种内切酶都有其高效反应缓冲液。如果不清楚双酶切的共用缓冲液，建议去NEB官网查阅具体的酶切信息。

③ 有些内切酶的反应可能要求加入BSA(胎牛血清中的一种球蛋白：牛血清白蛋白，它是酶的稳定剂，可防止酶的分解和非特异性吸附)，是否添加可在NEB官网查到。

④ 须将酶切体系中的甘油浓度严格控制在10%以下，否则容易出现酶切的“星活性”现象，即酶切的专一性被放宽，则酶切“序列识别”的严谨度下降(如从严格识别6个碱基才能酶切到只要识别4个相似碱基就可以酶切)。这样不但会切断特异性的识别位点，还会切断非特异性的识别位点，导致非特异切割现象出现。

⑤ 乱切原因：a. 低盐浓度(＜25 mM)；b. 高pH(＞pH 8.0)；c. 存在有机溶剂(如DMSO、乙醇、乙烯乙二醇、二甲基乙酰胺、二甲基甲酰胺、磺胺类等)；d. 用其他二价离子替代镁离子(如锰离子、铜离子、钴离子、锌离子等)。

⑥ 乱切解决办法：a. 尽量用较少的酶进行完全消化反应，这样可以避免过度消化及过高的甘油浓度；b. 尽量避免有机溶剂的污染(如制备DNA时引入的乙醇)；c. 将离子浓度

提高到 100～150 mM（若酶活性不受离子强度影响）。

(3) 酶切产物回收。使用酶切产物试剂盒回收法或琼脂糖凝胶回收法。

(4) 克隆载体酶切效果检测(可选步骤)。酶切后的载体和完整载体分别转化，对比转化结果。

3. 连接部分

建立连接反应体系。典型的体系为 10 μL 反应体系(以 T4 DNA 连接酶和 10× 连接缓冲液为例)，见表 1.5。

表 1.5　连接反应体系

T4 DNA 连接酶 10 μL 反应体系	体积
线性化插入片段	(0.15×610×条带大小)÷(1000×c) μL
线性化载体	(0.015×610×条带大小)÷(1000×c) μL
10×连接缓冲液	1 μL
T4 DNA 连接酶	1 μL
去离子水	补足至 10 μL

注：c 为 DNA 浓度，单位为 ng/μL。于冰上操作，将上述物质加到 PCR 管中混匀，放置于16 ℃或室温中反应过夜(8～12 h)。为减少蒸发，建议使用 PCR 管。

关键步骤

① 载体酶切的质量是连接成功的关键，连接前要确保载体的酶切效果和浓度。

② 连接体系以小体积建立，以增加分子碰撞的机会。

③ 应合适地插入片段，载体比值对连接反应的成功影响巨大。

④ 体积比例的设置依据各物质的质量比(与插入片段的大小和浓度相关)，插入片段不小于 0.3 pmol。体积比值一般选择在 1∶1 到 1∶8，增加插入片段的量主要是为了减少载体自连。

4. 转化部分

(1) 从 −80 ℃中取出感受态细胞并放在冰上溶解(大约 5 min)，做好标记，建议同时取一管感受态细胞做空白对照。

(2) 从 4 ℃的冰箱中取出抗性 LB 平板和 SOC 培养基(根据连接的载体的抗性选择抗性筛选的 LB 平板)，倒置平放在 37 ℃的恒温培养箱中孵育备用。设置水浴锅的温度为 42 ℃。

(3) 待感受态细胞的最后一粒冰融化时，取连接反应产物的一半(5 μL)转到 50 μL 的感受态细胞中，用指肚轻弹几下 EP 管底部使其混匀，并于冰上放置 20～30 min。

(4) 轻轻取出转化管并固定在浮板上，于 42 ℃下热激 45～90 s。将 EP 管的 1/2 或 2/3 没于水中，定好闹钟(60 s 通常是理想的热激时间，热激时间取决于所使用的感受态细胞)。

(5) 先于冰上放置 2～10 min，再于室温下放置 2 min。

(6) 在超净工作台中取 500 μL 无菌无抗的 LB 或 SOC 培养基，于 37 ℃下在摇床中摇

60 min 复苏细胞(将 EP 管倾斜 45°放置,注意时间不要超过 3 h,此时杂菌可能成为优势菌)。

(7) 将上述细胞以 4000 rpm 离心 5 min,取出于 37 ℃中孵育的抗性 LB 平板并做好标记(如质粒名称、抗性、感受态细胞名称、日期、姓名),在无菌操作台中倒掉离心后的上清液至 100～200 μL,重悬细胞,全部涂布到抗性 LB 平板中(涂棒在使用前后要于酒精灯外焰干烧一会儿以达到无菌,无菌玻璃珠在使用前后要专门分开放置)。

(8) 将抗性 LB 平板正置于 37 ℃的恒温培养箱中 10 min,使菌液凝固在培养基上(可选步骤)。

(9) 将抗性 LB 平板倒置于 37 ℃的恒温培养箱中培养 16 h(一般 14～18 h 都正常,24 h 后就会有杂菌蔓延)。

关键步骤

① 转化最好做阴性(如感受态细胞、无菌无抗的 LB 或 SOC 培养基)或"假阳性"(如空载体)对照,以确保转化操作是可行的,试剂也是可行的。

② 对于特别大的质粒可以用电转化的方法,但一般很少用到,此处不作介绍。

③ 因为转化后的培养时间较长,所以建议转化操作选在一天的下午进行,这样便于第二天上午观察检测结果。

参考文献

[1] Sambrook J, Fritsch E F, Maniatis T. Molecular Cloning: A Laboratory Manual[M]. New York: Cold Spring Harbor Laboratory Press,1989.

[2] Parlison M G. Guide to Molecular Cloning Techniques[J]. Trends in Neurosciences, 1988(11):510-511.

1.3 引物设计

1.3.1 实验简介

引物设计是一小段单链 DNA 或 RNA,在核酸合成反应时,其作为多核苷酸链进行延伸的起点。通常引物设计都是在已知模板序列的情况下进行的。以目的基因为模板设计一对特异寡核苷酸引物,从而进行 DNA 的体外合成反应。在引物的 3′-OH 上,核苷酸以二酯链的形式进行合成,因此引物的 3′-OH 必须是游离的。PCR 引物设计的目的是在扩增特异性和扩增效率 2 个目标上取得平衡。

1.3.2 基本原则

1. 引物长度

一般引物长度为18～30个碱基。确保退火温度不低于54 ℃的最短引物可获得最好的效率和特异性。每增加1个核苷酸,引物的特异性提高4倍,这样大多数应用的最短引物长度为18个核苷酸。引物长度的上限并不是很重要,其主要与反应效率有关。由于熵的原因,引物越长,它退火结合到靶DNA上形成供DNA聚合酶结合的稳定双链模板的速率越低。此外,引物太长,PCR的最适延伸温度会超过聚合酶的最佳作用温度(70 ℃),从而降低产物的特异性。

2. GC含量

一般引物序列中GC的含量为40%～60%,一对引物的GC含量和T_m(退火温度)应该协调。若引物存在严重的GC倾向或AT倾向,则可在引物5′端添加适量的A、T或G、C尾巴,并且相应地减少或增加引物的长度。

3. 退火温度(T_m)

在一定的盐浓度条件下,50 ℃为寡核苷酸双链解链的温度。PCR扩增中的复性温度一般是较低T_m引物的T_m减去5～10 ℃。如果引物碱基数较少,那么可适当提高退火温度,这样可使PCR的特异性增加;如果引物碱基数较多,那么可适当降低退火温度,使DNA双链结合。一对引物的退火温度相差4～6 ℃不会影响PCR的产率,但理想情况下一对引物的退火温度是一样的,可在55～75 ℃间变化。

4. 模板的二级结构区域

对于RT-PCR或Q-RT-PCR的引物设计,选择扩增片段时最好避开模板的二级结构区域。用有关的计算机软件可以预测并估计目的片段的稳定二级结构,有助于选择模板。但对于蛋白的克隆表达,有时必须要选择二级结构区域作为模板,故需酌情选择。

5. 引物的位置(主要针对RT-PCR或Q-RT-PCR检测引物的设计)

引物的序列应位于基因组DNA的高度保守区,且与非扩增区无同源序列,这样可减少引物与基因组的非特异性结合,提高反应的特异性。若以cDNA为模板,则首先应尽量使引物和产物保持在mRNA的编码区域内。其次,应尽量把引物放在不同的外显子上,以便使特异的PCR产物与从污染DNA中产生的产物在大小上有所区别。

6. 引物自身的检查表达

(1) 引物的二级结构。引物自身不应存在互补序列,否则会折叠成发夹状结构,特别是引物的末端应避免回文结构,这种二级结构会因空间位阻而影响引物与模板的复性结合。若用人工判断,那么引物自身的连续互补碱基不能大于3 bp。两引物之间不应存在互补性,尤其应避免3′端的互补重叠以防止引物二聚体的形成。一般情况下,一对引物间不应多于4个连续碱基存在同源性或互补性。

(2) 上下游引物的互补性。一个引物的3′末端序列不允许结合到另一个引物的任何位点上。

(3) 3′末端。引物 3′端是延伸开始的地方，因此要防止错配就应从这里开始。3′端不应超过 3 个连续的 G 或 C，因为这样会使引物在 G + C 富集序列区引发错误。3′端也不能形成任何二级结构且不能发生错配。如扩增编码区域，引物 3′端不能终止于密码子的第 3 位，因为密码子的第 3 位易发生简并，会影响扩增特异性与效率。如果可能的话，每个引物的 3′末端碱基应为 G 或 C。

(4) 5′端对扩增特异性影响不大，因此其可以被修饰而不影响扩增的特异性。引物 5′端的修饰包括加酶切位点，标记生物素、荧光、地高辛、Eu^{3+} 等，引入蛋白质结合 DNA 序列，引入突变位点，插入和去除突变序列及引入启动子序列等。额外的碱基不仅会或多或少地影响扩增效率，还会加大引物二聚体形成的概率，但为了下一步的操作就要作出适当的“牺牲”。

1.3.3　实验步骤

在 NCBI(美国国立生物技术信息)开发的 PubMed 系统中搜索目的基因，找到该基因的 mRNA 序列，在 CDS 选项中，找到编码区所在的位置，复制到 SeqBuilder 软件中建立序列文件。

(1) 对于 RT-PCR 和 Q-RT-PCR 所需的鉴定引物，建议用 Primer Premier 5 软件搜索最佳打分引物。即 T_m 为 55～70 ℃，GC 含量为 45%～55%，上下游引物的 T_m 相差 2 ℃以下，并且不存在发卡、二聚体、引物间交叉二聚体和错配等二级结构。

(2) 对于蛋白的克隆表达所需引物，全长蛋白的克隆需按照 ATG…TAA 起始密码子和终止密码子全部扩增出来。

设计 PCR 引物时需要在酶切位点序列的外侧添加保护碱基以提高酶切时的活性。实验室常用的保护碱基为 GTC、CTA。

1.3.4　针对性建议

(1) 引物纯化的主要方式。无特殊实验要求，克隆实验一般推荐 RPC 纯化方式。

(2) 一般默认模板序列的排列方式是以 5′-3′为主链，因此上游引物与模板是一致的，而下游引物是与模板序列反向互补的序列，在复制设计好的引物时切记需要检查。在本实验的常用软件 SeqBuilder 里，标记引物使用 Filled Arrow，以便将设计好的引物直接复制、粘贴。

(3) 若设计的引物太短，则会使其特异性降低；若引物太长，则会影响产物的生成。建议结合引物序列的 GC 含量和 T_m，选择最合适的长度。值得注意的是，引物的长度是指与模板 DNA 序列互补的部分，不包括为后续克隆而添加的酶切位点以及额外的保护碱基序列。

(4) 引物 3′末端的第一和第二个碱基影响 DNA 聚合酶的延伸效率，故其会影响 PCR 反应的扩增效率和特异性。建议引物 3′末端选择 G 或 C，因为它们形成的碱基配对比较稳定。

(5) 引物使用浓度。建议浓度为 0.1～1.0 μM,默认浓度为 1 μM。浓度太高会导致错配、引物二聚体增加;浓度太低会导致 PCR 效率降低。

参考文献

[1] Rychlik W, Rhoads R E. A Computer Program for Choosing Optimal Oligonucleotides for Filter Hybridization, Sequencing and in Vitro Amplification of DNA[J]. Nucleic Acids Research,1989(17):8543-8551.

1.4 吉普森组装

1.4.1 实验简介

吉普森组装(Gibson Assembly)是一种快速基因组装方法。它只需要将基因片段和需要的 3 种酶混合在同一个管内,在 50 ℃下培养 15～60 min 就可以得到组装好的 DNA。

装配原理基于 DNA 片段间的重叠区域,其过程依赖于 DNA 外切酶、高保真 DNA 聚合酶和耐热 DNA 连接酶的共同作用。如图 1.2 所示,首先,T5 核酸外切酶消化 DNA 片段的方向是从 5′端到 3′端。每个 DNA 片段分别形成一个单链的突出部分,由于这 2 个相邻

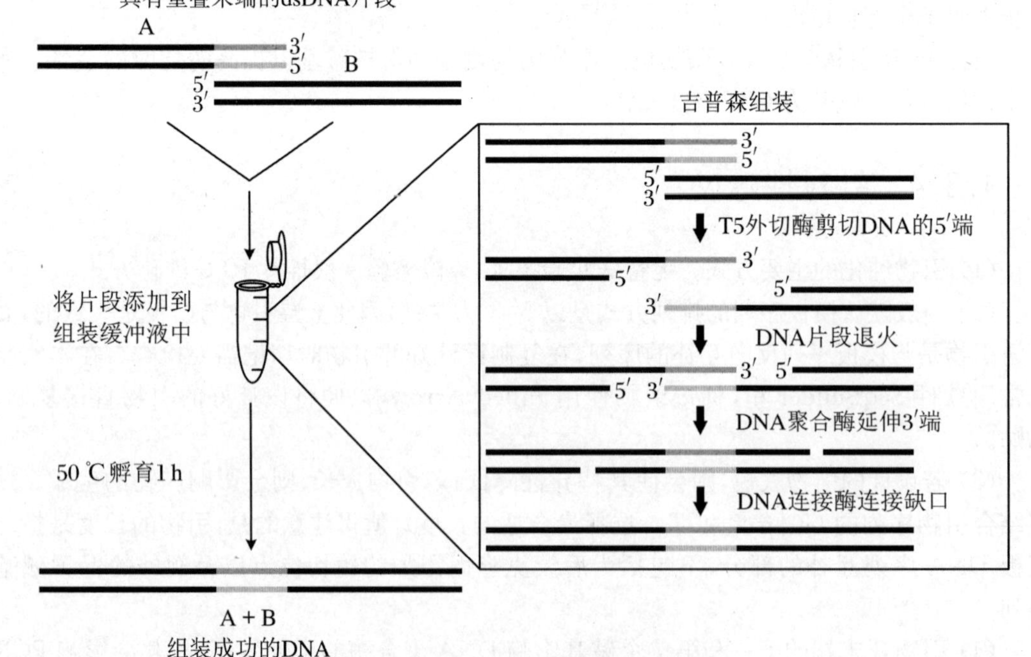

图 1.2 吉普森组装原理示意图

的突出片段中有一部分具有同源性，能够互补，所以DNA片段退火后，互补的序列重新配对连接。然后，在空缺的部分，DNA聚合酶以另一条DNA单链为模板，沿3′端方向将对应的脱氧核苷酸连接到单链上，以填补缺口。最后，连接酶将2条DNA单链黏合起来，密封裂缝，这样具有重叠区域的DNA片段就组装成了一整条DNA分子。

1.4.2　实验材料

1．试剂

NAD、H_2O、1 M $MgCl_2$、1 M二硫苏糖醇(DTT)、10 mM dNTP Mix、1 M Tris-HCl(pH 7.5)、0.5 g/mL聚乙二醇(PEG)8000、2.7 mg/mL Tag连接酶、0.85 μg/mL T5核酸外切酶、1×高保真DNA聚合酶、LB培养基、抗生素(据载体而定)、LB平板(相应抗性)。

2．实验前准备

(1) 于冰水浴中配制反应体系(表1.6)。如果不慎将液体粘在管壁，可通过短暂离心使其沉入管底。

表1.6　4×等温装配缓冲液及加入量

4×等温装配缓冲液	加入量
NAD	20 mg
H_2O	300 μL
1 M $MgCl_2$	300 μL
1 M DTT	300 μL
10 mM dNTP Mix	600 μL
1 M Tris-HCl(pH 7.5)	3 mL
0.5 g/mL PEG8000	3 mL

(2) 加水至7.5 mL，每管分500 μL存于－20 ℃或－80 ℃的冰箱中。配制反应体系(表1.7)。

表1.7　2×最佳装配缓冲液及加入量

2×最佳装配缓冲液	加入量
100 reactions	1 mL
2.7 mg/mL Tag连接酶	10 μL
0.85 μg/mL T5_ExO	100 μL
1×Phusion	25 μL
4×等温装配缓冲液	500 μL

(3) 加水365 μL，存于－20 ℃的冰箱中，有效期为1年。

1.4.3 实验步骤

(1) 设计引物通过 PCR 的方法在 DNA 片段的两端加上同源片段，NEB 官网推荐的同源片段长度为 15～40 bp，同时要求这部分对应的退火温度高于 50 ℃。

(2) 进行 DNA 纯化。PCR 产物进行琼脂糖电泳胶回收或 PCR 产物试剂盒回收。

(3) 进行重组反应，以 20 μL 反应体系为例(表 1.8)。

表 1.8　吉普森组装重组反应体系

组分	加入量
2×最佳装配缓冲液	10 μL
线性化载体	10～100 ng(1～2 μL)
插入片段	8～9 μL(3×5×载体)
灭菌的 ddH_2O	补足至 20 μL

应于 50 ℃下反应 15～60 min。

(4) 转化 10 μL 重组反应产物，涂板及克隆鉴定同传统分子克隆方法。

1.4.4 针对性建议

(1) 线性化载体的制备方法有 2 种。第一种是使用内切酶对克隆载体进行酶切，此方法的优点是载体的突变率较低、高保真，缺点是酶切不完全，会导致假阳性克隆空载体出现，从而影响单克隆的鉴定。第二种是反向 PCR 扩增制备线性化克隆载体，再采用胶回收或 DpnI 消化以去除环状载体质粒模板的影响，此方法的优点是假阳性克隆较少，缺点是因 PCR 扩增的条带较长，突变的概率也会相应增加。

(2) 在进行 DNA 纯化时，PCR 产物最好进行琼脂糖电泳，然后进行胶回收以消除 PCR。扩增时加入环状质粒模板对克隆鉴定有影响。

(3) 在选择克隆位点时，应避免选择克隆位点上下游 50 bp 内有重复序列的区域。当克隆位点上下游 20 bp 区域内的 GC 含量均在 40%～60%时，重组效率将达到最大。如这部分区域的 GC 含量高于 70%或低于 30%，重组效率会受到较大影响。

(4) 吉普森组装克隆法的缺点之一是只适用于长度超过 200 bp 的片段的组装；缺点之二是如果黏性末端形成稳定的二级结构，如发夹状结构或茎环结构，那么成功率会大受影响。其优点是可以同时进行多个片段的组装克隆。

(5) 在进行重组反应时，载体用量一般为 50～100 ng 较好，载体和片段的摩尔比为 1∶1 至 1∶3，当片段小于 200 bp 时，片段的用量可增加到载体的 5 倍量。

(6) 于 50 ℃下反应的时间最好不要超过 60 min。

参 考 文 献

[1] Gibson D G, et al. Enzymatic Assembly of DNA Molecules up to Several Hundred Kilobase[J]. Nature Methods,2009(6):341-343.
[2] Gibson D G, et al. Complete Chemical Synthesis, Assembly, and Cloning of A Mycoplasma Genitalium Genome[J]. Science,2008(319):1215-1220.

1.5 质粒大抽

1.5.1 实验简介

本方法使用 Omega 质粒大量离心提取试剂盒。其原理是在不同的 pH 下通过特异性的膜可逆地结合和脱离核酸,从而除去菌中的其他杂质,如蛋白等,这样核酸就可以通过去离子水和缓冲液简易地洗脱下来。

1.5.2 实验材料

1. 试剂

(1) 缓冲液 1:50 mM Tris、10 mM 乙二胺四乙酸(EDTA),盐酸调节 pH 8.0(使用前要加入 100×RNA 酶)。

(2) 缓冲液 2:200 mM 氢氧化钠(NaOH)、0.01 g/mL 十二烷基硫酸钠(SDS)。

(3) 缓冲液 3:4.2 M 盐酸胍、0.9 M 乙酸钾,乙酸调节 pH 4.8。

(4) 缓冲液 PB:5 M 盐酸胍、30%异丙醇。

(5) 缓冲液 PE:10 mM Tris,加入 80%无水乙醇,盐酸调节 pH 8.0。

(6) 乙酸钠:3 M 乙酸钠,乙酸调节 pH 5.2。

2. 实验前准备

使用 16 g 蛋白胨、10 g 酵母提取物、5 g 氯化钠(NaCl)和 1 L 去离子水配置 1 L 2×TY 培养基。

1.5.3 实验步骤

(1) 细菌培养物的生长。挑取单菌落接种到 2～5 mL 含有适当抗生素的 LB 液体培养基中,于 37 ℃下在 200 rpm/h 的摇床中振荡 8 h。用 2×TY 培养基以 1/500～1/1000 的比例稀释含菌落的培养基。于 37 ℃下在 200 rpm/h 的摇床中振荡 12～16 h 或过夜。

(2) 菌体的裂解。3000 rpm 离心 20 min 并弃置培养基,只留下菌体。在每 100 mL 菌液中加入 10 mL 缓冲液 1(使用前要加入 100×RNA 酶),务必吹打菌体,使其彻底悬浮均匀。在每 100 mL 菌液中加入 10 mL 缓冲液 2,轻轻颠倒 5～10 次,于室温下放置 5 min。在每 100 mL 菌液中加入 14 mL 缓冲液 3,上下颠倒,直到菌液不黏稠,于室温下放置至少 10 min。14000 rpm 离心 20 min。

(3) 质粒的获取。在 DNA 特异性结合柱上倒入 0.2 M NaOH,静置 5 min 后抽滤。将获得的所有上清液通过 DNA 特异性结合柱并抽滤。使用柱子的数量取决于菌液的体积,每 100 mL 菌液使用 1 根 DNA 特异性结合柱。

(4) 加入缓冲液 PB 并抽滤以去除蛋白,两次加入缓冲液 PE 用于清洗质粒 DNA 并抽滤。

(5) 空抽 DNA 特异性结合柱 5 min,于 60 ℃的烘箱中烘 20 min 以去除残留酒精。

(6) 在每根 DNA 特异性结合柱中加入 4 mL 双蒸水静置 10 min,3000 rpm 离心 20 min 以洗脱质粒 DNA,并放于干净的 50 mL 离心管中。

(7) 利用乙醇沉淀法纯化质粒。以下所有步骤都需要在超净工作台内进行。加入 1/10 最大体积的预冷乙酸钠于 DNA 溶液中充分混匀。加入 2.5 倍最大体积的预冷乙醇,充分混合后于 −20 ℃下放置过夜。3000 rpm 离心 20 min 后倒去所有上层乙醇液滴,小心保留离心管底部的沉淀。加入 2 mL 70%预冷无水乙醇,在充分混匀底部沉淀后,将全部液体从 50 mL 离心管转移至 2 mL 离心管,15000 rpm 离心 5 min。转移至超净工作台内弃上清液,于超净工作台内由风吹干酒精至少 30 min,直到底部白色团块变为透明无色为止。加入1 mL 双蒸水轻柔吹打溶解质粒。

(8) 检测质粒的纯度和浓度。取 10 μL 质粒溶液标记为“质粒原浓度”,取 10 μL 质粒溶液稀释至 20 μL,标记为“稀释 2 倍”,再从 2 倍稀释液中取 10 μL 质粒溶液稀释至 20 μL,标记为“稀释 4 倍”。分别检测原液和 2 种稀释液的 DNA 浓度,同时进行电泳检测质粒长度。

1.5.4 针对性建议

(1) 在配制时请使用精细培养基从而获得更高的质粒产量。

(2) 应使用 1 L 锥形瓶配制 200 mL 培养基、2 L 锥形瓶配制 1000 mL 培养基,否则细菌不能正常生长。

(3) 为了获取单克隆,建议使用三区划线法。

(4) 缓冲液 1∶缓冲液 2∶缓冲液 3 的体积比是 1∶1∶1.4。

(5) 加入缓冲液 2 时不要剧烈摇晃,防止基因组变成碎片进入,污染质粒 DNA。

(6) 加入缓冲液 3 时应该用力摇晃,否则蛋白不能聚团沉淀。

(7) 酒精的残余会严重影响质粒纯化,应尽可能地去除。

1.6　化学法 E. coli 感受态制备

1.6.1　实验简介

在自然条件下，很多质粒都可通过细菌结合作用转移到新的宿主内，但在人工构建重组质粒的过程中，由于缺乏转移必需的 mob 基因，重组质粒一般不能自主进入受体菌，而是需要帮助才能穿过细胞膜进入细胞内。1970 年，曼德尔（Mandel）和海格（Hige）发现大肠杆菌细胞经 $CaCl_2$ 溶液处理时能够吸收 λ 噬菌体 DNA，这种细胞能够吸收外源 DNA 的状态称为感受态。

氯化钙（$CaCl_2$）法是制备大肠杆菌感受态细胞最常用的化学方法，具有操作简单、重复性好的优点。在这种方法中，低温和 Ca^{2+} 的主要作用是破坏细胞膜上的脂质阵列。Ca^{2+} 与带负电的细胞膜结合，使低温和 Ca^{2+} 减少膜脂质的流动性和电荷排斥性，从而促进 DNA 结合在细胞膜上。细菌在 $CaCl_2$ 低渗溶液中膨胀为球形，转化混合物中的 DNA 形成羟基-钙磷酸复合物黏附于细胞表面，经 42 ℃ 热休克后促使细胞吸收外源 DNA。在丰富培养基中生长后，细胞复原并增殖，转入细胞的外源质粒也随之增殖。在选择性培养基平板上即可筛选出需要的转化子。

除了 $CaCl_2$ 法，还可以用甘油-聚乙二醇法、氯化铷法制备感受态细胞。实验室中常用 TB 法制备感受态细胞，这种方法是在 $CaCl_2$ 法的基础上进行了一些改进，将 $CaCl_2$ 溶液换成了 TB 溶液，将 LB 培养基换成 SOB＋＋培养基，将摇菌温度改为 18 ℃，冻存时将 15% 甘油换成 7% 二甲基亚砜（DMSO），可以更好地提高感受态细胞的效率。

实验室常用的感受态菌株主要有 DH5α、BL21、Rosetta、DH10Bac，其中 DH5α 用于基因克隆，BL21、Rosetta 用于原核表达，DH10Bac 用于昆虫表达中 Bacmid 的制备。

1.6.2　实验材料

1. 试剂

（1）无抗 LB 平板：10 g/L 蛋白胨、5 g/L 酵母提取物、10 g/L NaCl、15 g/L 琼脂糖。

（2）5 mL LB 培养基：10 g/L 蛋白胨、5 g/L 酵母提取物、10 g/L NaCl。

（3）DMSO、1 M $MgCl_2$ 溶液、1 M $MgSO_4$ 溶液（先将其他成分配好，高压蒸汽灭菌后再加入无菌的 $MgCl_2$ 和 $MgSO_4$）。

（4）500 mL SOB＋＋培养基：20 g/L 蛋白胨、5 g/L 酵母提取物、0.5 g/L NaCl、0.186 g/L KCl、10 mM $MgCl_2$、10 mM $MgSO_4$。

（5）120 mL TB 溶液：10 mM HEPES（pH 6.7）、15 mM $CaCl_2$、55 mM $MnCl_2$、250 mM

KCl(先将除 $MnCl_2$ 以外的其他成分配制好,使用 KOH 将 pH 调至 6.7,加入 $MnCl_2$ 后再使用0.22 μm 滤膜过滤除菌)。

2. 实验前准备

500 mL 离心瓶、5 mL 枪头、50 mL 离心管、0.22 μm 滤膜、一次性注射器、一次性无菌接种环、适量的1.5 mL EP 管。

3. 器械

分液器、移液器、分析天平、pH 计、超净工作台、摇床、Thermo 落地式离心机(使用前预冷至 4 ℃)。

1.6.3 实验步骤

1. 活化 DH5α 细胞(第一天)

将超净工作台提前用紫外线照射 30 min,将无抗 LB 平板提前放入 37 ℃的培养箱中孵育。从 -80 ℃的冰箱中迅速取出储存的 DH5α 菌种,立即用一次性无菌接种环蘸取菌液,在孵育好的无抗 LB 平板上划线。于 37 ℃下培养 14～16 h。

2. 物品准备,高压蒸汽灭菌(第二天)

配制所需的培养基和溶液,并将培养基、溶液和所需的所有物品进行高压蒸汽灭菌。准备要用的摇床。

3. DH5α 菌液小摇(第二天)

将超净工作台提前用紫外线照射 30 min。从无抗 LB 平板上挑取 DH5α 单克隆菌落至 5 mL 无抗 LB 培养基中,放入 37 ℃的摇床中过夜摇菌。

4. DH5α 菌液大摇(第三天)

将超净工作台和 37 ℃的摇床提前用紫外线照射 30 min。按照 1∶100 的比例将 5 mL 菌液加入 500 mL SOB++培养基中。于 18 ℃下 220 rpm 摇菌,其间测量菌液的 OD_{600},直至达到 0.5 左右。

关键步骤

① 摇菌大约需要 6 h。

② 温度为 18 ℃时,细菌生长更缓慢,形成的细胞壁更薄,更有利于吸收外源 DNA。

③ 温度为 37 ℃时,每 20 min 细菌增殖一代,OD_{600} 翻倍,可以此作为参考,估算 OD_{600}。

5. 制备 DH5α 感受态细胞(第三天)

以下所有操作均在超净工作台中且在冰上进行。

(1) 将 Thermo 落地式离心机预冷至 4 ℃,将 TB 溶液放置于冰上预冷,将 500 mL 离心瓶、1.5 mL EP 管放入冰箱预冷。

(2) 将菌液转移到 500 mL 离心瓶中,于冰上放置 10 min。于 4 ℃下 3000 g 离心 10 min,

彻底弃去上清液。用100 mL冰上预冷的TB溶液轻轻悬浮细胞，于冰上放置30 min。于4 ℃下3000 g离心10 min，彻底弃去上清液。

(3) 往18.6 mL冰上预冷的TB溶液中加入1.4 mL DMSO，轻轻悬浮细胞，于冰上放置5 min。

(4) 将1.5 mL EP管依次插到冰上预冷。

(5) 使用分液器以每份100 μL将感受态细胞分装到预冷的1.5 mL EP管中，迅速扣上管子。

(6) 迅速将其转移到液氮中冷冻，再转移到－80 ℃冰箱中长期保存。

关键步骤

① 操作要轻柔且迅速，分装操作可以两人协作以提高效率。

② 分装时，每次吸取菌液前都要轻轻摇匀。

6. 污染检测(第三天)

(1) 分别将感受态细胞涂布在Amp和Kana抗性平板上，于37 ℃下过夜培养。

(2) 取少量感受态细胞加入LB培养基中，过夜摇菌后涂布在无抗LB平板上，于37 ℃下培养，观察是否出现噬菌斑。

若步骤(1)中未观察到菌落生长，步骤(2)中未观察到噬菌斑，则说明感受态细胞没有被污染。

7. 效价检测(第三天)

(1) 将1 μL高浓度未稀释的puc19质粒转化到感受态后，加入900 μL无抗LB培养基复苏1 h后吸取100 μL涂布在Amp抗性平板上，于37 ℃下过夜培养。

(2) 将1 μL 1 ng/μL的puc19质粒转化到感受态后，加入900 μL无抗LB培养基复苏1 h后吸取100 μL涂布在Amp抗性平板上，于37 ℃下过夜培养。

(3) 将1 μL 0.1 ng/μL的puc19质粒转化到感受态后，加入900 μL无抗LB培养基复苏1 h后吸取100 μL涂布在Amp抗性平板上，于37 ℃下过夜培养。

计算感受态效率的公式为：转化子总数＝菌落数×稀释倍数×转化反应原液总体积/涂板菌液体积。

参考文献

[1] Lim Y, Su C H, Liao Y C, et al. Impedimetric Analysis on the Mass Transfer Properties of Intact and Competent E. coli Cells[J]. Biochimica Et Biophysica Acta Biomembranes, 2019(1): 9-16.

1.7 电转化感受态制备

1.7.1 实验简介

电转化(Electrotransformation)也称高压电穿孔法(High-voltage Electroporation),简称电穿孔法(Electroporation),可用于将DNA导入真核细胞(如动物细胞和植物细胞)和原核细胞(转化大肠杆菌和其他细菌等)。电转化技术的优点主要是对于使用磷酸钙DNA共沉淀法及其他技术难以转化的细胞,电穿孔法仍可适用。电转化的效率高,既可用于克隆化基因的瞬间表达,也可用于建立整合有外源基因的细胞系。下面将介绍电转化大肠杆菌的步骤。

1.7.2 实验材料

1. 试剂

甘油、2×TY培养基(每1 L中含16 g蛋白胨、10 g酵母粉和5 g NaCl)。

2. 实验前准备

配制10%甘油、2×TY培养基、灭菌试剂等。

3. 器械

Thermo落地式离心机、摇床、移液器、锥形瓶、试管、离心瓶、离心管。

1.7.3 实验步骤

(1) 挑取一个新鲜的需要制备感受态的菌株(如TG1、DH5α等)克隆接种于3 mL 2×TY培养基,于37 ℃下220 rpm培养6 h。

(2) 以1∶100的比例重新接种250 mL 2×TY培养基,于37 ℃下200 rpm培养1 h 40 min至OD_{600}为0.6~0.8。

以下步骤均于冰面上操作,所有溶剂和仪器均需要提前预冷。

(3) 将菌液转移至1 L离心瓶中,于4 ℃下5000 g离心15 min。

(4) 倒掉上清液,菌体用250 mL 10%甘油重悬,于4 ℃下5000 g离心15 min。

(5) 重复以上步骤1次。

(6) 倒掉上清液,菌体用100 mL 10%甘油重悬。

(7) 将其转移至2个预冷的50 mL离心管中,于4 ℃下3000 g离心10 min。

(8) 倒掉上清液,并彻底吸除残留的上清液。

(9) 加入 1 mL 10%甘油,用移液器轻轻吹打重悬。

(10) 分装为 100 μL 每管(约 12 管),储存于 −80 ℃冰箱中。

1.7.4　针对性建议

(1) 在制备过程中应注意随时保持感受态处于低温状态。

(2) 10%甘油需提前灭菌预冷。

参 考 文 献

[1] Miller E M, Nickoloff J A. Escherichia Coli Electrotransformation[J]. Methods in Molecular Biology, 1995(47):105-133.

[2] Novakova J, et al. Improved Method for High-efficiency Electrotransformation of Escherichia Coli with the Large BAC Plasmids[J]. Folia Microbiologica, 2014, 59(1):53-61.

1.8　氯化铷法感受态制备

1.8.1　实验简介

利用氯化铷(RbCl)法制备细菌感受态的转化效率被认为要高于常用的 $CaCl_2$ 法感受态,前者的转化效率可达到后者的 10 倍,RbCl 法可能是目前效率最高的化学法感受态制备方法。除制备时所需的试剂配制较 $CaCl_2$ 法多一些外,RbCl 法感受态的制备方法与 $CaCl_2$ 法大同小异,但 RbCl 法感受态的转化效率为 $CaCl_2$ 法的 2～8 倍。

1.8.2　实验材料

1. 试剂

缓冲液 1 的配制见表 1.9。

缓冲液 2 的配制见表 1.10。

SOC(500 mL)培养基的配制见表 1.11。

表 1.9　缓冲液 1 的配制方法

成分	终浓度	总体积 500 mL 时加入量	总体积 200 mL 时加入量	总体积 100 mL 时加入量
RbCl	100 mM	6.046 g	2.42 g	1.21 g
$MnCl_2 \cdot 4H_2O$	50 mM	4.95 g	1.98 g	0.99 g
KAc	30 mM	1.472 g	0.589 g	0.294 g
$CaCl_2 \cdot 2H_2O$	10 mM	0.735 g	0.294 g	0.147 g
甘油	15%	75 mL	30 mL	15 mL
水	—	补足到 500 mL	补足到 200 mL	补足到 100 mL

注：加入约 5～10 μL 醋酸调节 pH 至 5.8，用 0.22 μm 滤膜过滤。

表 1.10　缓冲液 2 的配制方法

成分	终浓度	总体积 500 mL 时加入量	总体积 200 mL 时加入量	总体积 100 mL 时加入量
MOPS	10 mM	1.046 g	0.419 g	0.209 g
RbCl	10 mM	0.605 g	0.242 g	0.121 g
$CaCl_2 \cdot 2H_2O$	75 mM	5.513 g	2.205 g	1.103 g
甘油	15%	75 mL	30 mL	15 mL
水	—	补足到 500 mL	补足到 200 mL	补足到 100 mL

注：加入 HCl 或 NaOH 调节 pH 至 6.8，用 0.22 μm 滤膜过滤。

表 1.11　SOC(500 mL)培养基的配制方法

成分	加入量
蛋白胨	10 g
酵母粉	2.5 g
NaCl	0.25 g
KCl	0.1 g
加 ddH_2O 定容至 200 mL，调节 pH 至 7.0，高压灭菌 20 min	
2 M $MgCl_2$（无菌）	2.5 mL
0.2 g/mL 葡糖糖（无菌）	9 mL

2. 实验前准备

配制缓冲液 1（表 1.9）、缓冲液 2（表 1.10）及 SOC(500 mL)培养基（表 1.11），使用前应一直在放在温度为 4 ℃的冰箱里预冷，准备灭菌的 1.5 mL 离心管，保证有足够的冰。

3. 器械

Thermo 落地式离心机（使用前预冷至 4 ℃）。

1.8.3　实验步骤

(1) 挑取一个细菌单克隆接种 3 mL LB，于 37 ℃下振荡培养过夜。

(2) 以1∶100的比例接种0.5 mL过夜菌至50 mL SOC培养基中，于37 ℃下振荡培养至OD_{600}为0.5左右，一般需要1.5～2.5 h。

(3) 转移菌液到离心管中，冰浴15 min，于4 ℃下3000 g离心10 min，倒掉上清液。

(4) 静置20 s后吸走多余的上清液。

(5) 加入20 mL预冷的缓冲液1，轻轻重悬细菌，冰浴30 min。

(6) 于4 ℃下3000 g离心10 min，倒掉上清液。

(7) 静置20 s后吸走多余的上清液。

(8) 加入4 mL预冷的缓冲液2，轻轻重悬细菌，冰浴15 min。

(9) 于冰面快速分装，每管100 μL。

(10) 于-80 ℃冰箱中储存备用，1年内有效。

关键步骤

控制重新接种后的细菌生长，OD_{600}不宜超过0.7。

1.8.4　针对性建议

(1) 以上步骤中的细菌量可按比例减少或增多。

(2) 制备好的感受态最好检测一下是否被野生型噬菌体污染。

参 考 文 献

[1] Green R, Rogers E J. Transformation of Chemically Competent E. coli[J]. Methods in Enzymology, 2013(529): 329-336.

1.9　Trizol法提取真核细胞总RNA

1.9.1　实验简介

利用传统的Trizol萃取方法，可以从动物组织、真核细胞等中提取总RNA，进行RNA定量实验。样品被充分裂解后，再加入氯仿离心，溶液会形成上清层、中间层和有机层，RNA分布在上清层中，收集上清层，经异丙醇沉淀后便可以回收得到总RNA。提取的总RNA纯度高，基本不含蛋白质和基因组DNA，可以用于mRNA纯化、体外翻译、RT-PCR等各种分子实验。

1.9.2 实验材料

1. 试剂

无 RNA 酶的纯水、氯仿、异丙醇、75%乙醇(无 RNA 酶的纯水)、Trizol 溶液、PBS 缓冲液。

2. 器械

无 RNA 酶的 EP 管和枪头、Thermo 落地式离心机、涡旋机、超净工作台、分光光度计、无 RNA 酶的研钵。

1.9.3 实验步骤

Trizol 试剂中的主要成分为异硫氰酸胍和苯酚,其中异硫氰酸胍可裂解细胞,促使核蛋白体解离,使 RNA 与蛋白质分离,并将 RNA 释放到溶液中。当加入氯仿时,它可抽提酸性苯酚,而酸性苯酚可促使 RNA 进入水相,离心后可形成水相层和有机层,这样 RNA 与仍留在有机相中的蛋白质和 DNA 分离开。

1. 样品收集

(1) 贴壁培养细胞。将培养基吸尽后,用 4 ℃预冷的 PBS 缓冲液洗 2 遍后吸干净,加入 1 mL Trizol 溶液吹打混匀,用枪头将细胞刮下后,转移到 1.5 mL 离心管中,涡旋振荡 30 s,于冰上静置 5 min 使其充分裂解。

(2) 悬浮生长细胞。将细胞悬液倒入 15 mL 离心管中,800 g 离心 10 min,吸出培养基,加入 2 mL 预冷至 4 ℃的 PBS 缓冲液,重悬细胞后再次于 4 ℃下 800 g 离心 10 min,尽量吸干 PBS 缓冲液,加入 1 mL Trizol 溶液吹打混匀,转移到 1.5 mL 离心管中,涡旋振荡 30 s,于冰上静置 5 min 使其充分裂解。

(3) 组织样品。样品切成小块后用液氮速冻,在液氮预冷的研钵中充分研磨至粉末状,其间要不断加入液氮,防止样品融化。加入 1 mL Trizol 溶液混匀,继续研磨至裂解液透明,转移到 1.5 mL 离心管中,于 4 ℃下 12000 g 离心 5 min,吸取上清液。

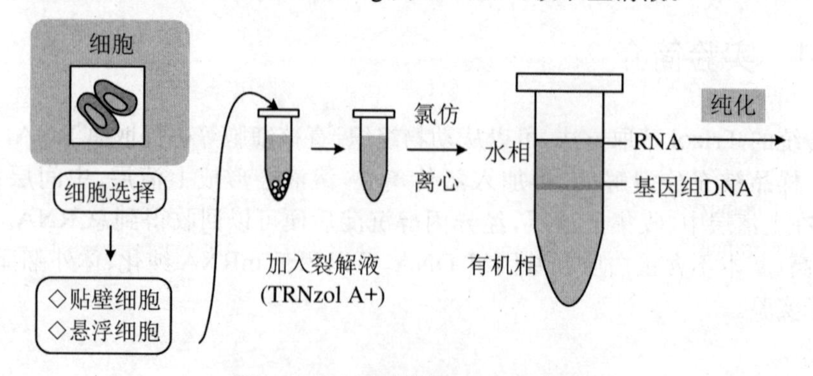

图 1.3 Trizol 法提取 RNA 示意图

2. 抽提 RNA

(1) 加入1/5体积的氯仿，剧烈振荡混匀30 s，使水相和有机相充分接触，于冰上静置5 min。

(2) 于4 ℃下12000 g离心15 min，可见分为3层，RNA在上层水相，中间层为DNA，下层为蛋白质。将上层水相移至另一个新的无RNA酶的EP管中（吸上清液时，枪头应沿着液面上层吸取上清液，枪头不可碰到或吸到中间层，宁可少吸也不能吸到中间层）。

(3) 沉淀RNA。加入等体积的异丙醇，轻柔地充分混匀（颠倒6～8次，不应用振荡器混匀），于冰上静置10 min。

(4) 于4 ℃下12000 g离心10 min，去除上清液，收集RNA沉淀，沉淀为白色（如离心后仍不见EP管底部有沉淀，应将EP管放置在−80 ℃的冰箱中过夜，继续在4 ℃下12000 g离心10 min，收集RNA沉淀）。

(5) 用75%乙醇轻柔洗涤（加入乙醇后只需轻轻颠倒EP管即可，但要保证管壁、管盖都被洗涤到），轻弹管底使沉淀悬浮（不要用振荡器振荡或枪头吸打沉淀），于冰上静置5 min。

(6) 于4 ℃下12000 g离心5 min，尽可能去除上清液，于室温中用超净工作台风干，沉淀会变为透明色，沉淀不能过干或过湿，过干不易溶解，过湿则会有乙醇残留。

(7) 视沉淀量加入适量无RNA酶的纯水（至少15 μL）溶解沉淀，必要时可轻轻吹打。可于−80 ℃冰箱中保存。

3. 总RNA纯度、浓度和完整性检测

(1) 总RNA纯度、浓度检测。取1 μL RNA样品，用TE缓冲液或者无RNA酶的纯水稀释，在核酸蛋白检测仪上测定 *OD*。OD_{260} 和 OD_{280} 的比值为2左右，说明制备的RNA较纯，无蛋白质污染；小于1.8，则可能有DNA或蛋白质污染；小于1.6，可视为RNA完全溶解。

(2) 总RNA完整性检测。取RNA样品1～8 μL至TE缓冲液中，加入DNA上样缓冲液，用1%琼脂糖凝胶电泳，并用凝胶成像系统观察并拍照。如果是完整的RNA，那么会有3条条带，分别是5 S rRNA、18 S rRNA和28 S rRNA。3条条带完整即可证明总RNA抽提比较完整。条带模糊或弥散则说明部分降解。

关键步骤

加入氯仿离心时切勿吸出白色中间层。RNA抽提的关键在于防止RNase污染降解RNA。

参 考 文 献

[1] Simms D, Chomczynski P. TRIzol: A New Reagent for Optimal Single-step Isolation of RNA[J]. Focus (San Francisco, Colif), 1993(15): 532-535.

[2] Han-Song Y U, Peng S, Xie Y H, et al. Study on Improvement of RNA Isolating Reagent Kit: TRIZOL[J]. Food Science, 2005(11): 23-30.

[3] Li D M, Ren W C, Wang X, et al. A Method with TRIzol Reagent and Liquid Nitrogen to Extract High-quality RNA from Rat Pancreas[J]. Journal of Xi'an Jiaotong University, 2009(158): 253-261.

[4] Eldh M, Lotvall J, Malmhall C, et al. Importance of RNA Isolation Methods for Analysis of Exosomal RNA: Evaluation of Different Methods[J]. Molecular Immunology, 2012, 50(4): 278-286.

1.10 体外逆转录

1.10.1 实验简介

利用反转录试剂,可以在短时间内快速将 RNA 高效合成用于实时 PCR 的 cDNA。这是进行实时 PCR 反应的必需步骤。为了准确进行 RNA 的定量表达分析,必须去除混杂的基因组 DNA,该试剂盒利用 gDNA wiper 可以有效去除基因组 DNA,同时减少 RNA 的降解和损失。

1.10.2 实验材料

1. 试剂

Vazyme HiScript Ⅱ Q RT SuperMix for qPCR(+gDNA wiper)Kit,货号:R223-01。

2. 器械

PCR 仪、PCR 管、无 RNA 酶的枪头。

1.10.3 实验步骤

(1) 去除基因组 DNA。

(2) 这里以 Vazyme HiScript Ⅱ Q RT SuperMix for qPCR(+gDNA wiper)Kit 为例操作,在无 RNA 酶的离心管中配制表 1.12 中的体系。

表 1.12 反转录体系

反转录体系	体积
无 RNA 酶的 ddH_2O	补足到 8 μL
4×gDNA wiper Mix	2 μL
Oligo(dT)18 (10 μM)、Random hexamers (50 ng/μL) 或基因特异性引物 (2 μM)	0.5 μL
模板 RNA	总 RNA:1 pg～500 ng

注:轻轻吹打均匀,于 42 ℃下放置 2 min。

(3) 配制逆转录反应体系。于 8 μL 上一步的反应液中直接加入 2 μL 5×Vazyme HiScript Ⅱ Q RT SuperMix for qPCR(+gDNA wiper)Kit,轻轻吹打均匀。同时可选做不加

逆转录酶的阴性对照反应(2 μL 5×No RT Control Mix),用于检测 RNA 模板中是否含有基因组 DNA 残留。

(4) 在上一步的离心管中直接加入 5×Vazyme HiScript Ⅱ Q RT SuperMix for qPCR (+gDNA wiper)Kit。

表 1.13　逆转录反应

温度	时间
25 ℃	10 min
50 ℃	30 min
85 ℃	5 min

产物可立即用于 PCR 反应或于 −20 ℃、−80 ℃下保存半年,避免反复冻融。

关键步骤

① 如果模板具有二级结构或高 GC 区域,可将步骤(2)的反应温度提高到 55 ℃。

② 确保 RNA 是溶于水而不是 TE 缓冲液,因为 TE 缓冲液对于基因组 DNA 的去除和逆转录反应都会产生抑制作用。

1.10.4　针对性建议

试剂盒中的引物可以有效反转录出 cDNA,如果实验中需要用到特异性的反转录靶点,则需要单独进行特异性引物的加样,不用重复加入试剂盒中的引物,同时将反转录的温度进行对应的调节。

参 考 文 献

[1] Jean J, Blais B, et al. Detection of Hepatitis A Virus by the Nucleic Acid Sequence-based Amplification Technique and Comparison with Reverse Transcription-PCR[J]. Applied & Environmental Microbiology, 2001(67):5593-5600.

[2] Giguère S, Prescott J F. Quantitation of Equine Cytokine mRNA Expression by Reverse Transcription-competitive Polymerase Chain Reaction[J]. Veterinary Immunology and Immunopathology, 1999, 67(1):1-15.

[3] Mackenzie D J, Mclean M A, Mukerji S, et al. Improved RNA Extraction from Woody Plants for the Detection of Viral Pathogens by Reverse Transcription-polymerase Chain Reaction[J]. Plant Disease, 1997, 81(2):222-226.

1.11 实时荧光定量 PCR

1.11.1 实验简介

聚合酶链式反应(PCR)是分子生物学领域功能最强大的技术之一。在实时荧光定量PCR(qPCR)中,每次循环均检测 PCR 产物。通过监测指数扩增期的反应,可以确定靶点的起始量,且精度极高。在实时荧光定量 PCR 中,每次循环结束后通过荧光染料检测 DNA 的量,荧光染料产生的荧光信号与生成的 PCR 产物分子(扩增片段)数直接成正比。利用反应指数期采集的数据,生成有关扩增靶点起始量的定量信息。实时荧光定量 PCR 使用的荧光报告基团包括双链 DNA(dsDNA)结合染料或在扩增过程中掺入 PCR 产物的、与 PCR 引物或探针结合的染料分子。

1.11.2 实验材料

1. 试剂

Vazyme SYBR Green Master Mix Kit,货号:Q111-02/03。

2. 器械

ABI StepOne 仪器(为例)、八连管及管盖、Thermo 落地式离心机。

1.11.3 实验步骤

这里以 Vazyme SYBR Green Master Mix Kit 为例。

1. qPCR 反应体系配制

qPCR 反应体系配制见表 1.14。

表 1.14 qPCR 反应体系

成分	体积
SYBR Green Master Mix	10 μL
Primer 1(10 μM)	0.4 μL
Primer 2(10 μM)	0.4 μL
ROX Reference Dye 1	0.4 μL
模板 DNA	2 μL
ddH_2O	至 20 μL

2. RT-PCR反应

RT-PCR反应见表1.15。

表1.15　RT-PCR反应

两步法PCR扩增	步骤
阶段1	预变性,95 ℃、30 s
阶段2	PCR反应
	95 ℃、5 s,60 ℃、30 s;重复40个循环

3. 仪器使用

(1) 提前10 min打开荧光定量PCR仪,电脑开机,打开软件StepOne Software v2.0。

(2) 在开始界面的三列按钮中选择第一列的"Advanced Setup"。

(3) 在左侧"Setup"一栏里点击"Experiment Properties"进行修改。写入Experiment Name,依次选择"StepOne Instrument(48 wells)"→"Quantitation-comparative $C_T(\Delta C_T)$"→"SYBR Green Reagents"→"Standard(～2 hours to complete a run)"。

(4) 点击"Setup"一栏中的"Plate Setup"修改"Define Targets & Samples",然后选择"Assign Targets & Samples",通过选择确定每孔的Targets和Samples的名称。

(5) 点击"Setup"一栏中的"Run Method"。

(6) 检查无误后,在"Run"一栏里点击"Start Run"开始PCR。

(7) PCR结束后将文件导出。在界面左上角选择"File"→"Export Data"→"Results"以及其他选项,并选择存档位置,以.xls格式保存数据。

1.11.4　针对性建议

(1) 在操作八连管时,先使用新的PE手套,再盖上八连管的盖子,因为仪器是通过管盖接收荧光信号的,不污染管盖可以减小误差。加入反应液盖好盖子后,确保无气泡,然后1500 g离心1 min。

(2) 实时荧光定量PCR反应的对照品可证明从实验样本中获取的信号表示目的扩增片段,从而验证了反应的特异性。所有实验应包括无模板对照(NTC)、qRT-PCR反应和无逆转录酶(no-RT对照)。

(3) 由于每个实时荧光定量PCR实验各不相同,仔细周详的计划应包括选择标准品。无论样本的治疗或疾病状态如何,标准品的表达应保持稳定,需要通过实验进行测定。

参　考　文　献

[1] Heid C A, Stevens J, Livak K J, et al. Real Time Quantitative PCR[J]. Genome Research, 1996 (6): 986-994.

1.12 基因定点突变

1.12.1 实验简介

定点突变(Site-directed Mutagenesis)是指通过聚合酶链式反应(PCR)等方法向目的DNA片段(既可以是基因组,也可以是质粒)中引入所需变化,包括碱基的添加、删除及点突变(单点/多点)等。定点突变能迅速、高效地提高DNA所表达的目的蛋白的性状及表征,是基因研究工作中一种非常有用的手段。从原理上看可分为两种:一种是搭桥法(重叠PCR);另一种是一步法(全质粒PCR)。

1.12.2 搭桥法(重叠PCR)定点突变

搭桥法共需要两对引物(两端引物和中间引物)、两次PCR。首先分别用中间引物和两端引物扩增出突变基因的两段(PCR1、PCR2),再以这两段作为第二次扩增的模板,用两端引物 primer F 和 primer R 进行搭桥扩增,如图1.4所示。

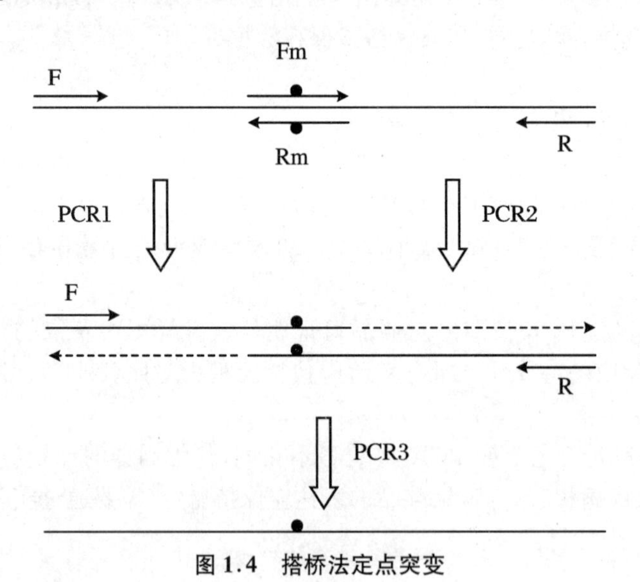

图1.4 搭桥法定点突变

PCR1、PCR2:分别以 primer F + primer Rm 和 primer R + primer Fm 为引物对进行扩增。

PCR3:以 primer F + primer R 为引物对进行扩增。

具体实验步骤如下:

(1) 设计引物。4条引物的 T_m 都应相当。两端 PCR 引物参照普通引物设计并无特殊要求。所需引入突变包含在中间引物互补区域内(需要在2条引物上均引入点突变),请勿将突变位点置于引物3′末端且突变位点距离3′端最少要有15个碱基,因为有非匹配碱基的存在,太短会导致引物与模板无法结合。

(2) 对于一对中间引物的设计,如图1.5所示(有灰底处是突变碱基),两引物间可以是完全互补,也可以是部分互补,但两引物间互补部分的 T_m 不能太低(太低会导致 PCR3 无法配对延伸)。

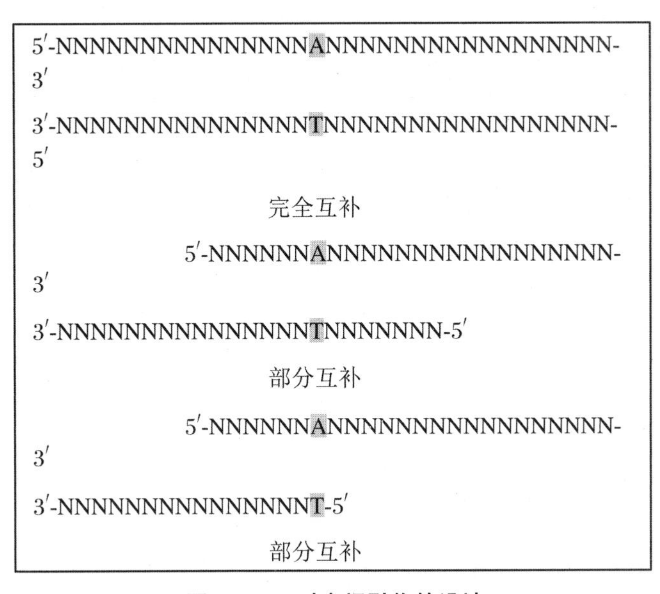

图1.5 一对中间引物的设计

(3) PCR(PCR1 和 PCR2)。PCR1 和 PCR2 分别以 primer F + primer Rm 和 primer R + primer Fm 为引物对进行扩增。回收 PCR 的产物,将其作为模板加上两端引物 primer F 和 primer R 再次进行 PCR。注意:第一次扩增不能使用 Taq 聚合酶,因为 Taq 聚合酶会在产物3′端多加一个A,导致后续的 PCR3 出现移码突变。

(4) 克隆。回收 PCR3 产物,然后进行酶切、连接、转化。

1.12.3 一步法定点突变

一步法以质粒为模板,当考虑扩增效率时需将正向引物和反向引物分开扩增,以避免二聚体的产生。一步法定点突变的原理如图1.6所示。

具体实验步骤如下:

(1) 设计引物。设计一对含有目标突变的引物,除所需引入的突变位点外,其余序列与质粒模板完全匹配。不同于搭桥法的一对中间引物,全质粒 PCR 法的一对引物最好不是完全配对的,因为这对引物是放在一个 PCR 反应中的,完全配对极易形成引物二聚体,而不是与模板质粒结合。这就要求两条引物间配对区域的 T_m 要小。

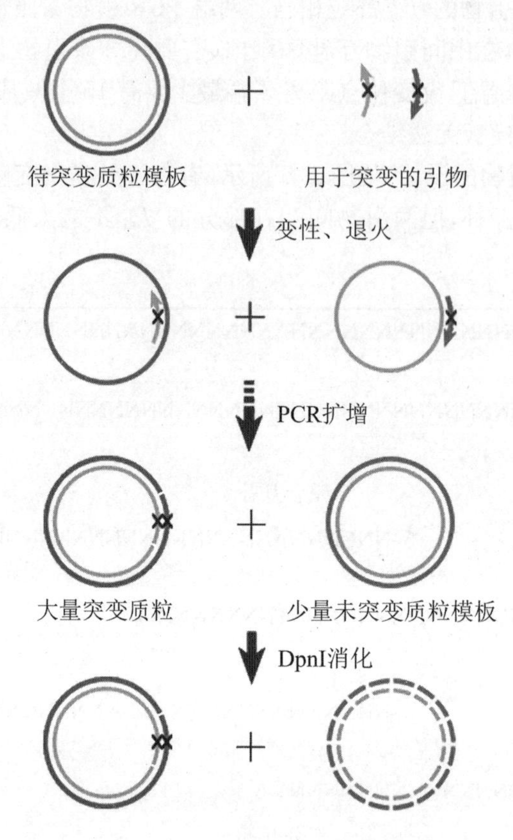

图 1.6　一步法定点突变原理图

（2）PCR。PCR1 为质粒＋正向引物扩增；PCR2 为质粒＋反向引物扩增。两次 PCR 均按照常规 PCR 程序进行，不同的是只反应 12 个循环而不是 30 个循环。PCR3 为待 PCR1 和 PCR2 反应完成后，将二者体系混合成一个体系并补加适量的高保真聚合酶（如 Pfu 或 Pfu-XI），然后按照常规 PCR 程序继续反应 16 个循环。

关键步骤

① 不能用 Taq 聚合酶，因为 Taq 聚合酶无 3′-5′外切酶活性，会导致保真性差、全质粒 PCR 片段长，易出现非目标突变。且 Taq 聚合酶具有 5′-3′外切酶活性，当 PCR 以质粒为模板复制一圈回到最初的引物位置时，原有引物因外切而引入的突变又会变回野生型质粒的序列。

② 为防止非目标突变，PCR 循环次数不要太多（建议不超过 25 个）。

③ 在质粒能正常扩增的前提下，应尽量减少质粒模板使用量，以避免模板质粒消化不完全背景增加。（酶切和 PCR 都无法区分）

（3）PCR 产物的甲基化酶处理。待突变的质粒通常来源于 DH5α 等 dam＋大肠杆菌，在这些 dam＋细菌中的质粒会被甲基化修饰，而在体外通过 PCR 扩增得到的质粒不会被甲基化修饰。这样用特异性识别甲基化位点的 DpnI 酶，可以消化待突变的质粒模板，从而使通过 PCR 扩增出来的含有突变位点的质粒被选择性地保留下来(DpnI 酶只消化甲基化的 DNA)。随后把 DpnI 酶处理过的产物转化为感受态细菌后，突变质粒中的两个 nick 位点可以被大肠杆菌修复，得到的克隆就会含有预期的突变质粒了。

(4) 向 PCR 产物中加入 1 μL DpnI 酶和 4 μL 10×NEB CutSmart 缓冲液消化模板质粒，置于 37 ℃下反应 1 h，取出 5 μL 跑胶检测，剩余的取部分做细菌转化、涂板，然后筛选转化子、测序。

1.12.4　针对性建议

(1) 搭桥法也可以不进行第二次 PCR 而直接进行吉普森组装克隆，前提是要满足所需连接的片段之间有一定长度的重叠。

(2) 一步法也可以向搭桥法转化。

参 考 文 献

[1] Ho S N, Hunt H D, Horton R M, et al. Site-directed Mutagenesis by Overlap Extension Using the Polymerase Chain Reaction[J]. Gene, 1989(77): 51-59.

1.13　甘油冻存菌、引物、质粒、蛋白质的保存

1.13.1　实验简介

实验室的所有人员都需要做大量实验，随着实验的进展，会产生很多冻存菌、引物、质粒和蛋白质。那么如何管理这么多的实验产物呢?

先在标准的电子保存记录文档中，预定出冻存菌/引物/质粒在冻存盒中的虚拟位置。在该虚拟位置处，记录下冻存菌/引物/质粒的信息(如名称、序号、状态、冻存时间)。填写好相关信息后，再将冻存菌/引物/质粒放于冻存盒的预定位置，保存到合适温度的冰箱或液氮罐中。最后，要对电子保存记录文档和相应的冻存盒进行编号。

1.13.2　甘油冻存菌的保存与复苏

1. 甘油冻存菌的保存

按照菌种类型(如 DH5α 或表达菌)的不同，分盒保存。冻存盒中的冻存管，可按冻存时间排列。甘油冻存菌应保存在 −80 ℃的冰箱或液氮罐中。

(1) 一般保种用的菌液要求浓一些，因此培养时间可以比平时长一些，一般过夜即可。

在无菌操作条件下，分别向已灭菌的2 mL冻存管中加入500 μL菌液和60%甘油溶液，务必充分混匀。甘油可以保护细胞，防止细胞被冻伤。冻存温度和冻存速率都对细胞存活有影响。

(2) 将甘油冻存菌直接保存在-80 ℃中。该冻存菌可在此条件下保存数年之久，冻存和融化操作将会减少保存年限。

2. 甘油冻存菌的复苏

从甘油冻存菌中复苏细菌，在无菌条件下打开盖子，使用无菌接种环或灭菌枪头从冻存管中刮取适量冻存菌，划线接种到LB平板(含有合适抗生素或无抗)上。操作应适当快一些，以减少冻存管内的冻存菌融化。在合适的温度条件下，将划线接种的LB平板进行过夜培养。

关键步骤

待所有东西都准备完毕后，再去-80 ℃的冰箱中取出保种菌，划线动作要快，时间拖得太长可能会导致冻存菌融化，使得保种菌死亡。

1.13.3 引物保存

(1) 按照用途，引物分为PCR引物和测序引物。而按照存在状态，引物则分为干粉或薄膜状态、100 μM稀释状态、10 μM稀释状态(10 μM为PCR的通常使用浓度)等3种状态。

(2) 测序引物一般有2管(均为干粉/薄膜状态)，其中一管可直接保存，而另外一管可稀释其中引物的浓度至10 μM(测序所需浓度)。PCR引物则需根据引物的浓度不同(一般只有100 μM和10 μM 2种)进行分盒保存。引物保存在-20 ℃的冰箱中。

(3) 引物稀释时先将装有引物的EP管进行离心，12000 g离心1 min，将干粉或薄膜状态的引物离心至管底。然后，根据引物管上指示的体积，加入对应量的无菌蒸馏水，使用枪头(不推荐使用涡旋振荡器)吹打混匀，即可得到浓度为100 μM的引物，再稀释10倍即可得到浓度为10 μM的引物。

1.13.4 质粒保存

(1) 按照用途，质粒一般分为PCR模板型质粒(用于扩增目的基因片段)和蛋白表达型质粒(用于表达目的蛋白)。可按照用途的不同分盒保存。质粒保存在-20 ℃的冰箱中。

(2) 此外，也可将质粒转入合适的感受态菌株中，通过保存菌种的方法达到保存质粒的目的。

1.13.5 蛋白质保存和化冻

新鲜的蛋白质样品，活性往往最好。但很多时候，需要把蛋白质冻存起来，以备日后使用。蛋白质一般要浓缩到大于 1 mg/mL 才适合冻存，浓度越高越好。一般采用小体积速冻速融的方式将蛋白质冻存于 −80 ℃的冰箱或液氮中。很多后续实验如长晶体，则不适宜加甘油，因此一般不加防冻剂。

参 考 文 献

[1] Bensouda Y, Laatiris A. The Lyophilization of Dispersed Systems: Influence of Freezing Process, Freezing Time, Freezing Temperature and RBCs Concentration on RBCs Hemolysis[J]. Drug Development and Industrial Pharmacy, 2006, 32(8): 941.

第 2 章　蛋白质生化与生物物理技术

2.1　蛋白质表达系统

2.1.1　E. coli 蛋白表达系统

蛋白的原核表达是指用细菌（如大肠杆菌）表达外源基因蛋白的一种分子生物学技术。原核表达的优点有宿主菌生长较快、易于操作、产量较高等，对于结构生物学这类需要大量蛋白质的学科来说比较适用。

常用的大肠杆菌表达系统大多采用 T7 启动子，它可以结合乳糖操纵子和阿拉伯糖操纵子的元件，对其控制的基因表达进行调控。通常目的蛋白的表达可以通过添加诱导剂来实现，常用的诱导剂为异丙基-β-D-硫代半乳糖苷（IPTG），但也有用四环素和阿拉伯糖诱导原核表达系统的。常用的表达菌株有 BL21（DE3）、Rosetta、Codon Plus RIPL 等，常用的表达载体有 V29H、V28E、V30、V55 等。因为不同载体运用的蛋白表达方法不同，所以应根据不同载体的特点选择合适的表达菌株和诱导剂。

2.1.1.1　E. coli 蛋白表达检测

1．实验简介

原核小规模表达测试是大规模蛋白表达前的预实验，只有在小规模测试中能够成功表达目的蛋白的克隆才能用于大规模蛋白表达。此处以小规模蛋白表达测试为例（大规模蛋白表达类同小规模表达，不同的是前者所用培养基的用量以升为单位）。

2．实验材料

试剂：无抗性液体培养基（包含试管装 5 mL 液体培养基）、含抗生素的固体培养基、抗生素（视载体情况而定）、诱导剂（1 M IPTG）、60%甘油（使用前需灭菌）、SDS 上样缓冲液、考马斯亮蓝 G250 染液。

3．实验步骤

（1）第一天：转化重组质粒至表达菌株，于 37 ℃的培养箱中过夜培养 16 h。

（2）第二天：挑取单克隆于 5 mL 抗性培养基（一般一种菌株挑取 2～5 个单克隆）中，于 37 ℃的摇床中培养至 $OD_{600}=1.2$（时间约为 5 h）。

① 保菌。在超净工作台中取相同体积的菌液和甘油于冻存管(使甘油浓度为 20%～30%,如 0.5 mL 菌液 + 0.5 mL 60%甘油)中,混匀后放入 − 80 ℃的冰箱中保存。

② 对照。从试管中分别吸取 1 mL 菌液至 2 mL 离心管中,不加诱导剂,于 16 ℃的摇床中诱导约 3 h。

③ 诱导。从试管中分别吸取 1 mL 菌液至 2 mL 离心管中,加入适量诱导剂(常为 1 μL 1 M IPTG,其他诱导剂用量请参见其使用说明书),于 16 ℃的摇床中诱导约 3 h。

(3) 聚丙烯酰胺凝胶电泳(SDS-PAGE)检测。

① 诱导组和对照组的菌液,以 5000 rpm 离心 5 min,弃上清液(此时可以打开煮样器,让其升温)。

② 每管加入 100 μL 双蒸水重悬,并加入 SDS 上样缓冲液至 1×,混匀,于煮样器中煮 10～20 min。

③ 将上述溶液以 12000 rpm 离心 10 min(此时可将蛋白电泳装置准备好)。

④ 将离心好的样品取上清液按照未诱导、诱导、未诱导的方式对应跑胶。

⑤ 将成功诱导的克隆于 − 80 ℃的冰箱中用甘油保存。

蛋白表达诱导聚丙烯酰胺凝胶电泳检测结果如图 2.1 所示。

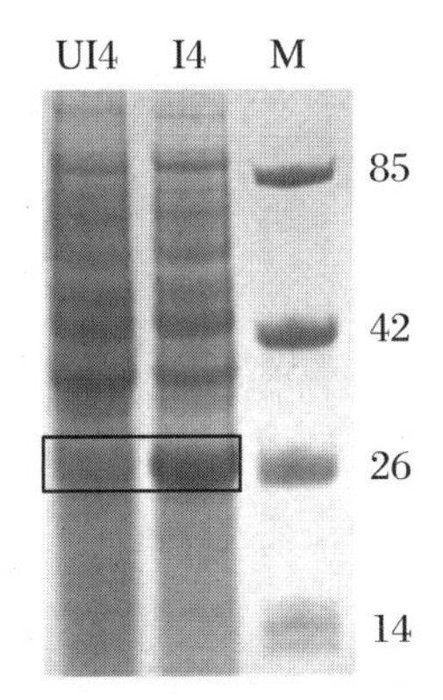

图 2.1　蛋白表达诱导聚丙烯酰胺凝胶电泳检测结果

(UI:未诱导,I:诱导)

4. 针对性建议

(1) 尽量不要在冰箱中冻存过多的表达菌或克隆菌,以节约公共资源。

(2) 实验室常用的抗生素有卡那霉素和氨苄青霉素,具体抗性视载体情况而定,如 V28E、V29H 等载体抗卡那霉素,V55、V137、V138 等载体抗氨苄青霉素。并不是所有的载体都用 IPTG 诱导,使用前需要查看相关的说明书。

(3) 若重复若干次实验后,目的蛋白的小规模表达均不理想,可以考虑更换载体或表达菌株再进行小规模诱导检测。

(4) 若想确定蛋白表达是在包涵体中还是在上清液中,需从诱导成功的冻存菌中再接种表达菌进行诱导表达,诱导结束后离心菌液取沉淀,加入缓冲液后进行超声破碎,再次离心后分别取上清液和沉淀制样,通过聚丙烯酰胺凝胶电泳检测以确定表达的情况。

(5) 对于一些拥有特殊性质或较难表达的蛋白,可尝试使用不同的表达菌株,如 AI 可用于表达毒性蛋白,Rosetta、RIP、RIPL 常用于表达哺乳动物蛋白(含有稀有密码子)。

2.1.1.2 E. coli 大规模蛋白表达

1. 实验简介

蛋白质是使用生物学功能的最重要的一类分子。利用生物化学、生物物理,特别是结构生物学等手段对蛋白质进行研究,需要大量的高纯度蛋白。利用异源表达宿主来表达重组蛋白是目前最常用的一种方式。

蛋白表达纯化系统有很多种,比较常用的有原核表达系统(如大肠杆菌)和真核表达系统(如酵母、昆虫细胞或哺乳动物细胞)。不同的表达系统各有优缺点,而不同的蛋白对表达系统的要求也不同。这里仅介绍大肠杆菌的表达系统。

2. 实验材料

(1) 试剂。

LB 培养基、抗生素(根据载体抗性而定)、1 M IPTG、0.5 g/mL 葡萄糖、2 M $MgSO_4$、Ni-binging Buffer(Ni-结合缓冲液)、Ni-elution Buffer(Ni-洗脱缓冲液)。

(2) 实验前准备。

清洗 2 L 的摇菌烧瓶和若干个 50 mL 离心管(高温高压灭菌)。

(3) 器械。

摇床、超净工作台、高压灭菌锅。

3. 实验步骤

(1) 配制 LB 培养基。在大规模摇菌的前一天配制 LB 培养基,以 5 L 的 LB 培养基为例,称取 50 g NaCl、50 g 蛋白胨、25 g 酵母粉溶于自来水,定容至 5 L。同时,配制用于第二天大规模接菌的 LB 培养基。将 LB 培养基、50 mL 干净的离心管、0.5 g/mL 葡萄糖、2 M $MgSO_4$ 在 121 ℃下高压灭菌 20 min。

(2) 在超净工作台中将小规模诱导成功的表达菌接种于 100 mL LB 培养基中,并加入相应的抗生素,同时也可每升添加 1 mL 2 M $MgSO_4$ 和 5 mL 0.5 g/mL 无菌葡萄糖(促进细胞生长,抑制基础表达或漏表达),于 37 ℃的摇床中过夜摇菌。

(3) UV 灭菌。在第二天大规模摇菌前打开大摇床的紫外灯照射灭菌,同时将 LB 培养基、灭菌后的离心管、抗生素及所需枪头喷洒酒精后放入超净工作台内,打开紫外灯照射灭菌 20 min。

(4) 接菌。用无菌的 50 mL 离心管将过夜培养的菌液平分至 5 L 的 LB 培养基中,并加入相应的抗生素。

(5) 摇菌。于 37 ℃的摇床中大规模摇菌至 OD_{600} 为 1.2(需 3～4 h),然后调节温度至 16 ℃,加 IPTG 诱导表达 4 h 后,于 4 ℃的 Thermo 落地式离心机中收菌,短期可将菌体存放于 −70 ℃的冰箱中。

4. 针对性建议

(1) 尽量不要使用甘油冻存菌直接接菌,建议重新划线 LB 平板,然后挑取单克隆,以避免噬菌体污染和质粒丢失。

(2) 根据蛋白表达量确定大规模摇菌体积，如果是表达量很高的蛋白，一般3 L已足够，而表达量低的蛋白可多摇至10 L或12 L。一般情况下，根据后续的实验要求，我们需要纯化得到几毫克蛋白用于结晶及后续相关实验。

(3) 由于大摇床降温速度较慢，故需提前开始降温至16 ℃，冷却1 h后再加入IPTG。诱导时间一般4 h已足够，具体诱导时间的长短以获得最终有活性的非聚合蛋白的量为准，诱导时间过长可能导致包涵体或聚合体产量大，也有可能发生蛋白降解。

(4) 收菌前吸取300 mL菌液制备SDS-PAGE样品，纯化之前先鉴定蛋白表达与否。

(5) 诱导的条件，如时间和温度，可根据需要进一步优化。

2.1.2　昆虫表达系统

2.1.2.1　实验简介

昆虫表达系统是一类应用广泛的真核蛋白表达系统，它具有同大多数高等真核生物相似的翻译后修饰加工功能及转移外源蛋白的能力。昆虫杆状病毒表达系统是目前国内外十分推崇的真核表达系统。利用杆状病毒结构基因中多角体蛋白的强启动子构建的表达载体，可使很多真核目的基因得到有效甚至高水平的表达。它具有真核表达系统的翻译后加工功能，如二硫键的形成、糖基化及磷酸化等，使重组蛋白在结构和功能上更接近天然蛋白，其最高表达量可达昆虫细胞蛋白总量的50%。它还可表达分子量较大的外源性基因(200 kDa)，具有在同一个感染昆虫细胞内同时表达多个外源基因的能力。

SF9细胞用于转染、纯化和增殖重组病毒。SF9细胞大小一致，易于操作，能形成良好的单层细胞用于空斑实验。SF9细胞能用于重组蛋白的表达，但Hi5细胞系的生产量更高。推荐用Hi5细胞系来表达分泌型重组蛋白，其能在无血清培养基中培养，能适应悬浮培养并生产大量的重组蛋白。

2.1.2.2　实验材料

1. 试剂

(1) 昆虫培养基、LB、卡那霉素、庆大霉素、四环素。

(2) Grace's Insect：无血清培养基，使用时需补充血清和L-谷氨酰胺。

(3) SIM SF培养基：无血清即用型培养基，无需添加任何成分或血清，也可加2%的血清减少感染过程中的蛋白水解量。其优点如下：① 可降低昂贵的血清成本；② 可简化分泌重组蛋白纯化过程；③ 可消除血清组织敏感性。

2. 实验前准备

配制液体LB、LB固体培养基、昆虫培养基。

3. 器械

Thermo落地式离心机、摇床、培养箱、培养皿、培养瓶、冻存管、移液管。

2.1.2.3 实验步骤

1. 制备感受态

(1) 将 DH10Bac 加入 20 mL LB 培养基中(含卡那霉素和四环素)培养过夜,再将培养物接种到 500 mL LB 液体培养基(含卡那霉素和四环素)中,摇床振荡使 OD_{600} 达到 0.6~0.8。

(2) 于 4 ℃下 3000 rpm 离心 15 min,用 100 mL 50 mM $CaCl_2$ 重悬,混合均匀后于 4 ℃下 3000 rpm 离心 15 min,重复用 100 mL 50 mM $CaCl_2$ 重悬,于冰上静置 30 min 后再于4 ℃下 3000 rpm 离心 15 min,最后使用 20 mL $CaCl_2$ +15%甘油重悬。

2. 质粒转化

(1) 取一管 100 mL DH10Bac 感受态细胞(DH10Bac 感受态细胞本身含有卡那霉素和四环素抗性,而供体质粒 pFastBac 含有庆大霉素抗性,所以在制备 DH10Bac 感受态细胞时需要在培养时添加卡那霉素和四环素,而在制备杆粒时需要使用卡那霉素、四环素、庆大霉素的三抗平板),加入 1~2 μg 质粒混匀,于冰上静置 30 min,在 42 ℃下热激 45~90 s,立即放于冰上冷却 2 min,加入 500 μL 无抗性的 LB,置于 37 ℃的摇床中225 rpm 振荡 2~4 h,涂板(三抗平板、50 μg/mL 卡那霉素、7 μg/mL 庆大霉素、10 μg/mL 四环霉素、100 μg/mL X-gal、40 μg/mL IPTG),闭光正置于 37 ℃的培养箱中培养至少 48 h。

(2) 挑选白色的菌落,如有需要则将白色的菌落划线于 LB 固体培养基上,培养至少 48 h。接着挑取白色单克隆至含有 5~10 mL LB(含有 7 μg/mL 庆大霉素)的管中,过夜摇菌后保种放于 −80 ℃中,剩余菌液可提取杆状病毒质粒(Bacmid)。

3. Bacmid 的提取

因 Bacmid 大于 130 kb,所以质粒抽提不能使用上述的膜吸附抽提,而要采用传统的乙醇沉淀法。

(1) 准备试剂。

缓冲液 1:25 mM Tris-HCl(pH 8.0)、50 mM 葡萄糖、10 mM EDTA。

缓冲液 2:0.2 M NaOH、0.01 g/mL SDS。

缓冲液 3:3 M 醋酸钾、2 M 醋酸。

(2) 取振荡培养的菌液 5 mL 离心,弃上清液,留下大肠杆菌菌体。加入 250 μL 提前加入 RNase A(RNA 酶)的缓冲液 1,重悬细菌。加入 250 μL 缓冲液 2,温和充分颠倒 4~6 次至形成透亮的溶液。加入 350 μL 缓冲液 3,温和充分颠倒 6~8 次,13400 rpm 离心 5~8 min。将上清液转移到洁净灭菌的 1.5 mL EP 管中,13400 rpm 离心 5~8 min。转移上清液到洁净灭菌的 1.5 mL EP 管中,加入等倍体积的异丙醇,于冰上放置 20 min。然后于 4 ℃下 13400 rpm 离心 10 min,小心移除上清液,注意不要吸走白色沉淀或油状物。加入 1 mL −40 ℃预冷的 70%乙醇,颠倒混匀后于 4 ℃下 13400 rpm 离心 1~10 min,弃除乙醇,留下白色沉淀,此步骤可重复 1 次以进一步减少杂质。开盖,在干净通风处放置 5~20 min 至乙醇完全挥发。加入30 μL 预热的 ddH_2O,充分溶解质粒,测浓度,用于后续实验。

4. Bacmid 转染(获得 P1 代病毒)

(1) 将准备好的 SF9 细胞分到一个 6 孔细胞培养板中,体积为 2 mL,密度为 1×10^6 个/

mL，静置 15 min 让细胞贴壁，轻轻摇动细胞培养板观察直到大部分细胞不晃动即可。

(2) 取两个 1.5 mL EP 管分别命名为转染试剂和 Bacmid，每管加入 100 μL 培养基，将抽到的 Bacmid 取 4 μg 加入 Bacmid 管中，在转染试剂管中加入相应量的转染试剂，静置 30 min，再将两管混合孵育 30 min，然后滴入 SF9 细胞中。

(3) 将培养皿放于 27 ℃下静置培养 5～7 h 后，更换新鲜的培养基继续在 27 ℃下培养 66～72 h。

(4) 当大多数细胞变圆、变肿后，于 4 ℃下 1500 rpm 避光离心 10 min，收集上清病毒，可用 0.22 μm 滤膜过滤，即可获得 P1 代病毒。

5. 病毒感染

(1) 将准备好的 SF9 细胞分到一个 6 孔细胞培养板中，体积为 2 mL，密度为 1×10^6 个/mL，但不需要静置使其贴壁。

(2) 将 P1 代病毒以病毒：细胞为 1：100 的比例加入 6 孔细胞培养板中，避光在 27 ℃的摇床中培养一周。800 rpm 离心 5 min 取上清液，用 0.22 μm 滤膜过滤，即可获得 P2 代病毒。

(3) 重复上述步骤扩增病毒即可获得 P3、P4 代病毒，在扩增获得 P4 代病毒时，可以扩大细胞体积，采用 50 mL 细胞，细胞密度不变。若 P4 代病毒感染细胞表达蛋白水平不理想，则可继续扩增。

(4) 获得 P1 代病毒后，需要对病毒感染细胞表达蛋白的能力进行检测。将准备好的 Hi5 细胞分到一个 6 孔细胞培养板中，体积为 2 mL，密度为 1×10^6 个/mL。将 P1 代病毒以病毒：细胞为 1：100 的比例加入 6 孔细胞培养板中，避光在 27 ℃的摇床中培养 72 h，检测蛋白表达情况。

(5) 获得 P4 代病毒后，可对病毒进行如下操作：将细胞比例设计梯度（如 1：10～1：100000）进行蛋白表达量检测，步骤同(4)，寻找合适的比例用于后续大规模蛋白表达。

(6) 寻找合适的比例后，可进行大规模蛋白表达，Hi5 细胞体积可改为 50 mL、500 mL、1 L（逐步增多），密度均为 1×10^6 个/mL，按比例加入 P4 代病毒后，在 27 ℃的摇床中培养 3 天，即可进行蛋白纯化。

(7) 下面以 IgE 受体 FcεRIα 为例，展示 Hi5 细胞表达蛋白结果。将 FcεRIα 的 P4 代病毒颗粒以 1：1000 的比例加入 500 mL Hi5 细胞中，细胞密度为 2×10^6 个/mL，培养 3 天后离心收集上清液通过镍柱纯化。SDS-PAGE 结果如图 2.2 所示。

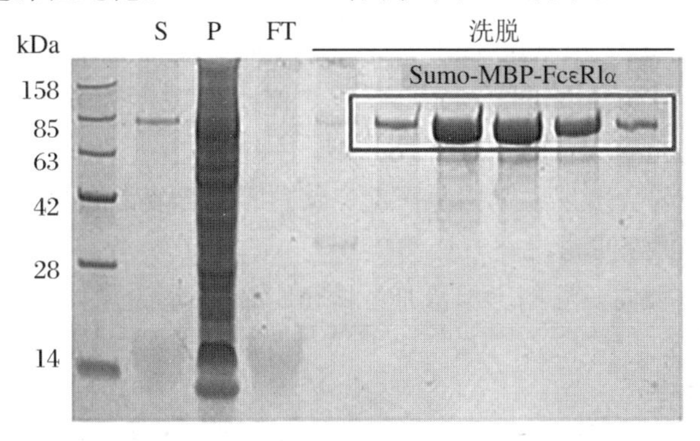

图 2.2　FcεRIα 经第一次镍柱纯化后的 SDS-PAGE 结果

收集镍柱洗脱后，加入 TEV 酶切过夜，然后进行第二次镍柱纯化，收取流穿。如图 2.3 所示。

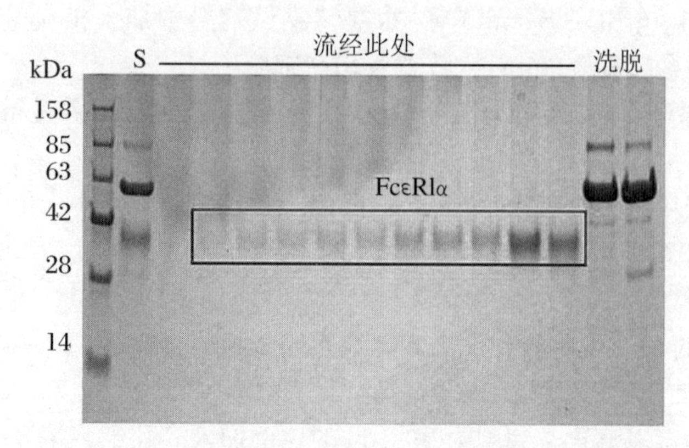

图 2.3　FcεRIα 经第二次镍柱纯化后的 SDS-PAGE 结果

收取第二次镍柱纯化的流穿后，用分子筛（24 mL）进行纯化，观察蛋白状态，最后收取蛋白单体浓缩冻存。如图 2.4 所示。

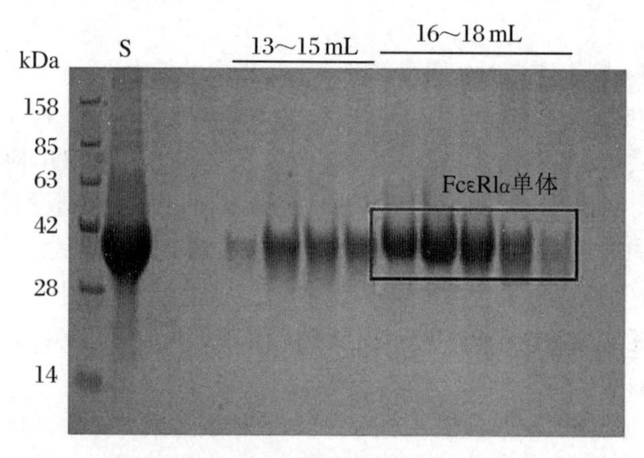

图 2.4　FcεRIα 经 24 mL 分子筛纯化后的 SDS-PAGE 结果

6. 分泌蛋白沉淀法

（1）将 1 L 细胞于常温下 2000 rpm 离心 15 min，收集 1 L 上清液，加入沉淀剂[1 mL 1 M 氯化镍（终浓度为 1 mM $NiCl_2$）、1 mL 5 M $CaCl_2$（终浓度为 5 mM $CaCl_2$）、50 mL 1 M Tris（pH 8.0）（终浓度为 50 mM Tris，pH 8.0）]。

（2）加入转子搅拌，会出现大量白色沉淀。将这 1 L 溶液常温 6000 rpm 离心 15 min，收集上清液，用 0.2 μm 滤膜抽滤。

（3）将 0.2 μm 滤膜抽滤后的上清液加入 2 mL 镍珠，室温搅拌 3 h 以上。收集镍珠，用 400 mM 咪唑洗脱蛋白。

7. SF9 细胞的冻存

（1）在 150 mm×25 mm 的培养皿中，用 25 mL 的培养基培养细胞，当细胞密度大于

90%时，培养基使用 1000 rpm 离心 10 min，然后用 6 mL 冻存剂重悬（10% DMSO、90% FBS），吸取 1 mL 放于冻存管中。

（2）将冻存管放于冻存盒中，冻存盒依次放在 −20 ℃的冰箱中 6 h，−80 ℃的冰箱中 24 h，再放入液氮罐中。

8．SF9 细胞的复苏

（1）准备 SF9 培养基，在 27～30 ℃下预热。

（2）从液氮中拿出需要复苏的细胞，迅速放到 27 ℃的水浴中快速摇晃解冻，转移至 15 mL 离心管中，加入 10 mL 培养基，1000 rpm 离心 5 min，移除上清液，加入 3 mL 培养基，使用移液枪慢慢吹吸 3 次后转移到 60 mm×15 mm 的培养皿中（根据细胞的量选择培养皿）。

（3）在显微镜下检查细胞状态，当大多数细胞贴壁后更换新鲜的培养基，将培养皿放到 27 ℃的培养箱中培养至少 24 h。

（4）培养 24 h 后，若细胞密度大于 80%，则可分皿培养；若细胞密度小于 80%，则需继续更换新鲜的培养基培养。

9．SF9 细胞的传代培养

（1）SF9 细胞在 10～15 mL 的培养基中每代培养 2～3 天，当密度达到 2×10^6 个/mL 时即可传代，密度应避免超过 5×10^6 个/mL，否则会影响细胞状态。

（2）预热培养基，于室温下放置 1 h。

（3）准备已复苏培养 2～3 天的 SF9 细胞和数个干净的锥形瓶，对 SF9 细胞进行计数，计算其密度。

（4）根据密度吸取一定量的新鲜培养基与 SF9 细胞至新锥形瓶中，总体积为 10 mL，也可根据需要增大体积，最终密度为 0.5×10^6 个/mL。

10．Hi5 细胞的传代培养

操作同 SF9 细胞，不同的是 Hi5 细胞生长速度较快，每代培养 1～2 天即可传代。

2.1.2.4　针对性建议

（1）冻存（将昆虫细胞冻于液氮中，确保细胞处于对数期）。

（2）Hi5 细胞的冻存与复苏和 SF9 细胞一样，但 50 mL Hi5 细胞可以冻存 10～20 管。

（3）Hi5 细胞的培养条件是 250 mL 培养瓶、30～40 mL 培养基，在 27 ℃下 100 rpm 振荡培养，每两天传代 1 次。

（4）在扩增病毒时，可在 SIM SF 培养基中加入 10%血清。

参 考 文 献

[1] Adeniyi A A, Lua L H. Protein Expression in the Baculovirus-insect Cell Expression System[J]. Methods in Molecular Biology, 2020(2073): 17-37.

[2] Webb N R, et al. Cell-surface Expression and Purification of Human CD4 Produced in Baculovirus-infected Insect Cells[J]. Proc. Natl. Acad. Sci. U S A, 1989, 86(20): 7731-7735.

[3] Malgapo M P, Linder M E. Purification of Recombinant DHHC Proteins Using An Insect Cell

Expression System[J]. Methods in Molecular Biology, 2019(2009): 179-189.
[4] Guttieri M C, Liang M. Human Antibody Production Using Insect-cell Expression Systems[J]. Methods in Molecular Biology, 2004(248): 269-299.

2.1.3 硒代蛋白表达

2.1.3.1 实验简介

如果某个蛋白没有同源结构，为了确定其相位，需要有重原子衍生物的蛋白晶体。目前最常用的手段就是引入硒代甲硫氨酸(SeMet)的方法。在蛋白表达的过程中，在培养基中加入硒代甲硫氨酸来替代通常的甲硫氨酸，因此表达出来的蛋白的甲硫氨酸全部替代为硒代甲硫氨酸。我们利用甲硫氨酸缺陷型菌株 B834 在无机的硒代培养基中表达目的蛋白。B834 是一种改造过的表达菌株，缺失甲硫氨酸合成酶，因而不能自身合成甲硫氨酸，但可通过氨酰 tRNA 合成酶将外源的甲硫氨酸或硒代甲硫氨酸加入蛋白质的肽链中。

2.1.3.2 实验材料

1. 试剂

B834、LB 培养基、M9 培养基、培养基 A、抗生素、硒代甲硫氨酸、IPTG。

2. 实验前准备

(1) 收菌瓶要提前高温高压灭菌，烘干，预冷。

(2) 1×M9 培养基(表 2.1)、葡萄糖、$MgSO_4$、$CaCl_2$ 需高压灭菌；生物素、硫胺(维生素 B_1)、抗生素用 0.22 μm 滤膜抽滤；配制培养基 A(表 2.2)。

表 2.1 1×M9 培养基(1 L)成分表

成分	用量
$Na_2HPO_4 \cdot 12H_2O$	17.1 g
KH_2PO_4	3 g
NaCl	0.5 g
NH_4Cl	1 g

表 2.2 培养基 A 成分表

成分	用量
1×M9 培养基	1000 mL
0.5 g/mL 葡萄糖	8 mL
1 M $MgSO_4$	1 mL
1 M $CaCl_2$	0.3 mL
1 mg/mL 生物素	1 mL
1 mg/mL 硫胺	1 mL
抗生素	1 mL

2.1.3.3　实验步骤

（1）用重组质粒转化表达菌株 B834(DE3)感受态细胞，涂板，于 37 ℃下过夜培养。

（2）第二天，将单克隆挑到 5 mL LB 培养基中，于 37 ℃的摇床中振荡过夜。

（3）第三天，将过夜菌全部加到 1 L LB 培养基中，于 37 ℃的摇床中摇到 OD_{600} 达到 1～1.5 即可。

（4）将菌液于 4 ℃下 3700 g 离心 10 min，弃上清液，收菌瓶要提前灭菌，并放于烘箱中烘干，再放于 4 ℃下预冷。

（5）加入 20 mL 培养基 A 温和重悬菌液，此操作是为了洗去菌液表面残留的 LB 培养基，使细菌更快适应新的培养基，也避免丰富培养基中的甲硫氨酸影响硒代效果。将菌液加入现配的等体积的硒代培养基 A 中（不含任何甲硫氨酸），在 37 ℃的摇床中摇 4～8 h 至 OD_{600} 为 1.5。

（6）加入 1 mL 50 mg/mL 硒代甲硫氨酸，于 37 ℃下生长 30 min。

（7）向菌液中加入 IPTG，IPTG 的终浓度为 0.25 mM，在 37 ℃下培养 4 h 或在16 ℃下培养 20 h。

（8）将上述菌液于 4 ℃下 4000 rpm 离心 15 min 收菌，弃上清液。将菌体用样品匙取出，加少量裂解液润洗离心瓶后，冻于 −80 ℃的冰箱中。

硒代表达的 A 蛋白经镍柱及分子筛纯化如图 2.5 所示。

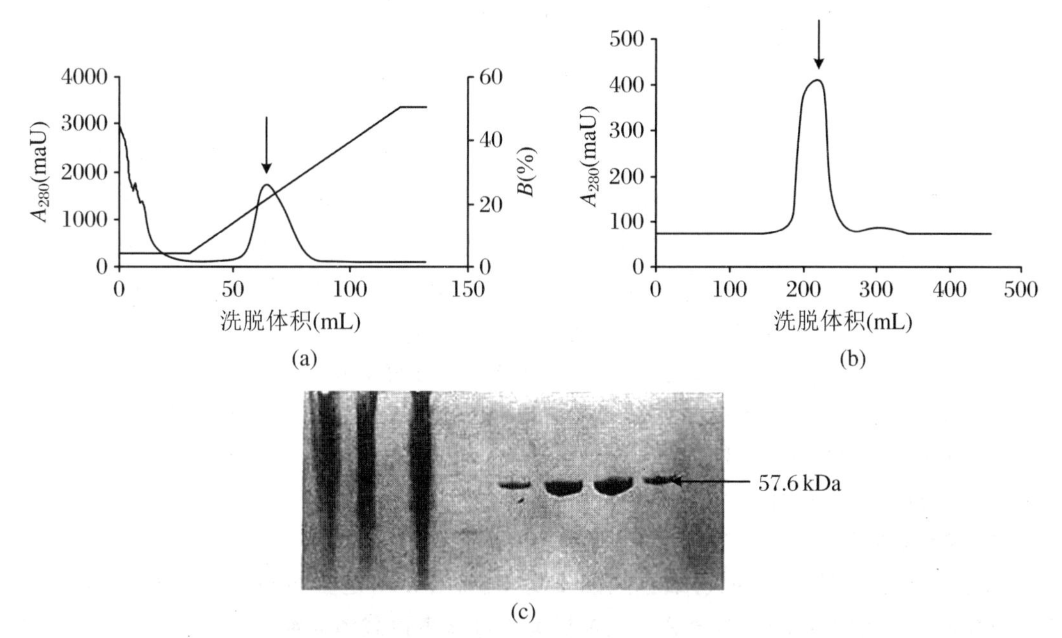

图 2.5　硒代表达的 A 蛋白经镍柱及分子筛纯化示意图

2.1.3.4 针对性建议

硒代甲硫氨酸的价格很贵，因此第一次做时，先用甲硫氨酸结合 M9 培养基试 1 遍，纯化重组蛋白，计算得到率和纯度，摸索所有步骤，再用硒代摇菌 2～3 L。注意：硒代甲硫氨酸属于有毒物质，请戴手套和口罩。

参 考 文 献

[1] 张影. B 型链球菌毒力因子的初步晶体学研究[D]. 合肥：中国科学技术大学，2016.

2.1.4 哺乳动物表达系统

2.1.4.1 实验简介

哺乳动物表达系统相比原核表达等其他系统的优势在于能够使来源于哺乳动物的蛋白质正确折叠，从而最大程度地接近天然构象。因为该系统能在提供复杂的糖基化等多种翻译后进行修饰和加工，所以表达产物在分子结构、理化性质和生物学功能方面接近天然的蛋白质。目前我们只是采用最常用的哺乳动物细胞 HEK293F 和 pTT5 载体对融合人 IgG1 Fc 标签的蛋白质进行瞬时表达，并利用 Protein A（蛋白 A）纯化柱对分泌到培养基上清液中的蛋白进行纯化，Fc 标签可在纯化后采用 TEV 酶切除。

2.1.4.2 实验材料

1. 试剂

（1）转染试剂 PEI：称取 0.05 g PEI 粉末倒入 45 mL 超纯水中，利用磁力搅拌。加入 12 M 盐酸调节 pH 至小于 2.0，室温搅拌 3 h 以上至 PEI 彻底溶解。加入 10 M NaOH 溶液调节 pH 至 6.9～7.1，加水定容至 50 mL。采用 0.22 μm 针头滤器过滤除菌。分装 500 μL/管，于 −20 ℃下可储存 1 年，解冻后放在 4 ℃下可保存 2 周，注意不能解冻后再复冻。

（2）细胞培养试剂：293F 培养基（永联 Union-293、P/S 双抗）。

（3）结合缓冲液：0.15 M NaCl、20 mM Na_2HPO_4（pH 7.0）。

（4）0.1 M 乙酸：取 2.874 mL 冰醋酸加入 500 mL ddH_2O 并混匀。

（5）1 M Tris-HCl（pH 8.0）。

（6）Protein A 纯化柱。

2. 实验前准备

配制好以上所有试剂，观察细胞间的 CO_2 恒温培养箱是否运行正常、CO_2 是否充足。复苏 HEK293F 细胞并培养至第 2 代。抽提无内毒素表达载体质粒。

3. 器械

超净工作台、Thermo 落地式离心机、蠕动泵、AKTA 纯化仪、CO_2 恒温培养箱。

2.1.4.3　实验步骤

1. 培养细胞

(1) 将适量的 HEK293F 细胞放入培养瓶中培养。

(2) 当细胞数量达到 2×10^6 左右时,即可进行转染实验。

2. 转染和表达(以 600 mL 细胞悬液为例)

(1) 预热高糖 DMEM。

(2) 取 1 个 50 mL 的离心管,加入 30 mL 高糖 DMEM,再加入 0.6 mg 转染的质粒(无内毒素),吹打混匀,命名为溶液 1。

(3) 取 1 个 50 mL 的离心管,加入 30 mL 高糖 DMEM,再加入 2.4 mL PEI 试剂(1 mg/mL),吹打混匀,命名为溶液 2。

(4) 将溶液 1 加入溶液 2,吹打混匀,命名为溶液 3。

(5) 将上述溶液于室温下孵育 20 min。

(6) 滴加以上溶液至细胞中。

(7) 将摇床静置 20 min,20 min 后打开摇床转速。

3. 纯化

(1) 将收集的培养基上清液于 4 ℃下 5000 g 离心 10 min,使用 0.8 μm 滤膜过滤后,再使用 0.22 μm 滤膜过滤。

(2) 以 1∶2 的比例将培养基上清液稀释至结合缓冲液中。测量 pH 应在 6.0~7.0,并于冰面放置。

(3) 使用 5 个柱体积的结合缓冲液平衡 Protein A 柱。

(4) 将培养基的上清稀释液过柱上样,将流速设置为 2.5 mL/min。

(5) 连接 AKTA 纯化仪,使用 10 个柱体积的结合缓冲液以 2.5 mL/min 的流速洗柱,直到 OD_{280} 达到基线。

(6) 使用 0.1 M 乙酸(pH 为 3.0~4.5)以 2.5 mL/min 的流速进行梯度洗脱,梯度从 0% 至 100%,洗脱体积为 30 mL。每管收集 1 mL,每个收集管中加入 0.2 mL 1 M Tris-HCl (pH 8.0)以中和其酸性。

(7) 继续采用 4 个柱体积的 100% 0.1 M 乙酸洗柱。

(8) 用 10 个柱体积的水洗柱,然后过 2 个柱体积的 20% 乙醇,柱子存放于 4 ℃中。

关键步骤

转染质粒前,细胞的生长状态一定要好,且密度大于 2×10^6 个/mL。

Protein A 柱洗脱如图 2.6 所示。

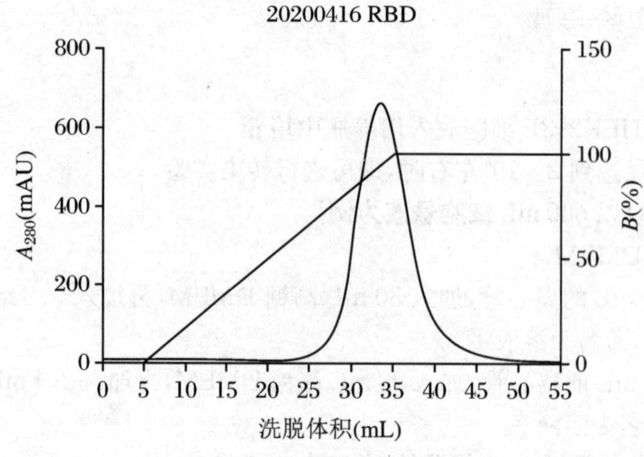

图 2.6 Protein A 柱洗脱图

2.1.4.4 针对性建议

(1) 实验步骤中的细胞量及转染试剂量可按比例增加或减少。

(2) 通常美国 GE 公司的 1 mL Protein A 磁珠可结合约 20 mg IgG1 蛋白。

(3) 若转染所需的质粒较多,则需使用大抽试剂盒完成。

参 考 文 献

[1] Too J, Shek P C, Rajakulendran M. Cross-reactivity of Pink Peppercorn in Cashew and Pistachio Allergic Individuals[J]. Asia Pacific Allergy, 2019(9):25.

2.2 蛋白质纯化技术

2.2.1 AKTA 使用规则及使用实例

2.2.1.1 实验简介

FPLC(Fast Protein Liquid Chromatography)的全称为快速蛋白液相色谱,其原理与高效液相色谱理论类似,是由经典的液体柱层析引入气相色谱理论,并对相体进行了改革,配用高压输液泵,采用高灵敏检测器、梯度洗脱装置、自动收集装置和微机等发展起来的现代液相色谱。

1. AKTA 介绍菜单

安全(Safety)、组件(Components)、方法编程(Method Programming)、使用方法(Usage)、维护注意事项(Maintenance)、针对性意见(Trouble Shooting)、使用规则(Rules)。

AKTA 介绍菜单如图 2.7 所示。

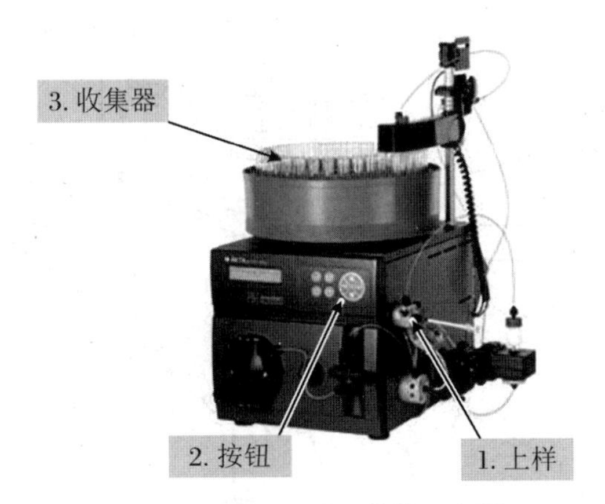

图 2.7　AKTA 介绍菜单示意图

2. AKTA Prime Plus 蛋白质纯化系统

(1) 安全须知。

① 系统必须与接地电源插座连接。

② 用户不能打开系统，因为系统含高压电路，会造成致命的电击。

③ 必须用上样环或接线，将上样阀的接口 2 和接口 6 连接。防止转换此阀时，液体从接口喷出，尤其是使用危险化学品时特别危险。

④ 如果有大量的溢出液体渗入系统外壳并与带电零件接触，应立即关闭系统并同指定的技术服务人员联系。

⑤ 氢氧化钠有害健康，应避免泄漏。

(2) 组件。

AKTA Prime Plus 蛋白质纯化系统包括以下部件(图 2.8)：

① 缓冲液阀和梯度转换阀。缓冲液阀用于选择使用缓冲溶液，用于系统泵施加大的样品体积；梯度转换阀用于建立梯度。

② 系统泵。用于经系统运送液体，如样品或缓冲溶液。将液体经缓冲液阀、梯度转换阀或上样阀进入流动通道。

③ 压力传感器。可以测量在位液体压力，还可用作压力保护装置。

④ 混合器。用于混合两元梯度，用两步将溶液混合以得到最适宜的结果。混合器的体积可以选择。

⑤ 上样阀。用于装加上样环及将样品注射到柱上。

⑥ 检测器。可测量流出柱后液体的紫外吸收、电导率和 pH(任选)。用于这些测量的流动池安装在系统右侧。

⑦ 具有分流阀的分部收集器。用于将样品组分收集在管中供进一步分析，分流阀在废液和收集管之间转换流向。

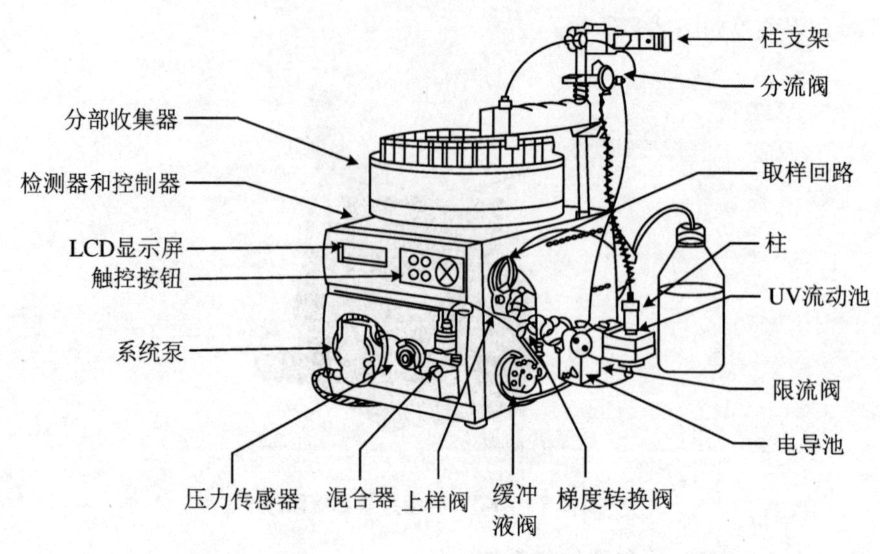

图 2.8　AKTA Prime Plus 蛋白质纯化系统部件示意图

(3) 方法编程。

AKTA Prime Plus 方法编程主菜单见表 2.3。

表 2.3　AKTA Prime Plus 方法编程主菜单

主菜单	功能介绍
Run Stored Method(运行存储方法)	用于运行用户编辑的运行方法
Manual Run(手动运行)	用于不使用运行方法,手动运行系统
Program Method(程序方法)	用于编辑用户专用方法
Set Parameters(设置参数)	用于对紫外线(UV)、电导、pH、温度、运转泵及混合器设置参数
Check(检测)	用于检测系统内部参数,如序列号、泵运行时间和灯亮度

(4) 使用方法。

利用 AKTA Prime Plus 洗脱镍柱结合蛋白,以 5 mL 镍柱为例,见表 2.4。

表 2.4　AKTA Prime Plus 洗脱镍柱结合蛋白程序

设定断点(Breakpoint)	程序
0 mL	B(%)=4,设置收集体积为 0 mL
20 mL	开始拉梯度,B(%)=4;开始收集样品,设置收集体积为 3 mL/管
80 mL	B(%)=60;同时也一直在收集样品,设置收集体积为 3 mL/管
100 mL	B(%)=60,设置收集体积为 3 mL/管
结束程序	

注:0 mL 时所有系统全部要求置为 0;0～20 mL 时用 4%洗脱缓冲液将杂蛋白洗下来;20～80 mL 时设定洗脱缓冲液的浓度从 4%慢慢升到 60%,同时收集样品;80～100 mL 时用 60%洗脱缓冲液将剩余的蛋白全部洗脱下来并收集样品,到 100 mL 时停止。

① 打开 AKTA(机器背部左下角),将 A 泵和 B 泵用蒸馏水冲洗干净后分别插入 Ni-结

合缓冲液和Ni-洗脱缓冲液中，并在模板中选择系统清洗，洗泵(约5 min)。

② 系统清洗完毕后，先选择手动运行，*B*(%)为0，限压为0.4 MPa，流速为1 mL/min。然后将Ni柱底部接到探测器上，再将1号接线口接到镍柱上端(这样可防止绿色线管扭曲)。观察电脑屏幕，待UV线、电导线平齐时结束程序。

③ 设定程序：流速为3 mL/min，限压为0.4 MPa。

④ 蛋白纯化结束后，要清洗AKTA泵的内部溶液，以方便下一位同学使用。将A泵和B泵泵头用蒸馏水冲洗干净后插入蒸馏水中，并在模板中选择系统清洗，洗A泵、B泵。用蒸馏水清洗完毕后如果长期不用机器，需要用20%乙醇再次清洗系统泵，然后将收集器上的玻璃管收拾干净，并用水清洗，放于管架晾干。

⑤ 蛋白质纯化图谱的保存与提取。保存：在电脑桌面打开原始视图评估界面，打开文件夹，在里面按照时间顺序找到蛋白质纯化图谱，然后点击文件，选择“另存为”将图保存在文件夹中。提取：点击“File”，依次选择“Export”和“Curves”，再选择“01：UV”和“06：Conc”，并在降低样本数量中选择“Reduce by 1”。点击“保存”，得到Excel表格，并用Graphpad Prism 5软件制作蛋白纯化图谱。

关键步骤

① 提前看好转盘与滴液体部分是否靠紧，否则不会自动收集样品。

② 根据出峰位置选择样品，一般会有30 mL左右，加入1 mM EDTA(终浓度)、2 mM DTT和0.5 mM PMSF蛋白酶抑制剂，取60 μL制备SDS-PAGE样品。

3. 利用AKTA Prime Plus过分子筛

(1) 打开AKTA，将A泵用分子筛缓冲液清洗(同上文镍柱清洗)，并用分子筛缓冲液手动或程序设定清洗上样环。

(2) 系统清洗完毕后，先选择手动运行，*B*(%)为0，限压为0.4 MPa，流速为2 mL/min(根据不同的分子筛设定流速)。然后将AKTA上的1号接口线湿接上部分子筛，此时观察柱子管道中是否有气泡。如果有气泡，那么应将1号接口线湿接到分子筛尾部接口，待分子筛头部管道中的空气排清后再正过来接柱子，最后将柱子尾部接口接到探测器上。观察电脑屏幕，待UV线、电导线平齐时结束程序。

(3) 将上样环接上，用6号出口线接上样环上面，上样环下面接2号口。

(4) 设定程序(以30 mL样品和320 mL分子筛为例)(表2.5)。

表2.5　AKTA Prime Plus洗脱分子筛蛋白程序

设定断点	程序
流速	2 mL/min，限压：0.4 MPa，A为分子筛缓冲液，全程 *B*(%)=0
0 mL	注入样品
30 mL	上样缓冲液
100 mL	上样缓冲液，设置收集体积为8 mL/管(此处的断点体积据各自的蛋白大小而定)
400 mL	上样缓冲液，设置收集体积为0 mL
结束程序	

(5) 蛋白纯化结束后，要清洗 AKTA 泵的内部溶液，以方便下一位同学使用。将 A 泵用蒸馏水冲洗干净后插入蒸馏水中，并在模板中选择系统清洗，洗泵。

(6) 蛋白质纯化图谱的保存与提取同上文镍柱部分。

关键步骤

① 分子筛应在使用前处理干净并用对应的缓冲液平衡至少 1.5 个柱体积。

② 柱子连接纯化仪时，应尽量赶走柱子进样管中的气泡(可通过反向连接柱子，赶走进样管中的气泡)。

③ 接上样环时，先将上端连接进样阀 2 号口，在手动运行中设置通路为注入，待上样环下端绿色连接管中的气泡被赶出后，再接入进样阀 6 号口。

④ 上样环中的样品如果只有 A mL，那么在设定程序时需要有所保留，设定为 $A-1$ mL，以免气泡进到柱子里。

4. AKTA Pure 纯化系统

AKTA Pure(图 2.9)是一种灵活直观的层析系统，可用于快速纯化从微克到克水平的蛋白、肽和核酸等目标产物。同时 AKTA Pure 也是一种可靠的系统，它的硬件及 Unicorn 软件与各种层析柱和填料仪器可满足任何纯化需求。系统支持各种层析技术，并满足需要提供最高纯度的自动化要求。系统配置灵活，可根据需要随时升级，进一步提高其性能。

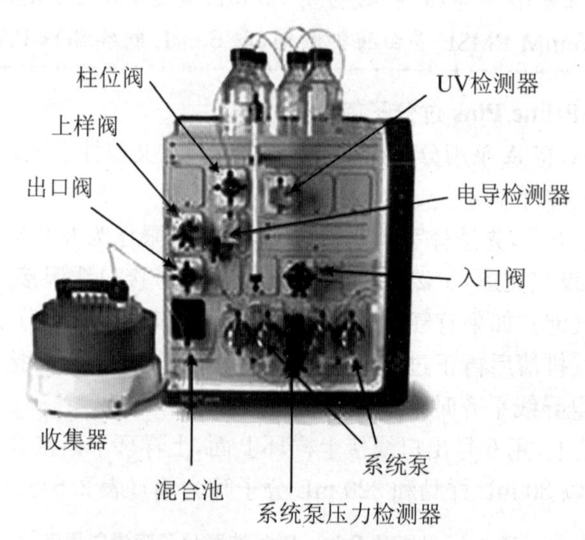

图 2.9　AKTA Pure 典型配置图

(1) 方法编程。

AKTA Pure 方法编程主菜单见表 2.6。

① Method Editor(方法编辑器)。

a. 在 File 中点击“New”，会出现 Method Settings、Equilibration、Sample Application、Elution。在 Method Settings 中主要设置一些基本参数，如柱子类型、体积、流速、压力等。Method Settings 界面如图 2.10 所示。

表 2.6　AKTA Pure 方法编程主菜单

主菜单	功能介绍
Evaluation Classic(经典评估)	用于保存程序和提取数据
System Control(系统控制)	用于运行用户编辑的程序
Administration(管理)	用于管理设置参数(很少使用)
Method Editor(方法编辑器)	用于用户编辑运行方法

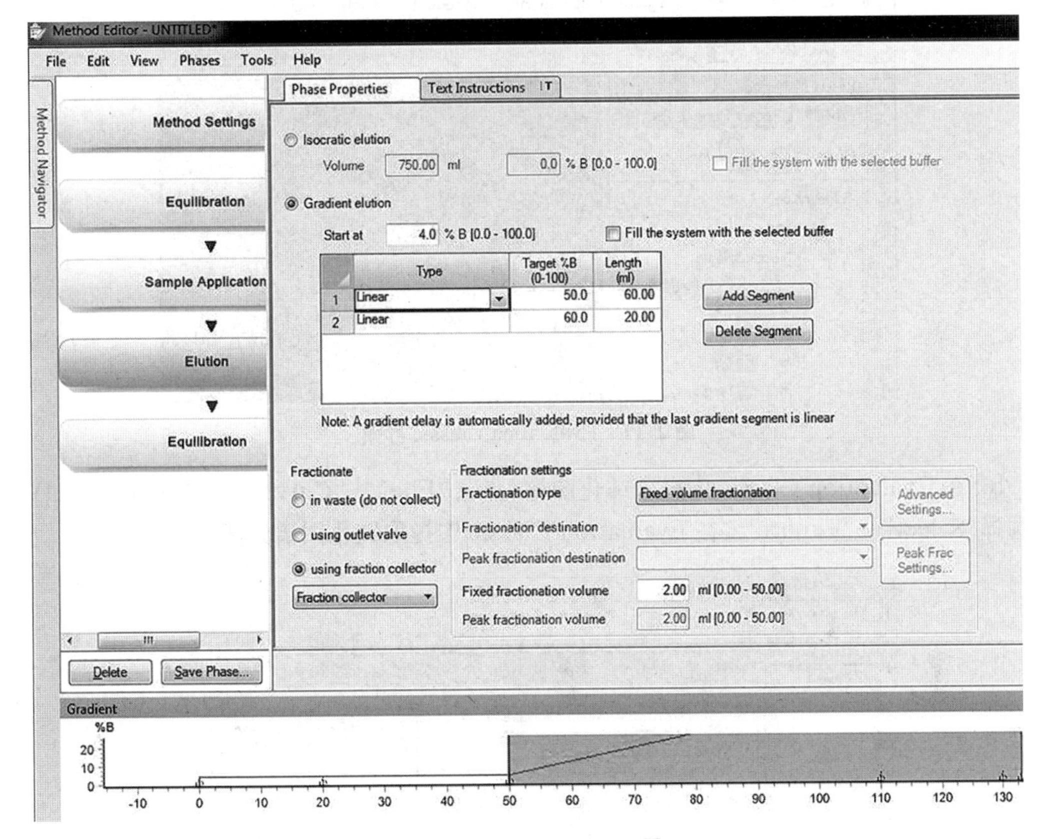

图 2.10　Method Settings 界面

b. Equilibration 这一选项主要用于缓冲液平衡柱子，在 the total volume is__中可以选择平衡柱子的体积，把里面的一些杂蛋白洗掉。

c. Sample Application 可以选择上样环的体积大小和样品上样体积，并且可以改变 B 的百分比。

d. 洗脱中的 Gradient 洗脱可在 Type 中选择“Linear”，并选择“Target% B”和“Length”(mL)。程序设定结束后，点击“保存”，可以保存在 System Control 中。

② System Control(系统控制)。

a. 在 System Control 中选择“Manual”用于清洗纯化仪内部管道及泵，具体操作为分别点击“Pumb A wash”和“Pumb B wash”，选择“On”，再点击“Execute”。

b. 在 System Control 中选择要保存的程序，点击“Start”，程序就可以运行了，但是在运行前要先清洗泵。程序运行完毕后，点击“保存”，程序会保存在 Evaluation Classic 中。

③ Evaluation Classic(经典评估)。

a. 在 Evaluation Classic 中找到运行后的纯化图谱，保存并提取。Evaluation Classic 界面如图 2.11 所示。

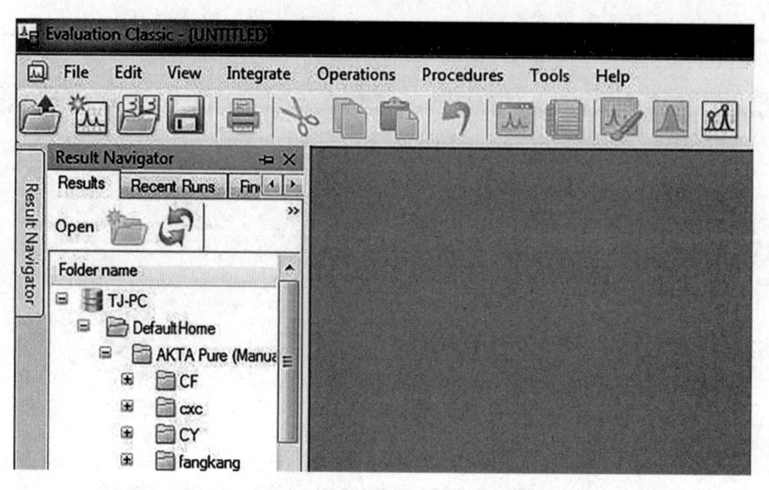

图 2.11　Evaluation Classic 界面

b. 在 Evaluation Classic 中提取纯化图谱，点击“File”→“Curves”→“Cond and UV”，并选择“Select”→“Export”。在 Evaluation Classic 中提取纯化图谱如图 2.12 所示。

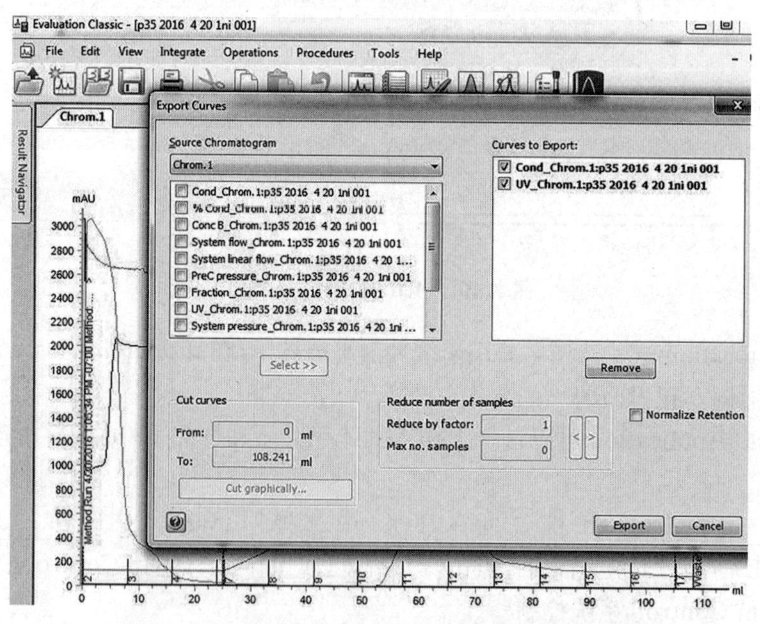

图 2.12　在 Evaluation Classic 中提取纯化图谱示意图

5. AKTA Explorer 纯化系统

AKTA Explorer 于 2010 年 12 月 31 日停产，并由 AKTA Avant 取代。AKTA Explorer（图 2.13）已广泛应用于相关行业中，其多功能性和可靠的操作使其成为参与开发纯化过程的实验室的最佳选择。

图 2.13　AKTA Explorer

（1）方法编程。

AKTA Explorer 方法编程主菜单见表 2.7。

表 2.7　AKTA Explorer 方法编程主菜单

主菜单	功能介绍
Evaluation Classic（经典评估）	用于保存程序和提取数据
System Control（系统控制）	用于运行用户编辑的程序
Administration（管理）	用于管理设置参数（很少使用）
Method Editor（方法编辑器）	用于用户编辑运行方法

① Method Editor（方法编辑器）。

a. 一般拷贝已有的程序，然后根据自己的需要进行更改。打开文件夹，选择需要拷贝的程序，右击“Copy”，然后选择自己的文件夹，再点击“OK”，即可拷贝成功。拷贝已有程序如图 2.14 所示。

b. 编辑完程序之后，点击图 2.15 中箭头所指的标志，选择梯度检测线性图是否是自己所需的程序。

② System Control（系统控制）。

a. 在 System Control 中选择“Manual”用于清洗纯化仪内部管道及泵，具体操作为分别点击“Pump B wash”和“Pump A wash”，选择“On”，再点击“Execute”。

b. 在 System Control 中选择要保存的程序，并选择保存路径，点击“Start”，程序就可以运行了，但在运行前要先清洗泵。程序运行完毕后，程序会保存在 Evaluation Classic 中。

③ Evaluation Classic（经典评估）。

a. 在 Evaluation Classic 中找到运行后的纯化图谱，保存并提取。数据在拷贝后，会出现部分数据丢失的现象，若用于文章作图，建议选择其他纯化仪。

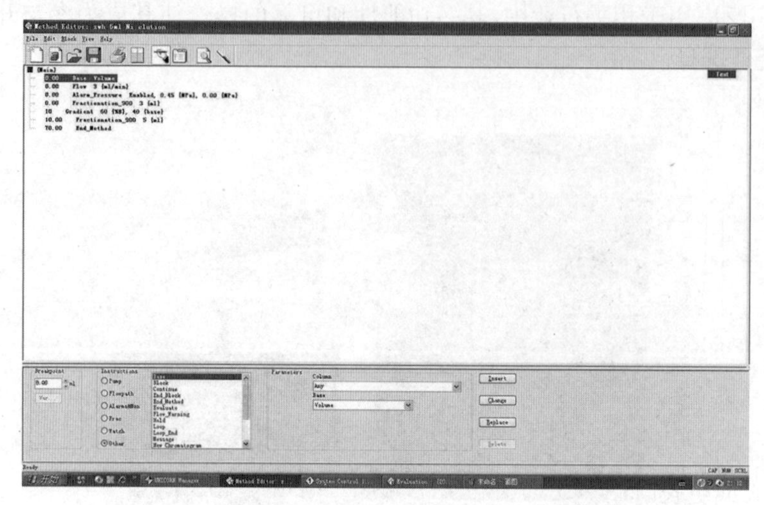

图 2.14　拷贝已有程序示意图

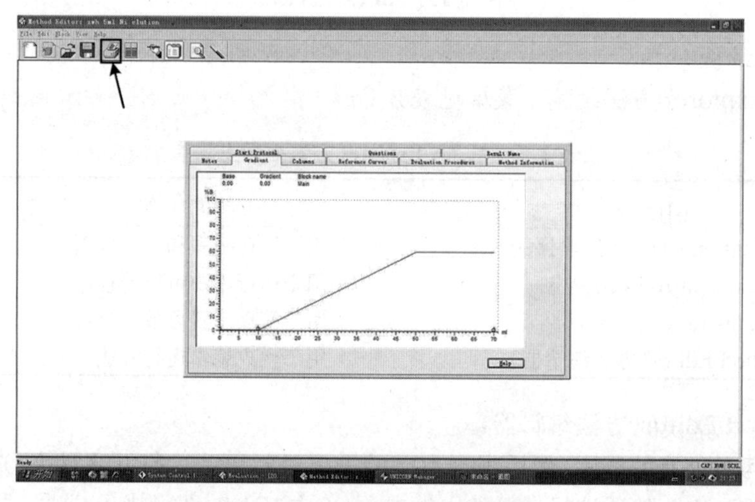

图 2.15　选择梯度检测线性图

b. 在 Evaluation Classic 中提取纯化图谱，点击“File”→“Export”→“Curve”，选择“UV1_280 and Conc”，将 Reduce by factor 调到 1，选择“Curves to export”→“Export”，文件类型选择. xls。提取纯化图谱如图 2.16 所示。

(2) 维护注意事项。

① 除了连续使用外，当实验完成系统使用结束后，应尽可能避免系统在装载缓冲液的状态下过夜，尤其是高盐浓度洗脱缓冲液！如不能避免，则谨记次日尽早用蒸馏水将系统彻底清洗，再予以保存。缓冲液不仅会对系统造成腐蚀，而且在高盐浓度缓冲液中保存过久会造成盐结晶，堵塞管道，损害系统。

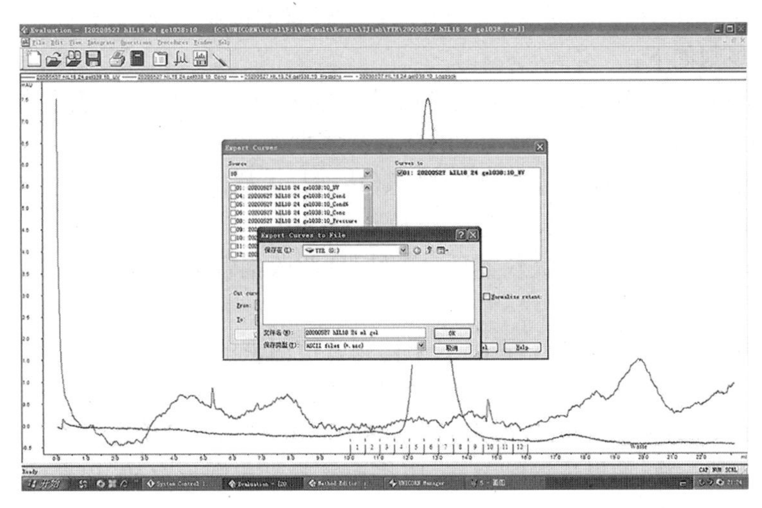

图 2.16　提取纯化图谱示意图

② 若数天或更长时间不使用系统，除了要用蒸馏水彻底清洗系统外，还要取下柱子，换成管道。然后用 20%乙醇再次冲洗所有使用的管件通道和流动池 1 遍，并予以保存。

③ 每月定期保养处理，当发现出现假峰等问题时，可拆下柱子，并用适宜的管道替换其位置，将所有的缓冲液入口管件置于 1 M NaOH 中，对所有的入口管件通路运行系统清洗程序，设置流速为 1 mL/min，将整个系统充分冲洗 20 min。然后立即用蒸馏水将整个系统运行系统清洗程序冲洗 20 min。

④ 一定要保持实验环境清洁，当使用仪器时发现缓冲液泄漏或看见机器各部件外表有盐的结晶时，应立即用清水浸湿的抹布擦拭去除，以免液体泄漏等造成仪器光学及电子元件损坏。

⑤ 当装配部分收集器出口管架时，应根据收集管的长度而使用不同的切换口。调整时可将出口管和管夹放在输送臂上的长度导向孔上，将管夹抵在孔外臂上，将出口管轻推向下到达长度导向孔的底部，然后上紧管夹螺母。这样可确保出口管露出正确的长度，以免造成跳管或收集体积错误的情况发生。

⑥ 微量上样环上样完毕，样品进柱后，应及时注入清水清洗上样环，以免蛋白质或高盐堵塞微量上样口及上样环。

⑦ 长期不使用或其他原因可能会使 FPLC 的泵及管路中留有空气，表现为流速不准或没有液体，压力偏低。这时应把流速调低，接管子用注射器把空气抽出来，Prime 和 FPLC 的接法不同，可以查看说明书。如果 B 泵进气，则换成 B 泵，再抽空气。

2.2.1.2　针对性建议

(1) AKTA 的每个程序进行完毕后一定要尽快把结果另存，不然会很快被后面的大量数据覆盖。每位同学建立自己的文件夹，每个蛋白需另建文件夹。

(2) 样品收集器偶尔会出现跳管子的情况，收集样品时要注意从头或从尾对一下管子。

(3) 及时清理废液，尤其当过夜纯化蛋白时，要检查废液是否装满。

(4) 不要过于用力摆动输送臂,应松开固定输送臂的按钮,并将臂升高。

具体使用规则如下:

(1) 上样孔的维护:无论是上样器还是微量上样环,使用完毕后,都应立即用纯水清洗整个通路,以去除残留在上样环与上样孔中的样品及缓冲液,以免长期堆积而导致结晶堵塞。

(2) 连接管的维护:为了防止连接管堵塞(特别是上样环),每次纯化完毕卸下柱子后,应当将所有用过的连接管用纯水冲洗后,再放起来备用。

(3) 收集管的清理:每次用完仪器后,应及时回收收集管,清理收集盘,以免影响下一位同学使用。

(4) 仪器的清理:在纯化的过程中,如果遇到管道漏液的情况,应及时旋紧接头,用抹布擦去液体,并用湿毛巾再擦1遍,避免仪器零部件腐蚀。

(5) 接头的使用:为了避免滑丝与折断,连接管上的接头不应旋得过紧。

(6) 连接管的存放:如果连接管太长,应将连接管盘成圆形存放,以免连接管被卡而造成折损。

(7) 仪器使用完毕后,应马上用清水冲洗整个系统泵,防止盐在管路中结晶。

(8) UV 灯的维护:仪器使用完毕且系统泵清洗后,如果后面没有同学使用,则应关闭电脑与纯化仪。

参 考 文 献

[1] Winters D, Chu C, Walker K. Automated Two-step Chromatography Using An AKTA Equipped with In-line Dilution Capability[J]. Journal of Chromatography A,2015(1424):51-58.

[2] Verde V L, Dominici P, Astegno A. Determination of Hydrodynamic Radius of Proteins by Size Exclusion Chromatography[J]. Bio-Protocol,2017(7):2230.

2.2.2 蛋白纯化柱的介绍及清洁方法

实验室有各种蛋白液相色谱柱,主要是美国 GE 公司生产的。下面简要介绍其使用和维护方法。

(1) 金属螯合亲和色谱,又称固定金属离子亲和色谱,其原理是蛋白质表面的一些氨基酸,如组氨酸能与多种过渡金属离子 Cu^{2+}、Zn^{2+}、Ni^{2+}、Co^{2+}、Fe^{3+} 发生特殊的相互作用,利用这个原理可以把富含组氨酸的蛋白质吸附,从而达到分离的目的。

(2) 分子筛是指具有均匀的微孔,其孔径与一般分子大小相当的一类物质。常见的分子筛为结晶态的硅酸盐或硅铝酸盐,是由硅氧四面体或铝氧四面体通过氧桥键相连而形成分子尺寸大小(通常为 0.3~2 nm)的孔道和空腔体系,因吸附分子的大小和形状不同而具有筛分大小不同的流体分子的能力。

(3) 离子交换层析根据蛋白质表面电荷的不同而分离蛋白,利用带电荷蛋白和层析填料上相反电荷之间的可逆相互作用进行分离。然后改变条件,使结合的组分分别被洗脱下来。

(4) 疏水作用层析是根据分子表面的疏水性差别来分离蛋白质和多肽等生物大分子的一种较为常用的方法。蛋白质和多肽等生物大分子的表面常常暴露着一些疏水性基团,我们把这些疏水性基团称为疏水补丁，疏水补丁可以与疏水性层析介质发生疏水性相互作用而结合。

(5) Protein A是一种发现于金黄色葡萄球菌的细胞壁表面蛋白，分子量为42 kDa；Protein G是C型或G型链球菌表达的免疫球蛋白结合蛋白。Protein A和Protein G的功能相似，能特异性地与哺乳动物免疫球蛋白结合，结合的部位通常为免疫球蛋白的Fc区，但有资料显示，Protein A也会和人VH3家族的Fab区结合，而Protein G有时与Fab区也有一定的结合。同时，两者对于不同的免疫球蛋白亚类的结合能力有所不同。将适当重组改造的Protein A、Protein G与琼脂糖凝胶以一定的方式结合，可用于免疫沉淀或抗体的纯化。

(6) GST柱是一种利用谷胱甘肽亲和凝胶的高度选择性结合，通过一步法直接从细胞裂解液中对重组谷胱甘肽-S-转移酶标记蛋白进行纯化的试剂。GST融合蛋白是在温和、非变性条件下洗脱得到的，可以保证蛋白的抗原性和活性。

几种实验室常用的蛋白纯化柱见表2.8。

表2.8　几种实验室常用的蛋白纯化柱

类型	体积
HisTrap FF	1 mL
HisTrap HP	5 mL
HisPrep FF	20 mL
Superdex 200 10/300 GL	24 mL
Superdex 75 10/300 GL	24 mL
Tricorn Source Q15(离子柱)	2 mL/15 mL
Phenyl(疏水柱)	5 mL
Protein A/G	5 mL/1 mL
GST	5 mL

1. 镍柱简介

(1) HisTrap FF(图2.17)基本信息见表2.9。

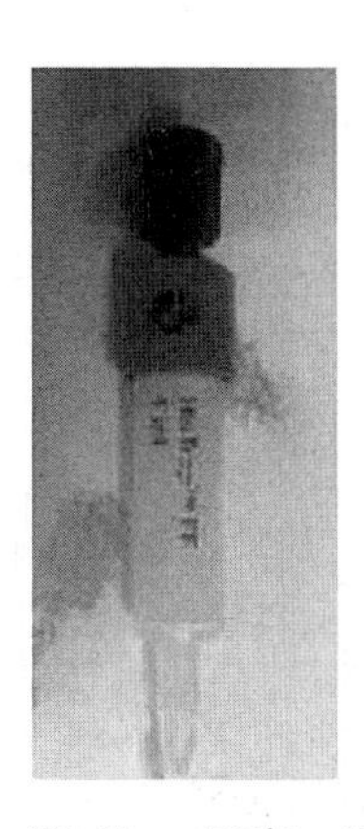

图2.17　HisTrap FF(1 mL)示意图

表2.9　HisTrap FF基本信息表

项目	参数
柱床尺寸	7×25 mm
柱床体积	1 mL
流速	＜4 mL/min
最大限压	5 bar(0.5 MPa)(70 psi)
平均粒子尺寸	90 μm
储存条件	4～30 ℃，20%乙醇
柱内径	7 mm
柱总长	1 mL
化学稳定性	在常用的缓冲水溶液中稳定 (0.1 M HCl、0.1 M NaOH、8 M尿素)

(2) HisTrap HP(图2.18)基本信息见表2.10。

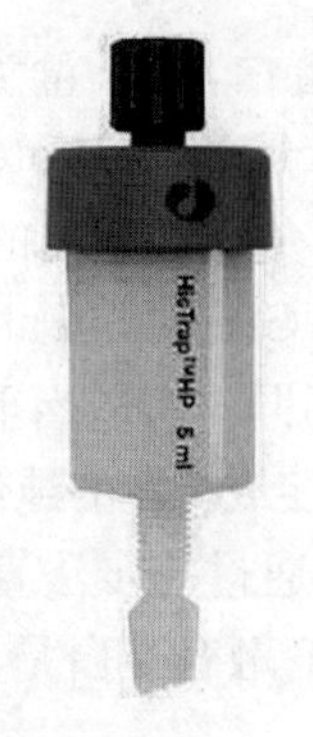

图2.18 HisTrap HP(5 mL)示意图

表2.10 HisTrap HP基本信息表

项目	参数
流速	3 mL/min
最大限压	5 bar(0.5 MPa)(70 psi)
平均粒子尺寸	34 μm
储存条件	4～30 ℃,20%乙醇
结合能力/mL	至少40 mg组氨酸标记蛋白/mL
层析介质	交联琼脂糖
避免使用	螯合剂如EDTA、EGTA、柠檬酸、DTT等
柱内径	16 mm

(3) HisPrep FF(图2.19)基本信息见表2.11。

图2.19 HisPrep FF(20 mL)示意图

表2.11 HisPrep FF基本信息表

项目	参数
柱床尺寸	16×100 mm
柱床体积	20 mL
流速	＜10 mL/min
最大限压	1.5 bar(0.15 MPa)(22 psi)
平均粒子尺寸	90 μm
基质	6%交联琼脂糖
粒子尺寸	45～165 μm
柱内径	16 mm

2. 镍柱清洗方法

(1) 在使用镍柱前,先用2个柱体积的水去除柱子里的乙醇,再用2 CV镍柱结合缓冲液将柱子中的水换成缓冲液,连接柱时必须湿接。

(2) 使用完毕后,先用2 CV双蒸水清洗,再用20%乙醇保存柱子。当柱子使用多次后、发现压力增加或颜色变黑时,需要对柱子进行深度清洗和重新灌镍。镍柱的清洗步骤见表2.12。

表2.12 镍柱的清洗步骤

序号	清洗步骤
1	用3 CV双蒸水清洗
2	用2 CV 100 mM EDTA清洗
3	用5 CV双蒸水清洗
4	用3～5 CV 0.2 M NaOH清洗
5	用超过5 CV双蒸水清洗
6	用2 CV 100 mM $NiSO_4$重新灌镍并放置超过3 h
7	用超过10 CV双蒸水清洗

3. 分子筛简介

(1) Superdex 200 10/300(图 2.20)基本信息见表 2.13。

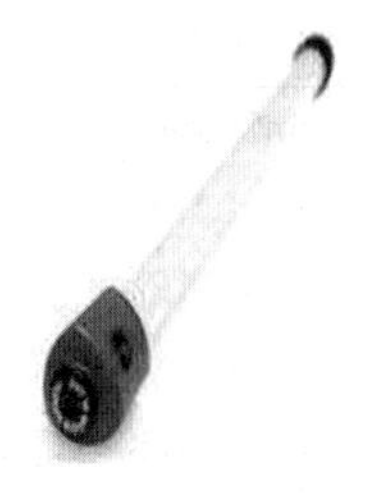

图 2.20　Superdex 200 10/300 (24 mL)示意图

表 2.13　Superdex 200 10/300 基本信息表

项目	参数
柱床体积	24 mL
样本体积	500～2000 μL
最大限压	14 bar(1.4 MPa)
流速	0.5～0.7 mL/min
储存条件	4～30 ℃,20%乙醇
平均粒子尺寸	13 μm
柱内径	10 mm
化学稳定性	在所有常用缓冲液中都稳定:1 M 醋酸、8 M 尿素、6 M 盐酸胍、1 M NaOH(用于现场清洗)

(2) Superdex 200 16/600(图 2.21)基本信息见表 2.14。

图 2.21　Superdex 200 16/600 (120 mL)示意图

表 2.14　Superdex 200 16/600 基本信息表

项目	参数
柱床尺寸	16×600 mm
柱床体积	120 mL
总柱长	1×120 mL
流速	10～50 cm/h(<1 mL/min)
柱内径	16 mm
最大限压	3 bar (0.3 MPa)(42 psi)
样本体积	< 10 mL
储存条件	4～30 ℃,20%乙醇

(3) Superdex 200 26/600(图 2.22)基本信息见表 2.15。

图 2.22　Superdex 200 26/600 (380 mL)示意图

表 2.15　Superdex 200 26/600 基本信息表

项目	参数
柱床尺寸	26×600 mm
柱床体积	300 mL
总柱长	1×300 mL
流速	2 mL/min
平均粒子尺寸	34 μm
柱内径	26 mm
最大限压	4 bar(0.4 MPa)(42 psi)
样本体积	< 30 mL
储存条件	4～30 ℃,20%乙醇

(4) Superdex 200(图 2.23)基本信息见表 2.16。

图 2.23 Superdex 200(300 mL)示意图

表 2.16 Superdex 200 基本信息表

项目	参数
柱床体积	300 mL
流速	2 mL/min
最大限压	0.4 MPa
样本体积	25 mL
储存条件	4～30 ℃,20%乙醇

(5) Superdex 75(图 2.24)基本信息见表 2.17。

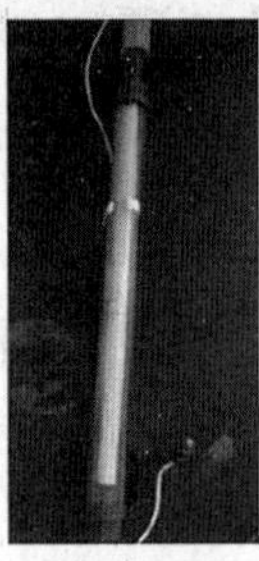

图 2.24 Superdex 75(24 mL)示意图

表 2.17 Superdex 75 基本信息表

项目	参数
柱床体积	24 mL
流速	0.5 mL/min
最大限压	1.4 MPa
样本体积	500～2000 μL
储存条件	4～30 ℃, 20%乙醇

(6) BioRad Erich SEC650(图 2.25)基本信息见表 2.18。

图 2.25 BioRad Erich SEC650(24 mL)示意图

表 2.18 BioRad Erich SEC650 基本信息表

项目	参数
柱床体积	24 mL
流速	0.5 mL/min
最大限压	2 MPa
样本体积	<250 μL
储存条件	4～30 ℃,20%乙醇

注意:使用分子筛时要加滤膜！注意上样体积和总蛋白量。分析型不超过柱体积的5%,制备型不超过柱体积的10%。采用环形上样环上样时,需选用大于样品体积1倍的上样环。

4. 分子筛清洗方法

(1) 分子筛使用前先用1 CV水洗去乙醇,然后用1～2 CV分子筛缓冲液冲洗,使柱子内充满缓冲液,接柱子时必须湿接。分子筛使用完毕后,用2 CV双蒸水冲洗柱子,最后用1～2 CV 20%乙醇冲洗柱子,用于保存。需在分子筛旁边的登记本上标明柱子的状态、使用者和日期。

(2) 分子筛在使用3～4次以后，因为里面会存有杂质(如变性蛋白)，所以需用3～4 CV 0.2 M NaOH 清洗柱子，然后用2 CV 双蒸水冲洗，最后用2 CV 20%乙醇填充柱子，并保存。

5. 离子柱(Source Q柱)简介

(1) Source Q15 Max(图2.26)基本信息见表2.19。

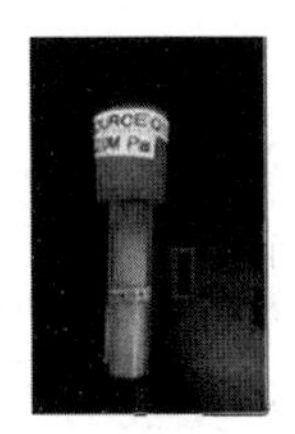

图2.26　Source Q15 Max (8 mL)示意图

表2.19　Source Q15 Max基本信息表

项目	参数
柱床尺寸	8 mL
流速	3 mL/min
最大限压	2 MPa
储存条件	4～30 ℃,20%乙醇

(2) Source Q15 Tricorn(图2.27、图2.28)基本信息见表2.20。

图2.27　Source Q15 Tricorn (2 mL)示意图

图2.28　Source Q15 Tricorn (1 mL)示意图

表2.20　Source Q15 Tricorn基本信息表

项目	参数
柱床尺寸	2 mL
流速	1 mL/min
最大限压	2 MPa
储存条件	4～30 ℃,20%乙醇

(3) CM Sepharose Fast Flow(图2.29)基本信息见表2.21。

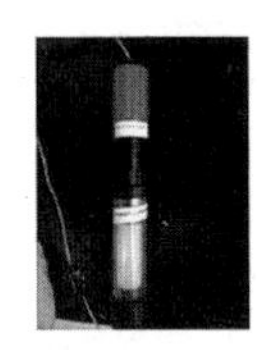

图2.29　CM Sepharose Fast Flow (10 mL)示意图

表2.21　CM Sepharose Fast Flow基本信息表

项目	参数
柱床尺寸	10 mL
流速	3 mL/min
最大限压	0.3 MPa
储存条件	4～30 ℃,20%乙醇

注意：使用离子交换柱时要加滤膜！

6. 离子柱清洗方法

(1) 使用完毕后,先用 5 CV 2 M NaCl 清洗残留蛋白,然后用 5 CV ddH_2O 清洗 NaCl,最后用 2 CV 20%乙醇填充柱子,用于保存。

(2) 使用多次后,柱子会很堵或很脏,可依次用 5 CV 2 M NaCl、5 CV 双蒸水、5 CV 0.2 M NaOH 冲洗柱子,消除杂物,并用 10 CV 双蒸水冲洗 NaOH,最后用 2 CV 20%乙醇填充柱子,于常温下保存。

7. 疏水柱(Phenyl)简介

Hitrap Phenyl HP(图 2.30)基本信息见表 2.22。

图 2.30 Hitrap Phenyl HP (5 mL)示意图

表 2.22 Hitrap Phenyl HP 基本信息表

项目	参数
柱床尺寸	5 mL
流速	3 mL/min
最大限压	4 bar(0.4 MPa)
储存条件	4~30 ℃,20%乙醇

8. 疏水柱清洗方法

(1) 使用完毕后,先用 5 CV 20 mM Tris 清洗残留蛋白,再用 5 CV 双蒸水清洗,最后用 2 CV 20%乙醇填充柱子,用于保存。

(2) 使用多次后柱子会很堵或很脏,可依次用 5 CV 2 M NaCl 清洗残留的蛋白,5 CV 双蒸水清洗 NaCl,5 CV 0.2 M NaOH 冲洗消化不掉的内含物,再用 10 CV 双蒸水再次冲洗,最后用 2 CV 20%乙醇填充柱子,用于保存。

9. Protein A/G 简介

(1) Protein A(图 2.31)基本信息见表 2.23。

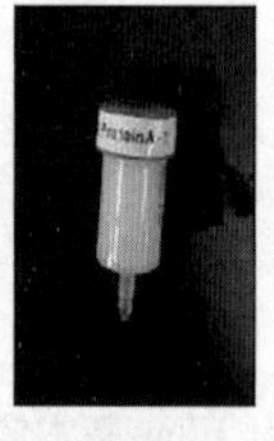

图 2.31 Protein A(5 mL)示意图

表 2.23 Protein A 基本信息表

项目	参数
柱床尺寸	5 mL
流速	3 mL/min
最大限压	0.4 MPa
储存条件	4~30 ℃,20%乙醇

(2) Protein G(蛋白 G)(图 2.32)基本信息见表 2.24。

10. Protein A/G 清洗方法

先用洗脱缓冲液(0.1 M Glycine-HCl,pH 2.7)洗脱 10 个柱体积,再用双蒸水清洗,最后保存在 20%乙醇中,放于 4 ℃的冰箱中。

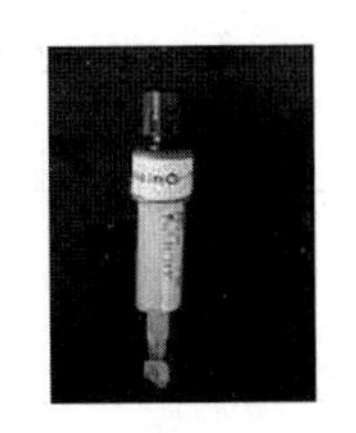

图 2.32　Protein G(1 mL)示意图

表 2.24　Protein G 基本信息表

项目	参数
柱床尺寸	1 mL
流速	1 mL/min
最大限压	0.4 MPa
储存条件	4～30 ℃,20%乙醇

11. GST 简介

GST(图 2.33)基本信息见表 2.25。

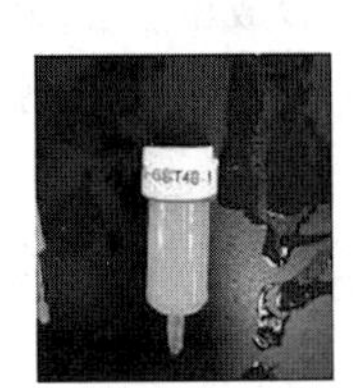

图 2.33　GST(5 mL)示意图

表 2.25　GST 基本信息表

项目	参数
柱床尺寸	5 mL
流速	3 mL/min
最大限压	0.4 MPa
储存条件	4～30 ℃,20%乙醇

12. GST 清洗方法

(1) 沉淀或变性物质的清洗:先用 2 个柱体积的 6 M 盐酸胍清洗,再用 5 个柱体积的纯化缓冲液 PBS 平衡柱子。

(2) 疏水缔合物质的清洗:先用 3～4 个柱体积的 70%乙醇(或 2 个柱体积的去垢剂,如 1%TritonX-100)清洗柱子,再用 5 个柱体积的纯化磷酸盐缓冲液平衡介质。

实验室常用柱子类型见表 2.26。

表 2.26　实验室常用柱子类型

柱子类型	名称	数量(根)
分子筛	Superdex 200 10/300,24 mL	5
	Superdex 75,24 mL	2
	Superdex 200 26/600,380 mL	2
	Superdex 200,300 mL	1
	Superdex 200 16/600,120 mL	2
	BioRad Erich SEC 650,24 mL	1
离子交换柱	Source Q15 Max,8 mL	1
	Source Q15 Tricorn,2 mL	1
	Source Q15 Tricorn,1 mL	1
	CM Sepharose Fast Flow,10 mL	1

参 考 文 献

[1] Chen X L, Hou Y P, Jin M, et al. Expression and Characterization of A Novel Thermostable and

pH-stable Beta-agarase from Deep-sea Bacterium Flammeovirga Sp PC4[J]. Journal of Agricultural and Food Chemistry,2016(64):7251-7258.

[2] Bastiaan-Net, Shanna, Reitsma, et al. IgE Cross-reactivity of Cashew Nut Allergens[J]. International Archives of Allergy and Immunology,2019(178):19-32.

2.2.3 透析袋的使用

2.2.3.1 实验简介

应用:除盐、除少量有机溶剂、除生物小分子杂质、浓缩样品。

原理:透析的动力是扩散压,扩散压是由横跨膜两边的浓度梯度形成的。透析的速度反比于膜的厚度,正比于欲透析的小分子溶质在膜内外两边的浓度梯度,还正比于膜的面积和温度,通常是于4℃下透析,升高温度可加快透析速度。

使用方法:通常是将半透膜制成袋状,将生物大分子样品溶液置于袋内,将此透析袋浸入缓冲液中,样品溶液中大分子量的生物分子被截留在袋内,而盐和小分子物质不断扩散透析到袋外,直到袋内外两边的浓度达到平衡为止。保留在透析袋内未透析出的样品溶液称为保留液,袋(膜)外的溶液称为透析液。蛋白透析的原理如图2.34所示。

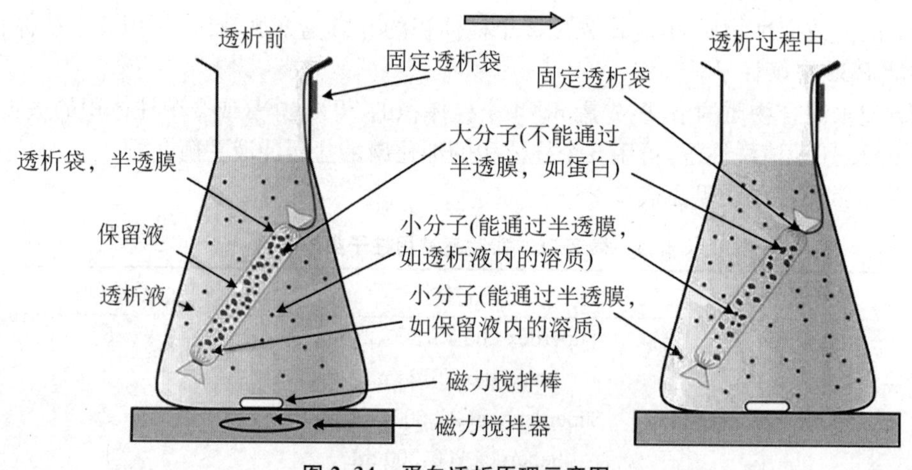

图2.34 蛋白透析原理示意图

透析袋的标识:27 mm(MD34)透析袋(MW:3500)。27 mm是指透析袋干燥时的直径;MD34是指透析袋干燥时压平的宽度;MW:3500是指透析袋的截留分子量。

2.2.3.2 实验步骤

(1) 选择合适的截留分子量。截留分子量的选择是以预留在膜内的大分子的分子量和将要被除去的小分子污染物的分子量的比例为基础的。选择截留分子量的经验法则:截留分子量最少为要保留的大分子的分子量的一半,以获得至少90%的保留率。当预留在膜内的大分子的分子量和将要被除去的小分子污染物的分子量之差超过100倍时,可以同时保证高收率和高纯度。当分子量相差10倍时，为了追求高收率，可以选择较高的截留分子量（纯度低）；为了追求高纯度，可以选择较低的截留分子量（收率低）。我们可通过分子量和截留分子量（代表孔径的平均大小）的关系（表2.27）来选择合适的透析袋。

表2.27　分子量与截留分子量的关系

分子量与截留分子量大小	分子是否可以通过
分子量＜截留分子量	分子可以通过
分子量＞截留分子量	分子不可以通过
分子量＜截留分子量	分子可以快速通过

(2) 选择适当的扁平宽度（体积）。透析袋扁平宽度的选择取决于样品体积和透析容量。较小的透析管透析更快；较大的透析管因扩散距离较长而透析较慢。为了易于使用，建议使用总长（包括闭合夹和顶部空间）大约为10～15 cm的透析袋。

(3) 选择适合的透析膜材质。每种膜对不同的分子具有不同的亲和性。对于球蛋白，相对的结合亲和性由低到高为CE＜RC＜PVDF。

(4) 透析袋使用前的处理。为防止干裂，透析袋出厂前一般都会经10%甘油处理，透析袋中含有微量的硫化物、重金属和一些具有紫外吸收的杂质，它们对蛋白质和其他生物活性物质有害，用前必须去除。新购进的普通型透析袋必须经过处理才能使用，处理方法如下：

① 方法一：把透析袋剪成适当长度（10～20 cm）的小段。在大体积（500 mL）的0.02 g/mL $NaHCO_3$和1 mmol/L EDTA-2Na（pH 8.0）中将透析袋煮沸10 min。用蒸馏水彻底清洗透析袋。放在500 mL 1 mmol/L EDTA-2Na（pH 8.0）中将之煮沸10 min。冷却后，置于30%或50%乙醇中，并放于4 ℃的冰箱中，且必须确保透析袋始终浸没在溶液内。从此时起，取用透析袋时必须要戴手套。在使用前要用蒸馏水将透析袋里外清洗干净。

② 方法二：先用50%乙醇煮沸1 h，再依次用50%乙醇、0.01 mol/L $NaHCO_3$和1 mmol/L EDTA-2Na（pH 8.0）溶液洗涤，最后用蒸馏水冲洗即可使用。

③ 方法三：对实验要求不高的可以用简易的方法进行处理。先用沸水煮5～10 min，再用蒸馏水洗净，即可使用。不过现在也有杂质含量极少，无需预处理，只需用去离子水清洗即可使用的即用型透析袋。这种透析袋具有特殊的生物技术膜，不含硫化物及金属杂质，只是比普通的透析袋稍贵。

(5) 蛋白质样品的典型透析程序如下：按照分子量准备膜，先将样品装入透析袋设备中，再将样品放入透析缓冲液中并轻轻搅拌，透析2 h（于室温或4 ℃下）更换透析缓冲液，再透析2 h更换透析缓冲液，然后再透析2 h或过夜。透析液体积、透析时间、透析温度要求如下：

① 透析液体积：建议最少为样品体积的100倍。

② 透析时间：根据需求设定，通常允许过夜透析。在持续透析的过程中，至少要全部更换透析液3次。建议在透析后2～4 h、6～8 h和10～14 h更换透析液，换液后至少需继续进行2 h的透析。注意：对于高浓度污染物，样品可能需要较长时间的透析，透析液需要更频繁地更换。

③ 透析温度:透析温度主要取决于样品,温度的最高限制主要取决于膜的类型。纤维素透析袋可以承受的温度高达 37 ℃,再生纤维素透析袋可以承受的温度高达 60 ℃。

(6) 透析袋的存储。

① 在适当的储存条件下,保质期一般在 2 年以上。干燥的透析袋要在室温或 4 ℃下储存在聚乙烯袋中。未开封的透析袋于 4 ℃下储存。

② 透析袋一旦变湿,应浸泡在溶液中,不要让透析袋干燥,不断干燥会造成孔隙结构不可恢复的倒塌。

③ 使用过的透析袋洗净后可存于 4 ℃蒸馏水或 30%乙醇中,确保透析袋始终浸没在溶液内。若长时间不用,则可加少量 Na_3N,以防长菌。从此时起,取用透析袋必须戴手套。

2.2.3.3 针对性建议

(1) 透析缓冲液的容量取决于正在进行的透析步骤的数量及其持续时间。透析液体积越大,小分子扩散的驱动力越大。一般建议缓冲液与样品体积的比例为 100 : 1。当扩散速度减慢,溶液接近平衡时,可以通过更换缓冲液保持驱动力和透析速率。

(2) 一般建议在 12~24 h 内进行 2~3 次缓冲变化,分别在 2~4 h、6~8 h 和 10~14 h 后进行,最后一次应进行大于 2 h 的透析,总共需更换缓冲液 4 次。

2.2.4 超滤管的使用

2.2.4.1 实验简介

超滤管有浓缩、脱盐、换缓冲液及部分纯化功能。这里主要介绍实验室常用的 Millipore 离心超滤管。Millipore 离心超滤管结构如图 2.35 所示。

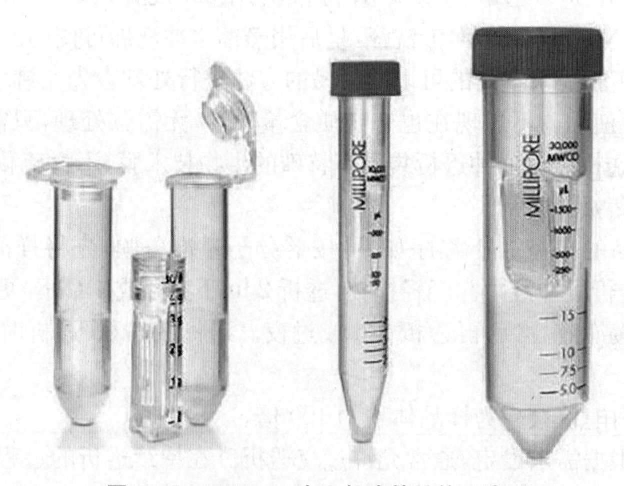

图 2.35 Millipore 离心超滤管结构示意图

超滤管可用于生物样品浓缩,包括抗原、抗体、酶、核酸或微生物的浓缩;组织培养提取物或细胞裂解液中大分子组分的纯化；对稀释或从柱洗脱液中预先纯化的蛋白质进行浓缩；蛋白的脱盐和缓冲液的更换。

2.2.4.2　实验步骤

(1) 选对截留分子量的浓缩管。

蛋白质分子量标准截留率见表 2.28。

表 2.28　蛋白质分子量标准截留率

分子量标准/浓度	分子量	超滤管的 NMWL	截留率 (%)	离心时间 (min)
α-胰凝乳蛋白酶原(1 mg/mL)	25000	3 K	>95	30
细胞色素 C(0.25 mg/mL)	12400		>95	30
维生素 B_{12}(0.2 mg/mL)	1350		<42	30
α-胰凝乳蛋白酶原(1 mg/mL)	25000	10 K	>95	15
细胞色素 C(0.25 mg/mL)	12400		>95	15
维生素 B_{12}(0.2 mg/mL)	1350		<23	15
牛血清白蛋白(BSA)(1 mg/mL)	67000	30 K	>95	10
卵清蛋白(1 mg/mL)	45000		>95	10
细胞色素 C(0.25 mg/mL)	12400		<35	10
牛血清白蛋白(BSA)(1 mg/mL)	67000	50 K	>95	10
卵清蛋白(1 mg/mL)	45000		~40	10
细胞色素 C(0.25 mg/mL)	12400		<20	10
甲状腺球蛋白(0.5 mg/mL)	677000	100 K	>95	10
免疫球蛋白(IgG)(1 mg/mL)	156000		>95	10
卵清蛋白(1 mg/mL)	45000		<30	10

注：离心条件为 40°固定角度转子，14000×g，室温，500 μL 起始体积，$n=12$。

(2) Millipore 离心超滤管采用其特有的再生纤维素膜。

一个确定 NMWL 的超滤膜应该截留至少 90%以上这个大小的球形分子，即 100 kDa 的球形蛋白用 100 K 的纤维素膜，获得率超过 90%。浓缩管选择的膜孔径要小于目的分子，且因样品分子形状不同，为了最大化样品的回收，对于没有参考的样品，可初步选择截留分子量约为目的分子分子量1/2～1/3 的膜。

(3) 使用前处理。

① 清洗。

a. 新的超滤管用双蒸水和缓冲液先后清洗后，可直接使用。

b. 重复使用的超滤管在使用前，先用 0.2 M NaOH 浸泡 1～2 h，再用水清洗，最后用相关溶液(双蒸水或 PBS)离心清洗 3 次。

② 判断超滤离心管是否失效。

取一相同截留的对照管加水离心，根据滤下速度判断是否失效，或者通过测定滤下液的蛋白浓度进行判断。

(4) 使用过程控制。

① 离心转速。

离心转速一般采用3000 rpm,速度过高会导致目的蛋白丢失;速度过低,则会耗时且工效低。超滤离心管不能于高温、高压下灭菌。

② 减少吸附损失。

滤膜会吸附蛋白,最高可达30%;吸尽蛋白后,再用蛋白缓冲液吹洗管底。注意将枪头(200 μL)伸入超滤管中时,必须防止碰到滤膜,以免戳破滤膜。为了回收浓缩的溶质,在过滤装置的最底部插入移液器,并通过侧扫动作提取样品,以保证总回收率。超滤液可以于短时间内储存在离心管中,为了获得最佳回收率,离心后应尽快取出浓缩样品。

(5) 回收保存。

不常用的超滤离心管的处理:先用0.1 M NaOH溶液浸泡1~2 h,然后用水清洗,再用20%乙醇浸泡保存,务必保持滤膜润湿,不能长菌。

2.2.5 TEV蛋白酶的使用

2.2.5.1 实验简介

TEV蛋白酶是一种在大肠杆菌中重组表达的带His标签(6×His-tag)的烟草蚀纹病毒(Tobacco Etch Virus,TEV)的半胱氨酸蛋白酶。其能够特异性地识别七肽氨基酸序列Glu-Asn-Leu-Tyr-Phe-Gln-Gly/Ser,并在Gln和Gly/Ser氨基酸残基之间进行酶切。

TEV蛋白酶用于切割融合蛋白的亲和标签,常用于去除融合蛋白的MBP、谷胱甘肽巯基转移酶(Glutathione S-transferase,GST)、His或其他标签的蛋白酶。酶切的最佳温度为34 ℃。然而,该酶在较大的温度和pH范围内具有活性。消化后,可以使用蛋白酶末端的多组氨酸标签通过亲和层析从切割反应中除去TEV蛋白酶,也可以使用相同的多组氨酸标签通过亲和层析从大肠杆菌中纯化TEV蛋白酶。

2.2.5.2 实验材料

试剂:缓冲液Tris-HCl(pH 8.0)、TEV蛋白酶。

2.2.5.3 实验步骤

(1) EGFP(增强绿色荧光蛋白)为带有TEV酶切位点的目的蛋白,浓度为0.37 mg/mL,将TEV和EGFP以不同的摩尔比(1∶10、1∶20、1∶40、1∶80、1∶160、1∶320)分别放置在冰上(4 ℃)和室温下测试TEV酶切活性。在4 ℃下测试TEV的酶切效果如图2.36所示。

(2) EGFP为带有TEV酶切位点的目的蛋白,浓度为0.37 mg/mL,将TEV和EGFP以1∶10的摩尔比分别放置在冰上(4 ℃)和室温下测试不同时间点的酶切效果,检测TEV

酶切活性。在室温下测试 TEV 的酶切效果如图 2.37 所示。

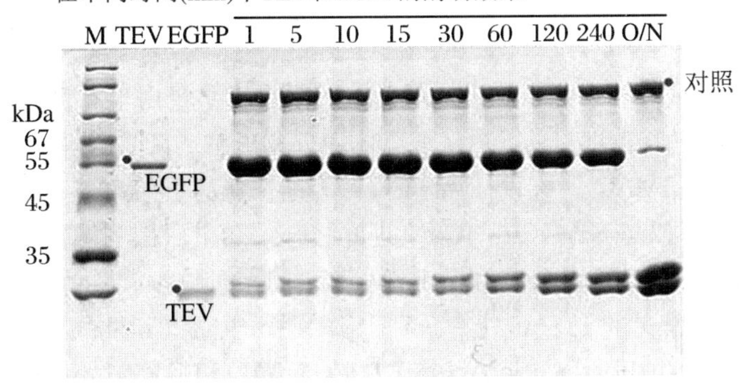

图 2.36　在 4 ℃下测试 TEV 的酶切效果

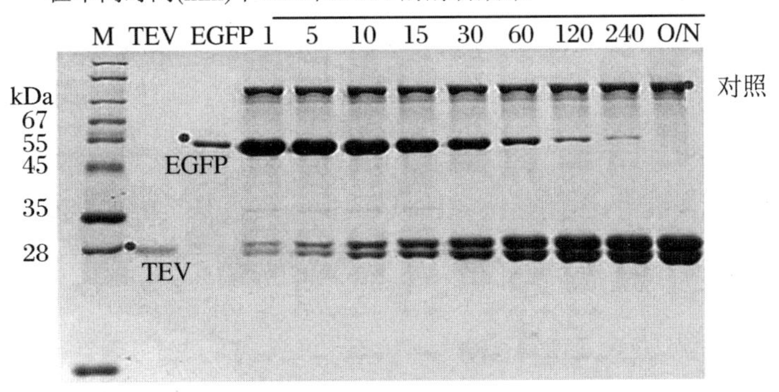

图 2.37　在室温下测试 TEV 的酶切效果

2.2.5.4　针对性建议

(1) 综合以上不同条件的酶切效果，在保证目的蛋白拥有良好状态的情况下，建议 TEV 和目的蛋白以 1∶10 的摩尔比，放置在冰箱(4 ℃)或冰上过夜酶切。

(2) 在使用 TEV 酶切蛋白时，需要蛋白缓冲液中存在 DTT，因此最好不要一边透析一边酶切，酶切和透析要分开来做，这样有助于实现良好的酶切效果。

(3) 在使用 TEV 酶切蛋白时，需要额外加入 0.5 mM EDTA 和 1 mM DTT。

(4) 在使用 TEV 酶切前后留样进行 SDS-PAGE 电泳，以便检测酶切效果。

参 考 文 献

[1]　胡学智，王俊. 蛋白酶生产和应用的进展[J]. 工业微生物，2008，38(4)：49-61.

2.2.6 金属螯合层析

2.2.6.1 实验简介

蛋白质通过原核或真核表达系统表达后是一种既有宿主蛋白也有目的蛋白的混合体，我们需要通过目的蛋白的特点把目的蛋白从混合体中分离出来。目前用得较多的一种方法是金属离子亲和层析(也叫IMAC)。在设计克隆时，人为地在目的蛋白的N端或C端加入6个连续的组氨酸，组氨酸可以与Ni^{2+}、Cu^{2+}、Co^{2+}共价结合。杂蛋白因为不能与金属离子结合而从流穿液中流出，而目的蛋白结合在柱子上，再用高浓度的咪唑将目的蛋白洗脱下来。

因此目前市场上常见的IMAC柱有3种：Ni柱、Cu柱及Co柱。用于螯合这些金属离子的螯合剂有NTA(Nitrilotriacetic Acid，次氮基三乙酸)和IDA(Iminodiacetic Acid，亚氨基二乙酸)。所以实验室常用的Ni-NTA就是用NTA作为螯合剂的Ni^{2+}离子亲和柱。

表2.29　3种金属离子柱比较

种类	结合强度	特异性
Co^{2+}柱	★	★★★
Ni^{2+}柱	★★	★★
Cu^{2+}柱	★★★	★

Co^{2+}柱的结合强度最弱，因此其特异性最好，但损失也是最大的；Cu^{2+}柱的结合强度最强，特异性最差，但是产量高，因此对于那些蛋白产量低的情况可以选择它用于初筛；Ni^{2+}柱则介于中间。

下面以Ni^{2+}柱为例，介绍IMAC流程。

2.2.6.2 实验材料

1. 试剂

(1) Ni-结合缓冲液：0.25 M NaCl、16 mM咪唑、20 mM Tris-HCl(pH 8.0)。

(2) Ni-洗脱缓冲液：0.25 M NaCl、400 mM咪唑、20 mM Tris-HCl(pH 8.0)。

2. 实验前准备

缓冲液在使用前放在4℃的冰箱中预冷，准备收集管，保证有足够的干净且已烘干的玻璃管。

3. 器械

Thermo落地式离心机(使用前预冷至4℃)、AKTA纯化仪、超声仪、抽滤泵。

2.2.6.3 实验步骤

1. 破菌(预计消耗时间为30 min～1 h)

(1) 将冻在－80℃冰箱中的菌取出，放在水里解冻，同时按照5～10 mL/g湿菌补加Ni-结合缓冲液。待解冻到一半时通过磁力搅拌器搅拌，既可加速解冻过程，又可把沉淀重悬，呈均匀状，保证超声时均匀地破菌。

(2) 解冻后把金属烧杯放在冰水上进行超声破碎。根据菌的多少自定义程序：对于不稳定的蛋白，可加入通用丝氨酸蛋白酶抑制剂(PMSF)以防止蛋白降解。

(3) 每 5～10 min 停止超声，取出烧杯用勺搅拌，并舀一勺菌液再倒入烧杯，当液流不呈丝状时，说明已超声完全。

(4) 用水洗探头，方法是使用超声仪超声水，具体见表 2.30。

表 2.30　超声仪使用功率、超声时间及停止时间表

菌量	功率	超声时间	停止时间
菌量多(20 g 以上)	30%～35%	2 s	2 s
菌量少	20%	1 s	2 s

关键步骤

① 细菌里包含我们要的目的蛋白，因此解冻后要全程放在冰上。

② 超声过程会放热，需在冰浴中进行。破碎时，超声探头在液面下 1 cm 处。

③ 不时查看，防止冰融化而使烧杯下沉。

④ 当蛋白易降解时，可在所有缓冲液及蛋白收集液中加入 PMSF。

2. 离心、过滤(预计消耗时间为 40 min)

(1) 提前把离心管洗好，放在管架上待用。

(2) 将超声好的菌液平均倒入离心管中，配平好后，放入已预冷至 4 ℃的 Thermo 落地式离心机中。

(3) 将上述菌液以 14000 rpm 离心 20 min，将上清液倒入干净的烧杯中，并放在冰上。

(4) 组装好抽滤装置进行抽滤(注意不要漏，样品和滤瓶均要放在冰上)。

3. 平衡 Ni 柱(预计消耗时间为 20 min)

(1) 将 Ni 柱从 4 ℃的冰箱中取出，这时柱里面是 20%乙醇。

(2) 水洗 Ni 柱 10 min，流速为 3 mL/min，限压为 0.4 MPa。

(3) 换成 Ni-结合缓冲液再洗 10 min，将 Ni 柱平衡好。

4. 上样使蛋白挂柱(预计消耗时间据样品体积而定)

(1) 将 Ni 柱放在冰上，湿接 Ni 柱，检查是否泄漏。

(2) 设置流速为 3 mL/min，限压为 0.4 MPa。

(3) 当样品流完 1 个柱体积时，用 EP 管接流出的样品，标记好“First Flow”，流出液不需要收集。当样品快流完时，用 EP 管接流出的样品，标记好“Last Flow”，用于后续检测。

关键步骤

① 样品体积小时可以减速，使样品充分与 Ni^{2+} 进行反应，能挂柱的都挂上。

② 第一次纯化某蛋白时，建议收集流出液，避免蛋白不挂柱而损失蛋白。

③ 注意避免气泡进入柱子。

5. 洗脱目的蛋白(预计消耗时间为 40 min)

(1) 提前将 AKTA 纯化仪的 A 泵、B 泵用水进行系统清洗。再用缓冲液,即 A 泵用 Ni-结合缓冲液,B 泵用 Ni-洗脱缓冲液进行系统清洗。

(2) 将系统流速设置为 1 mL/min,手动运行时把 Ni 柱湿接到 AKTA 纯化仪上。

(3) 调程序(以 AKTA Prime 纯化仪为例):设置流速为 3 mL/min,限压为 0.4 MPa。

(4) 程序进行完毕后,将结果保存在自己的文件夹中,写明日期、样品名、程序类型(Ni 柱洗脱或分子筛等)。

(5) 取 40 μL 样品至 EP 管中,标记好"Ni 柱洗脱",与前面的样品及进行蛋白电泳相比,检测纯化效果。

(6) 将在图谱中与目的蛋白的峰对应的样品收集到一个干净的 50 mL 离心管中。

(7) 将 AKTA 纯化仪的 A 泵、B 泵用水进行系统清洗。

(8) 将用完的收集管用自来水冲 5 遍,再用蒸馏水冲 3 遍后,晾在试管架上。

(9) 用完的 Ni 柱要进行清洗和重灌镍。

关键步骤

① 注意 Ni 柱上游的连接管中不要残留之前实验剩下的不明液体,以免影响纯化效果。

② 在多次使用后,Ni 柱变为白色或灰色时,则需要重新灌填料,以免造成柱子与 Ni 亲和力差从而影响蛋白纯化。

③ 柱子使用完毕后清洗并灌以 20% 乙醇储存。

蛋白经镍柱洗脱实例结果如图 2.38 所示。

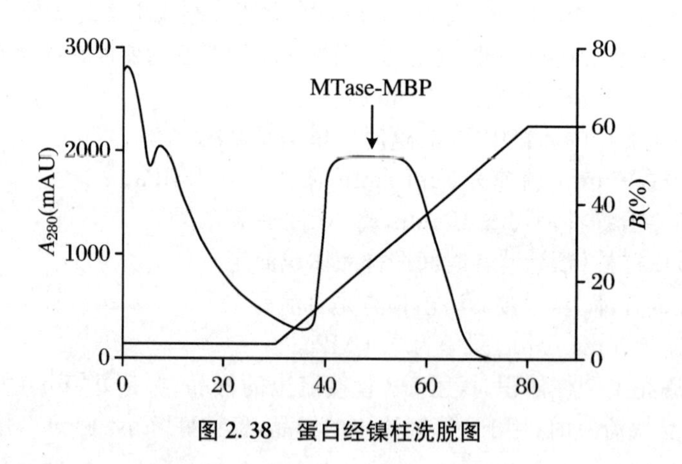

图 2.38 蛋白经镍柱洗脱图

2.2.6.4 针对性建议

(1) 蛋白质要时刻保存在冰上,或者放在 4 ℃的冰箱中。

(2) 需要过 Ni 柱的样品中不能有 EDTA 及 DTT,因为 EDTA 是金属螯合剂,它可以把 Ni 离子从柱子上洗下来;DTT 是还原剂,它可以把 Ni 离子还原成棕色的杂质,影响纯化效果。

(3) 如果样品极容易被氧化,那么可以向溶液中加入 5 mM β-ME(β-巯基乙醇)(注意要在使用时加,并将瓶口用锡箔纸封好以免挥发),Ni-NTA 最大可承受 10 mM β-ME。其余情况下尽量不要加入还原剂。

(4) 如果样品不稳定、易降解,那么可以往菌液中加入 0.5 mM PMSF 后再进行超声,随后在缓冲液中也分别加入 0.5 mM PMSF(注意要在使用时加)。

(5) Ni-结合缓冲液和 Ni-洗脱缓冲液的盐浓度一般为 0.25 M,但也可根据具体蛋白调整盐浓度。

参 考 文 献

[1] Petty K J. Metal-chelate Affinity Chromatography[J]. Current Protocols Molecular Biology, 2001 (10):11.

2.2.7 分子筛

2.2.7.1 实验简介

分子筛是根据分子大小分离纯化的方法,因此也叫 SEC(Size-Exclusion Chromatography),其原理如图 2.39 所示。其中的填料是一种聚糖,是一种均匀的介质。当大小不同的混合物进入分子筛柱时,大的分子因其在柱中的路径短而先出来,而小的分子因其在柱中的路径长而曲折,因此后出来。该方法主要用于分离单体和聚合物,聚合物是大家试图避免的东西,而变性胶(SDS-PAGE)无法看出样品中是否有聚合物。分子筛还有几个用途:包涵体复性(Re-folding),在更换缓冲液或过镍柱前去除 DTT 和 EDTA 等。

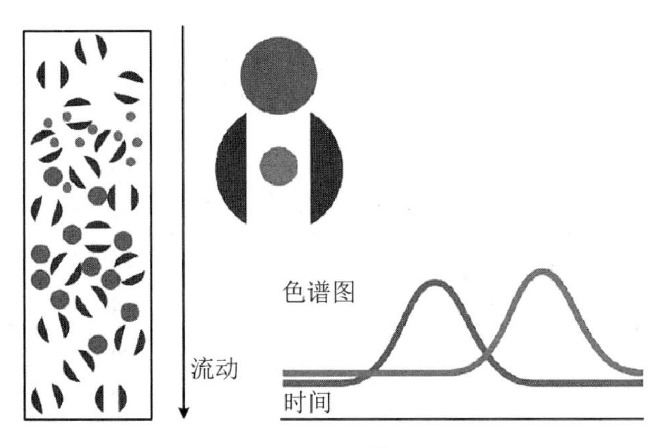

图 2.39　分子筛原理图

2.2.7.2 实验材料

1. 试剂

凝胶过滤缓冲液、0.25 M NaCl、10 mM Tris-HCl(pH 8.0)、蒸馏水(超声去气泡)。

2. 实验前准备

平衡分子筛:如果柱子里是20%乙醇,那么先用水洗1个柱体积,再用分子筛缓冲液进行平衡。准备足够的、干净的、已经烘干好的收集管。

3. 器械

Thermo落地式离心机(使用前预冷至4℃)、金属煮样器、AKTA纯化仪。

2.2.7.3 实验步骤

1. 样品准备(预计消耗时间为20 min)

(1) 分子筛一般都在IMAC之后使用,而Ni柱洗脱得到的蛋白基本在30 mL左右,是比较高浓度的状态,因此分子筛在上样之前一定要先高速离心。

(2) 将样品倒入高速离心管中,放入已预冷至4℃的Thermo落地式离心机中,14000 rpm离心15 min。

(3) 将其小心倒入干净的50 mL离心管中,放置在冰上。

(4) 用注射器将样品打入上样环,应避免产生气泡(上样体积一定要小于柱体积的10%)。

(5) 将上样环连接至AKTA纯化仪,可以手动跑0.5 mL/min,接好后停止。

关键步骤

分子筛非常忌讳进气泡,在连接及样品打入上样环时应避免产生气泡。

2. 过分子筛(预计消耗时间为4～5 h)

(1) 不同分子量的样品出峰时间不同,下面以AKTA Prime纯化仪过400 mL柱子为例(表2.31),设定程序。

表2.31 AKTA Prime纯化仪过400 mL柱子的数据表

检查点(mL)	流速(mL/min)	限压(MPa)	连接状态	收集体积(mL)	*B*(%)
0	1.5	0.3	进样	0	0
30	1.5	0.3	载样	0	0
250	1.5	0.3	载样	5	0
400	1.5	0.3	载样	0	0
450	1.5	0.3	载样	0	0

注:程序可根据实际情况修改。

(2) 把收集的流出管放在第一个收集管上,分子筛一般会有很多个收集管,如果不从第一管开始的话也可以通过简单的计算来确定对应峰的管号。

关键步骤

若是第一次过分子筛，可早些收样品，以免错过样品峰。

3. 收集样品、检测纯度(预计消耗时间为1.5 h)

(1) 将目的蛋白峰所对应的收集管中的蛋白倒入干净的50 mL离心管中，放在冰上，并加入5 mM DTT、2 mM EDTA、0.5 mM PMSF(终浓度)。如果要连续过2次镍柱，则不需加DTT、EDTA。

(2) 取40 μL样品至1.5 mL离心管中，标记为"分子筛样品"，并用SDS-PAGE检测样品纯度。

4. 分子筛清洗(预计消耗时间为8 h)

(1) 如果用完分子筛不及时清洗，则会残留一些蛋白杂质在上面，久而久之会堵塞分子筛。因此每次用完分子筛后要用水洗1个柱体积，用20%乙醇灌1个柱体积。每用完5次，水洗1个柱体积后，用0.2 M NaOH清洗1个柱体积，再用水清洗3个柱体积，最后用20%乙醇灌1个柱体积。

(2) 清洗完分子筛后，在标签纸上写明日期、使用者、目前柱子里灌的是什么溶液，这样不仅方便管理，也方便后面的人使用。

关键步骤

氢氧化钠要放在塑料瓶中，因为玻璃瓶中的硅酸盐会被碱性的氢氧化钠所腐蚀，成为硅酸钠，因此碱性物质一定不能放在玻璃瓶中。

分子筛示例图如图2.40所示。

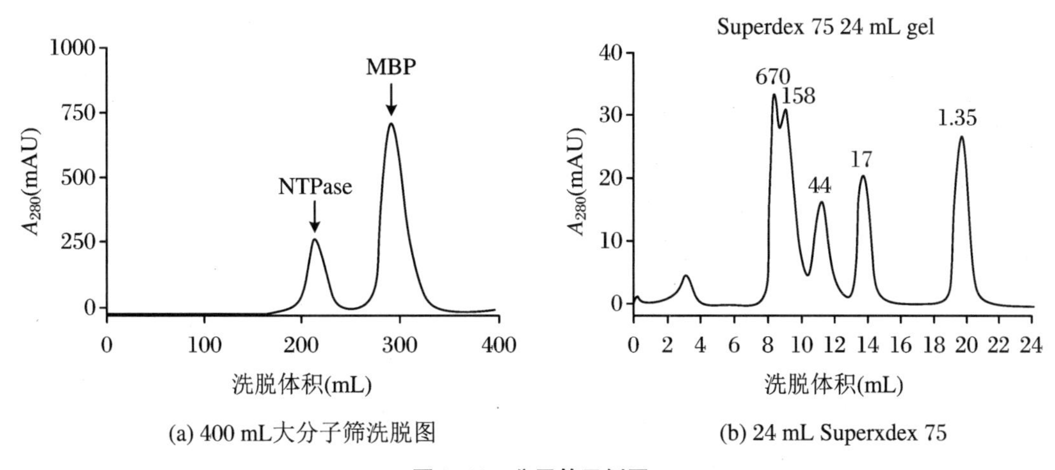

(a) 400 mL大分子筛洗脱图　　(b) 24 mL Superxdex 75

图2.40　分子筛示例图

2.2.7.4　针对性建议

(1) 蛋白质非常容易使分子筛堵塞，尤其是24 mL高分辨率分子筛，所以上样量一定要小于5 mg,不然一旦分子筛堵塞,实验也就失败了。

(2) 柱子一定要及时清洗,养成良好的实验习惯。

(3) 不同蛋白的等电点(PI)不同,分子筛缓冲液的 pH 要远离蛋白的等电点。

参 考 文 献

[1] Too J, Shek P C, Rajakulendran M. Cross-reactivity of Pink Peppercorn in Cashew and Pistachio Allergic Individuals[J]. Asia Pacific Allergy, 2019, 9(3): 25.

2.2.8 疏水作用层析

2.2.8.1 实验简介

疏水层析的分离基于蛋白质的疏水性氨基酸与基质的疏水性配基之间的可逆性相互作用。蛋白质分子的外部有一亲水层包围,内部有疏水核,且具有一水基团裂隙。如果将蛋白质表面的疏水基团暴露在高疏水性的环境里,就可以和固定相上的疏水基团结合。蛋白质分子表面亲水性很强,但也有一些非极性的疏水基团或疏水区域,同时还存在较多的疏水作用层析。在高盐环境下,盐离子剥夺蛋白水化层使蛋白质表面的疏水区域暴露,这样它的疏水部分即可与含疏水表面基团的固定相发生较强的疏水相互作用,从而被结合在固定相的表面。而一旦降低流动相的盐浓度,蛋白质表面的疏水区域闭合,疏水作用降低,这样就可以实现蛋白质的洗脱。疏水吸附过程如图 2.41 所示。

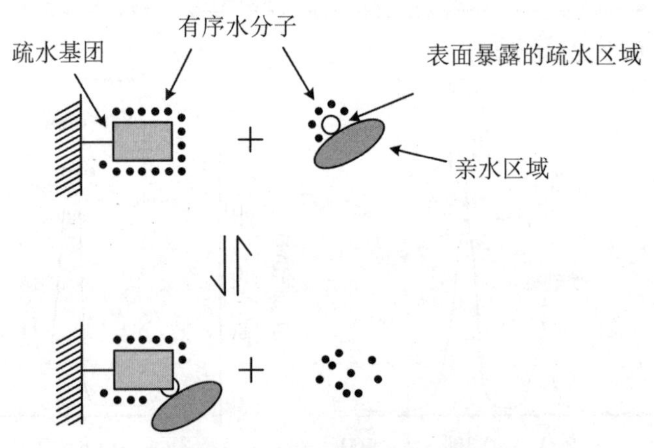

图 2.41 疏水吸附过程示意图

在进行疏水作用层析的分离过程优化时,主要的影响因素包括基质类型、配体类型和取代度、盐浓度和盐的类型、pH 等。常用的疏水介质类型主要为苯基-琼脂糖、丁基-琼脂糖和辛基琼脂糖。取代度是指基质上疏水配基的密度,取代度的增加在一开始可以增加介质的吸附容量,但到了一定程度后由于生物分子之间的空间位阻,吸附趋于饱和。盐在疏水作用层析中至关重要,各种加入缓冲液和样品溶液中的盐都会促进 HIC 中配体和蛋白质相互作用。当这些盐的浓度增加时，被结合的蛋白质量也线性地增加，直到一个特定的浓度，随后在更高浓度下将以指数形式增加。常用的盐类进行蛋白质沉淀的强弱或增加水溶液表面张力大小的能力（参考 Hofmeister 系列排序）如下：$Na_2SO_4 > K_2SO_4 > (NH_4)_2SO_4 > Na_2HPO_4 > NaCl > LiCl > KSCN$。pH 对 HIC 的影响比较复杂，一般 pH 的增加会减弱疏水作用，这可能是由带电基团和蛋白质的亲水性增强引起的。而 pH 的减小能增加表观疏水作用。因此在中性 pH 下不键合到 HIC 吸附剂上的蛋白质会在酸性 pH 下键合上去。

同分子筛相比，疏水柱不限制上样体积。

2.2.8.2 实验材料

1. 试剂

(1) 缓冲液 A：1 M $(NH_4)_2SO_4$、20 mM Tris(pH 8.0)（注意：缓冲液 A 的盐成分及浓度要依据盐处理过的蛋白样品中的最终盐环境配制）。

(2) 缓冲液 B：20 mM Tris(pH 8.0)。

2. 器械

HIC 柱、AKTA 纯化仪、低温高速离心机、电泳槽、电泳仪。

2.2.8.3 实验步骤

1. 蛋白质样品处理

(1) 稳定性探究。

取少量蛋白样品液作为实验对象，按样品体积在蛋白样中加入高浓度$(NH_4)_2SO_4$储液或粉末至终浓度为 0.5 M，缓慢倒置试管使铵盐溶解，若此时无蛋白沉淀现象，则按上述步骤提高样品的铵盐浓度，依据加盐—溶解—加盐—再溶解的程序每次提高铵盐浓度 0.1 M 或更高，调至终浓度为 1 M。如果蛋白在 0.8 M 以下铵盐浓度时有大量絮状沉淀，则说明该蛋白不适宜用疏水层析，可以通过稀释样品再透析的方法溶解蛋白并去除样品中的高盐。

关键步骤

① 加盐原则：蛋白无沉淀，样品中的铵盐浓度>0.8 M，且铵盐浓度越高越有助于提高柱分离能力。蛋白沉淀能力与其疏水基团相关，由经验分析可知，容纳铵盐的浓度为分子量小的蛋白大于分子量大的蛋白，浓度低的蛋白大于浓度高的蛋白。

② 按照 Hofmeister 系列排序，$(NH_4)_2SO_4$ 使蛋白沉淀的能力大于 NaCl，如果蛋白在较低浓度的铵盐中沉淀，可以尝试换用 NaCl 或其他盐，但推荐 NaCl 的浓度在大于 2 M 时再用疏水层析。

(2) 样品离心。

将样品于 4 ℃下 12000 g 离心 20 min，取上清液。

2. 配制缓冲液 A 和缓冲液 B

缓冲液 A：20 mM Tris(pH 8.0)、1 M $(NH_4)_2SO_4$（缓冲液 A 和蛋白样品的最终盐浓度一致）。

缓冲液 B:20 mM Tris(pH 8.0)。

3. 疏水柱处理

取出相应型号的疏水柱,水洗 2 个柱体积,再用缓冲液 A 平衡 2 个柱体积,于冰上待用。

> **关键步骤**
>
> 如果疏水柱杂质较多,先用 0.2 M NaOH 洗 ddH_2O,再用缓冲液 A 平衡。

4. 上样及洗脱

(1) 用缓冲液 A 和 B 清洗 AKTA 纯化仪的 A 泵和 B 泵,取上清液上样。上样及洗脱流速为 2~3 mL/min。

(2) 程序设置。以 4.7 mL 容量的 HiScreen Phenyl FF(High Sub) 疏水柱为例(表 2.32)。

表 2.32　4.7 mL 的 HiScreen Phenyl FF(High Sub)疏水柱上样及洗脱参数表

阶段	体积	洗脱液含量(*B*)	是否收集
上样	*x* mL	0%	否
清洗	6 CV	0%	否
梯度洗脱	10 CV	0%~100%	是
再次洗脱	2 CV	100%	是

5. 电泳鉴定

分别收集流穿液、冲洗液及不同洗脱峰位置的样品,用 SDS-PAGE 电泳鉴定目的蛋白。

6. 柱子清洗及保存

纯化结束后,用 ddH_2O 和 20%乙醇先后清洗柱子,于 4~30 ℃下保存。也可以保存在 0.01 M NaOH 中。

疏水柱洗脱实例如图 2.42 所示。

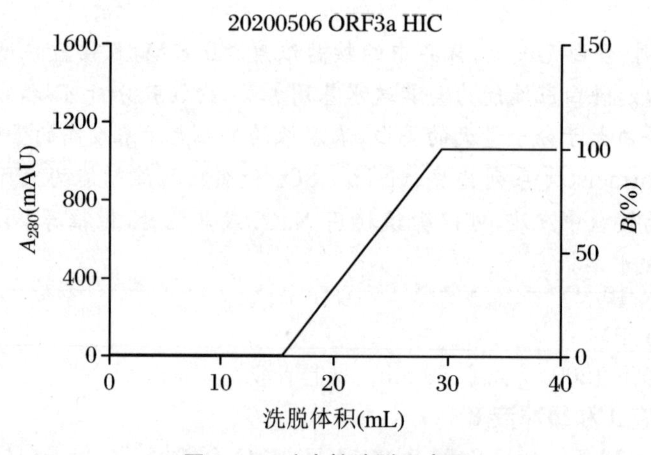

图 2.42　疏水柱洗脱示意图

2.2.8.4　针对性建议

过 HIC 柱期间，样品成分在高离子强度的缓冲液[典型的是 1～2 M $(NH_4)_2SO_4$ 或 3 M NaCl]中结合到填充柱上。高浓度的盐，尤其是硫酸铵，可能会沉淀蛋白质。因此，需要检测结合条件下靶蛋白的溶解性。通常采用降低盐梯度的方式对靶蛋白进行连续梯度或分布梯度洗脱。

参 考 文 献

[1] Queiroz J, Tomaz C, Cabral J. Hydrophobic Interaction Chromatography of Proteins[J]. Journal of Biotechnology, 2001(87): 143-159.

[2] Melander W, Horváth C. Salt Effects on Hydrophobic Interactions in Precipitation and Chromatography of Proteins: An Interpretation of the Lyotropic Series[J]. Archives of Biochemistry and Biophysics, 1977(183): 200-215.

2.2.9　离子交换层析

2.2.9.1　实验简介

离子交换层析（Ion Exchange Chromatography，IEC）是以离子交换剂为固定相，依据流动相中组分离子与交换剂上的平衡离子进行可逆交换时的结合力大小的差别而进行分离的一种层析方法。

离子交换层析中，基质是由带有电荷的树脂或纤维素组成的。带有正电荷的称为阴离子交换树脂，而带有负电荷的称为阳离子树脂。当蛋白质处于不同的 pH 条件下时，其带电状况也不同，pH 大于等电点时蛋白质带负电荷。因为阴离子交换基质结合带有负电荷的蛋白质，所以这类蛋白质被留在了柱子上，然后通过提高洗脱液中的盐浓度等措施，将吸附在柱子上的蛋白质洗脱下来，结合较弱的蛋白质会先被洗脱下来。而阳离子交换基质结合带有正电荷的蛋白质，结合的蛋白可以通过逐步增加洗脱液中的盐浓度或提高洗脱液的 pH 而洗脱下来。

优点：对于不够纯的样品进行进一步纯化，对没有融合标签的蛋白及天然蛋白的纯化尤为适用。

2.2.9.2　实验材料

1. 试剂

(1) 缓冲液 A：10 mM Tris（pH 8.0）。

(2) 缓冲液 B：1 M NaCl、10 mM Tris（pH 8.0）、20%乙醇。

2. 实验前准备

干净的样品收集管、冰、低温高速离心机（预冷）、SDS-PAGE 胶。

3. 器械

Source Q 柱子、AKTA 纯化仪、低温高速离心机、电泳槽、电泳仪、泵。

2.2.9.3 实验步骤

(1) 在过阴离子交换柱前,采用透析或过分子筛进行脱盐处理,将蛋白样品溶液置换为10 mM Tris(pH 8.0)。样品需要离心去除沉淀,柱子前面应接上滤膜使用。

(2) 平衡柱子(此处用的是8 mL Source Q柱子),流速为2 mL/min,限压为2 MPa。先用缓冲液B冲洗柱子残留的杂蛋白,直到A_{280}的吸光值回到基线为止,大概需洗10个柱体积,然后再换成缓冲液A洗10个柱体积。

(3) 若样品体积大于5 mL,采用超量上样环(Super Loop)上样;若样品体积小于5 mL,则采用上样环上样。

(4) 将样品以2 mL/min的速度上样,以5 mL/管收集。

(5) 采用缓冲液A冲洗10个柱体积,以5 mL/管收集。

(6) 采用线性梯度0%~50%缓冲液B(共10个柱体积)洗脱蛋白,以5 mL/管收集。再用50%~100%缓冲液B(共3个柱体积)洗脱蛋白,以5 mL/管收集。具体实例如图2.43所示。

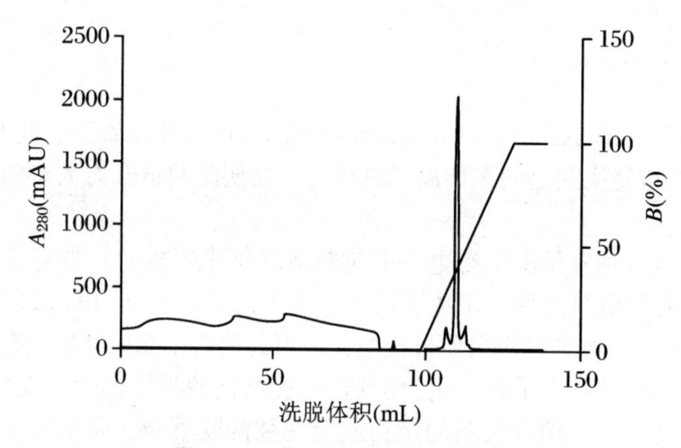

图2.43 离子交换柱洗脱示意图

(7) 分别收集整个过程中所出现的峰,用SDS-PAGE胶鉴定。

(8) 纯化结束后,用缓冲液B冲洗5个柱体积,再用水冲洗5个柱体积,最后注入20%乙醇,放入4℃的冰箱中。

2.2.9.4 针对性建议

(1) 明确蛋白的等电点,根据蛋白的带电情况选择阴离子柱或阳离子柱,提前预测一下目的蛋白是在流穿中出峰,还是在洗脱中出峰。

(2) Source Q柱子结合的杂质比较多,如果用缓冲液B不能去除杂质,则可以用0.2 M NaOH清洗杂蛋白,再依次采用ddH_2O、缓冲液B和缓冲液A过柱。

(3) 第一次纯化时,最好流穿液和洗脱液都收集,以免蛋白丢失。

(4) 以上步骤不一定适用于所有蛋白质,还需要多摸索纯化条件,如缓冲液的pH、洗脱的最适盐浓度等。

参 考 文 献

[1] Yamamoto S, Nakanishi K, Matsuno R. Ion-exchange Chromatography of Proteins[M]. Boca Raton: CRC Press,1988.

[2] Gallant S, Vunnum S, Cramer S. Optimization of Preparative Ion-exchange Chromatography of Proteins: Linear Gradient Separations[J]. Journal of Chromatography A,1996(725):295-314.

2.2.10 Protein A/G 纯化抗体

2.2.10.1 实验简介

Protein A 和 Protein G 是细菌细胞壁的一个构成组分，它们对免疫球蛋白的 Fc 区域有高度亲和性。以 Protein A 为例，它包含 5 个与 IgG 的 Fc 段结合的区域，当作为亲和配体固定于琼脂糖上时，它的这 5 个结合区域则空闲出来捕捉 IgG，从而达到富集纯化抗体的目的。Protein A 和 Protein G 与抗体结合的方式相同，只是 Protein A 经过人工改造，添加了 C 末端 Cys 用以形成二硫键与琼脂糖结合。Protein A 和 Protein G 对不同的抗体亚型具有一定的选择性。Protein A 和 Protein G 凝胶柱可以重复使用。Protein A 和 Protein G 的不同之处见表 2.33。

表 2.33　Protein A 和 Protein G 的不同之处

IgG 类型	Protein G 结合能力	Protein A 结合能力
山羊	+ +	−
绵羊	+ +	−
马	+ +	−
牛	+ +	−
大鼠	+	−
小鼠	+ +	+
人	+ +	+ +
兔	+ +	+ +
豚鼠	+ +	+ +

注："+ +"表示强大的结合能力；"+"表示结合能力一般；"−"表示结合能力弱或不结合。

2.2.10.2 实验材料

1. 试剂

结合缓冲液[0.15 M NaCl、20 mM Na_2HPO_4(pH 7.0)]、洗脱缓冲液(0.1 M 乙酸)、20%乙醇、1 M Tris(pH 8.0)。

2. 器械

Protein A/G 柱、AKTA 纯化仪、低温高速离心机、电泳槽、电泳仪、抽滤泵、抽滤瓶、

0.8 μm滤膜。

2.2.10.3 实验步骤

(1) 用至少5个柱体积的0.1 M甘氨酸(pH 2.7)缓冲液再生Protein A柱。

(2) 用5～10个柱体积的结合缓冲液PBS(pH 7.0)平衡柱子。

(3) 将样品上柱,流速要慢,流速为1～2.5 mL/min。

(4) 连接AKTA纯化仪,用10个柱体积的结合缓冲液以流速3 mL/min洗柱,直到OD_{280}达到基线。

(5) 使用0.1 M乙酸(pH 3.0～4.5)以流速2.5 mL/min进行梯度洗脱,梯度从0%到100%,洗脱体积为30 mL。每管收集1 mL,每个收集管中加入0.2 mL 1 M Tris(pH 8.0)以中和其酸性。

(6) 继续采用4个柱体积的100% 0.1 M乙酸洗柱。

(7) 纯化结束后,再生柱子,用结合缓冲液洗脱10个柱体积,再用ddH_2O洗,最后保存在20%乙醇中,放于4 ℃的冰箱中。

> **关键步骤**
>
> 柱子再生很重要,特别是用一个柱子纯化不同的抗体时,第一步需要确定柱子上不含有残留的抗体。上样时的流速对样品结合效率有影响,不宜过快。

2.2.10.4 针对性建议

(1) 第一次纯化时,最好流穿液和洗脱液都收集,避免抗体丢失。

(2) 以上步骤不适用于所有抗体,使用何种缓冲液可根据具体的实验材料自行摸索调整。

(3) 纯化前根据不同的样品来源,需进行相应的样品预处理。如血清样品需提前离心,去除絮状脂肪,再用0.22 μm滤膜抽滤,否则会堵塞柱子。若样品中杂质过多,也可先进行硫酸铵沉淀来粗纯样品。样品上样前都需经过离心,并用0.8 μm滤膜抽滤。

参考文献

[1] Hober S, Nord K, Linhult M. Protein A Chromatography for Antibody Purification[J]. Journal of Chromatography B,2007(848):40-47.

2.2.11 谷胱甘肽转移酶(GST)亲和层析

2.2.11.1 实验简介

谷胱甘肽转移酶(GST)是一个含有211个氨基酸的蛋白,通常将该蛋白加入重组蛋白的末端进行蛋白的纯化和检测。常用的组氨酸标签易受组蛋白的影响而产生非特异性结合，从而导致融合蛋白纯度不高。

谷胱甘肽转移酶与其底物谷胱甘肽之间具有极高的特异性结合，结合方式为硫键共价结合，所以可以获得更高的纯度。带有GST标签的融合蛋白(V9或V10)与GST琼脂糖凝胶孵育，凝胶上的谷胱甘肽与GST蛋白特异性结合，通过洗脱去除不能与凝胶结合的杂蛋白。当进一步使用还原型谷胱甘肽(GSH)洗脱时，GSH可以竞争GST上的结合位点而将GST蛋白洗脱下来，获得纯化的GST融合蛋白。1 mL树脂可结合5～8 mg融合蛋白。与镍柱层析一样，整个操作过程需要在冷库中进行。细胞破碎过程与镍柱层析一样。

2.2.11.2　实验材料

1. 试剂

纯化缓冲液PBS[135 mM NaCl、2.7 mM KCl、1.5 mM KH_2PO_4、8 mM K_2HPO_4(pH 7.4)]、GSH、1 M DTT、0.5 M EDTA、高pH缓冲液[0.1 M Tris-HCl、0.5 M NaCl(pH 8.5)]、低pH缓冲液[0.1 M乙酸钠、0.5 M NaCl(pH 4.5)]、1%TritonX-100、70%乙醇。

2. 实验前准备

干净的样品收集管、冰、SDS-PAGE胶，菌体破碎后样品需在4 ℃下离心取上清液，并抽滤除杂。

3. 器械

AKTA纯化仪、低温高速离心机、GST柱、电泳槽、电泳仪、抽滤泵、抽滤瓶、0.8 μm滤膜。

2.2.11.3　实验步骤

(1) 蛋白的表达和裂解步骤同蛋白大规模表达步骤。

(2) 用10个柱体积的纯化缓冲液PBS平衡GST柱。

(3) 将蛋白上清液加入GST柱中，将流速控制在1 mL/min，并收集流穿液。

(4) 上样结束后，用纯化缓冲液PBS清洗4个柱体积，收集流穿液。

(5) 用纯化缓冲液PBS现配10 mM谷胱甘肽，用2个柱体积洗脱，收集流穿液用于下一步纯化，可依据下一步纯化决定是否加入DTT、EDTA、蛋白酶抑制剂等以防止蛋白降解。

(6) 用10个柱体积的纯化缓冲液PBS重新平衡GST柱子。

(7) 将各步骤收集的样品进行SDS-PAGE检测。

(8) 如果在使用一段时间后，柱子因表面沉积过多杂质而导致蛋白结合能力下降，需对柱子进行清洗。

2.2.11.4　针对性建议

(1) 第一次纯化时，每步都要留样、跑SDS-PAGE胶，以便分析纯化效果。

(2) 因GSH易氧化，故需现配现用。

2.2.11.5 常见问题与解决方案

1. 沉淀或变性物质的清洗

(1) 用2个柱体积的6 M盐酸胍清洗。

(2) 再用5个柱体积的纯化缓冲液PBS平衡柱子。

2. 疏水缔合物质的清洗

(1) 用3～4个柱体积的70%乙醇(或2个柱体积的去垢剂,如1%TritonX-100)清洗柱子。

(2) 再用5个柱体积的纯化缓冲液PBS平衡介质。

3. 介质再生

每次层析前,为达到最佳纯化效果,需对柱子进行再生,步骤如下:

(1) 用2个柱体积的高pH缓冲液[0.1 M Tris-HCl、0.5 M NaCl(pH 8.5)]和低pH缓冲液[0.1 M乙酸钠、0.5 M NaCl(pH 4.5)]交替洗脱3次。

(2) 再用10个柱体积的纯化缓冲液PBS平衡柱子。

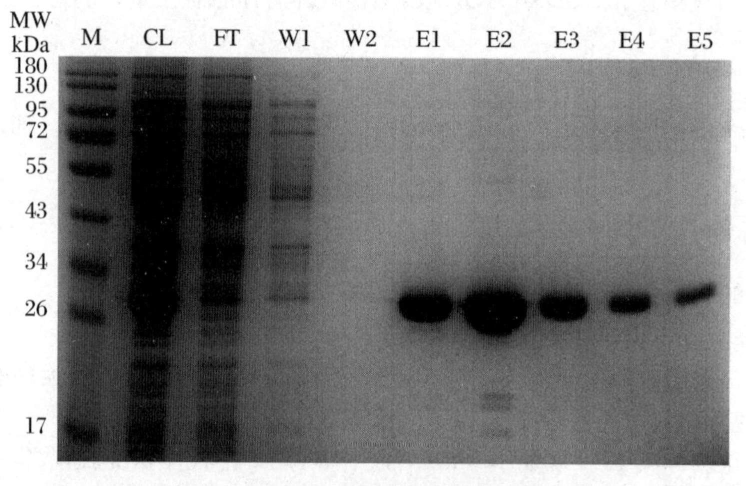

图2.44 GST标签蛋白纯化效果图

注:M:分子量标准;CL:细菌裂解液;FT:上样流穿液;W1和W2:洗涤液1和2(洗脱1和2);E1～E5:洗脱液1～5(洗脱1～5)。

参考文献

[1] Swaffield, Jonathan C, Johnston, et al. Affinity Purification of Proteins Binding to GST Fusion Proteins[J]. Curr. Protoc. Mol. Blol., 2001(13):272.

2.2.12　Fab 的蛋白表达

2.2.12.1　实验简介

Fab 是抗体中能直接结合抗原的区域。抗体被木瓜蛋白酶切割后，一般情况是产生 2 个 Fab 片段和 1 个 Fc 片段。Fab 保留了完整抗体结合抗原的能力，且能够结晶(完整的抗体很难结晶)。原核表达抗体和 Fab 具有较大难度，主要原因是抗体是分泌蛋白，且具有链间二硫键，在细菌中折叠困难，常以包涵体形式表达。

pFab 载体采用细菌 phoA(碱性磷酸酶)启动子，其特性是在无磷酸的培养基环境下，宿主细菌(55244)能够活化该启动子，缓慢地将表达的蛋白分泌到细菌周质腔(周质腔的环境能够帮助蛋白正确折叠)。将 Fab 克隆到 pFab 质粒，能够很好地在 55244 菌种中分泌表达出具有活性的 Fab。由于周质腔空间较小，故此法的缺点是蛋白获得量较低。

2.2.12.2　实验材料

1. 试剂

(1) 10×CRAP-磷酸盐介质配制数据见表 2.34。

表 2.34　10×CRAP-磷酸盐介质配制

成分	总体积 1 L	总体积 2 L	总体积 4 L
$(NH_4)_2SO_4$	35.7 g	71.4 g	142.8 g
柠檬酸盐-$2H_2O$	7.1 g	14.2 g	28.4 g
KCl	10.7 g	21.4 g	42.8 g
酵母提取物	53.6 g	107.2 g	214.4 g
Hy-Case SF 酪蛋白	53.6 g	107.2 g	214.4 g
ddH_2O	加至 1 L	加至 2 L	加至 4 L(用热水以便节省时间)

(2) 1×CRAP-Pi 介质配制数据见表 2.35。

表 2.35　1×CRAP-Pi 介质配制

成分	总体积 1 L	总体积 2 L	总体积 4 L
1 M MOPS(pH 7.3)	110 mL	220 mL	440 mL
0.5 g/mL 葡萄糖	11 mL	22 mL	44 mL
1 M $MgSO_4$	7 mL	14 mL	2 mL

配制步骤：确定所需的 1×CRAP-Pi 体积。确定加入水的体积，加入水的体积为总体积减去 10×CRAP-Pi 的体积，再减去表 2.35 中 3 种溶液的体积。加入计算出体积的水，再计算加入 $MgCl_2$ 的质量(1×CRAP-Pi 中 $MgCl_2$ 的终浓度为 100 mM)，并于称量后加入。计算加入 NH_4OH 氨水的体积(25%～28%的氨水摩尔浓度约为 14 M，1×CRAP-Pi 中氨水的终浓度为 100 mM)，并于称量后加入。于室温下搅拌 1 h，$NH_4MgPO_4 \cdot xH_2O$ 会析出沉

淀,采用滤纸抽滤,去除沉淀。调节 pH 至 7.3。加入表 2.35 中的溶液,至此,1×CRAP-Pi 配制完成,可立即使用,也可放置在 4 ℃的冰箱中过夜。

(3) 2×TY 培养基:1 L 培养基含 16 g 胰蛋白胨、10 g 酵母提取物、5 g 氯化钠,需高压灭菌。

2. 实验前准备

制备表达菌株 55244 的感受态。

3. 器械

超净工作台、水浴锅、灭菌锅、摇床、烧瓶、Thermo 落地式离心机、抗生素、摇床、定性滤纸。

2.2.12.3 实验步骤

1. Fab 表达

(1) 将构建好的 pFab 质粒转化表达菌株 55244 感受态 100 μL,加入 900 μL 2×TY,于 30 ℃下 220 rpm 培养 1 h。不涂布平板,从新鲜转化菌开始,不使用冻存的菌种。

(2) 将以上 1 mL 转化菌全部接种到 10 mL 2×TY 中,于 30 ℃下 200 rpm 培养过夜。

(3) 将以上 10 mL 过夜菌液接种至 1 L 2×TY/Amp 中(具体情况视最终表达量而定,总之是 1∶100 接种),再置于带挡板的摇瓶中,于 30 ℃下 200 rpm 培养过夜。

(4) 离心细菌(4000 rpm 离心 10 min),弃上清液,使用等体积的 1×CARP-Pi/Amp 培养基重悬菌体。

(5) 将精确的 1 L 1×CARP-Pi/Amp 培养基细菌悬液置于 2 L 无挡板摇瓶中,用锡箔纸将瓶口封严,使用胶布包裹严实,严防通气,于 30 ℃下 230 rpm 培养 24～27 h。

(6) 将上述菌液稀释 10 倍后测量 OD_{600},于 4 ℃下 4000 g 离心 10 min,弃上清液。不要冻存细菌,继续往下做。

(7) 采用裂解缓冲液[Protein A 柱纯化用 50 mM Tris、150 mM NaCl、2 mM EDTA (pH 8.0);镍柱纯化用 20 mM Tris、500 mM NaCl、5%甘油、0.1%吐温 20(Tween 20)(pH 8.0),使用前加入 PMSF]重悬菌体(1∶8)。

(8) 冰浴超声破菌。

(9) 将上述菌液于 4 ℃下 17000 g 离心 30 min,取上清液,用 Protein A 柱或镍柱纯化。

2. Fab 纯化(以下两种方法二选一)

(1) 采用 Protein A 柱纯化。

① 使用 3 个柱体积的 1 M 乙酸过柱,以再生 Protein A 柱,流速设置为 2.5 mL/min。

② 使用 10 个柱体积的结合缓冲液(如破菌液)平衡柱子。

③ 将以上破碎上清液过柱,流速设置为 1 mL/min。

④ 采用纯化仪,使用 10 个柱体积的结合缓冲液以流速 1 mL/min 洗柱,直到 OD_{280} 达到基线。

⑤ 使用 50 mL 0.1 M 乙酸以流速 1 mL/min 进行洗脱,将洗脱液分为 5 mL 组分(Fab 将在前 10 mL 洗脱),在每个组分中加入 1 mL 1 M Tris。

⑥ 将 Fab 透析到 PBS 中。

⑦ 重生 Protein A 柱,并使用大量水冲洗,采用 20%乙醇于 4 ℃下储存。

(2) 采用镍柱纯化。

① 使用 5 个柱体积的破菌缓冲液平衡柱子,流速设置为 2.5 mL/min。

② 将以上破碎上清液过柱,流速设置为 2.5 mL/min。

③ 采用纯化仪,使用 25 mL、0~200 mM 咪唑进行梯度洗脱,将洗脱液分为 5 mL 组分。

④ 将 Fab 透析到 PBS 中。

⑤ 重生柱子,采用 20%乙醇于 4 ℃下储存。

2.2.12.4 针对性建议

(1) 在接种过程中不要污染杂菌。

(2) 由于这一表达质粒是持续表达的,因此不适宜进行甘油冻存。每次都需要从质粒转化开始。

(3) Fab 偶尔发现有降解发生,需添加蛋白酶抑制剂,同时加快纯化速度。

(4) 该体系也可用于其他需要分泌的蛋白表达。

参 考 文 献

[1] Spooner, Jennifer, Keen, et al. Evaluation of Strategies to Control Fab Light Chain Dimer During Mammalian Expression and Purification: A Universal One-step Process for Purification of Correctly Assembled Fab[J]. Biotechnol Bioeng,2015(112):1472.

[2] Hui M, et al. The Purification of Natural and Recombinant Peptide Antibodies by Affinity Chromatographic Strategies[J]. Methods in Molecular Biology,2015(1348):65-153.

[3] Ning D, et al. Expression, Purification, and Characterization of Humanized Anti-HBs Fab Fragment[J]. Journal of Biochemistry,2003(134):7-813.

[4] Proudfoot K A, Torrance C, Lawson A D, et al. Purification of Recombinant Chimeric B72.3 Fab′ and F(ab′)2 Using Streptococcal Protein G[J]. Protein Expression & Purification,1992(3):73-368.

2.2.13 植物种子蛋白的提取方案

2.2.13.1 实验简介

植物种子(图 2.45)里含有大量蛋白,主要以存储蛋白为主,可以占到总蛋白的 70%以上。同时,种子里还有大量纤维,不溶于水。另外,种子里还有大量的脂类,可以用环己烷或正己烷脱脂。

根据蛋白分子在传统的蔗糖密度梯度离心里的分布,种子蛋白通常有三大类。它们从小到大分别是 2 S、7 S 和 11 S。这只是粗略的分类,通常有一种或多种分子量(聚合物分子量,不是单体分子量)接近的蛋白。2 S(分子量为 10~15 kDa)和 7 S(单体分子量为60 kDa,三聚体分子量为 150~210 kDa)一般能溶于低盐溶液,用水萃取。而 11 S(单体分子量为

60 kDa,六聚体分子量为 360 kDa)也能溶于水,但更易溶于高盐(1 M NaCl)溶液,因此可以先用低盐,再用高盐萃取。还有不溶于水的脂溶性蛋白,也是花生、芝麻等食物中重要的过敏原。

图 2.45 典型的植物种子图

2.2.13.2 实验材料

1. 材料

新鲜种子 20～50 g。

2. 器械

粉碎机(榨汁机)、Thermo 落地式离心机(使用前预冷至 4 ℃)、金属煮样器、AKTA 纯化仪。

2.2.13.3 实验步骤

1. 样品准备(预计消耗时间为 20 min)

(1) 选取 20～50 g 新鲜种子去皮去壳,放入 200 mL 低盐萃取液缓冲液 A[10 mM Tris-HCl(pH 8.0)]中,用匀浆器破碎。加入 100 mL 正己烷,于室温下搅拌 2～4 h。14000 rpm 离心 20 min,去除上层油脂层,中间水相用纱布过滤,然后用卡纸过滤,再用 0.8 μm 滤膜过滤,得到 F1 组分,即水提取物。如果蛋白得率很低,那么可以在萃取液中加少量盐,如 100 mM NaCl。但需注意在透析后要过离子交换柱。

(2) 将上述溶液离心沉淀,加入 100 mL 高盐萃取液缓冲液 B[10 mM Tris-HCl,1 M NaCl(pH 8.0)],再次用匀浆器搅拌破碎。14000 rpm 离心 20 min,上清液用纱布过滤,然后用卡纸过滤,再用 0.8 μm 滤膜过滤,得到 F2 组分,即盐提取物。

(3) F1 组分用 Superdex-200 分子筛过滤。按照出峰位置,分离 11 S、7 S 和 2 S 蛋白。用分子筛过滤后各组分进一步用 Source Q 阴离子交换柱分离蛋白。缓冲液 A 是结合缓冲液,缓冲液 B 是洗脱缓冲液。经 SDS-PAGE 鉴定后,可进一步过 HIC 纯化。结合缓冲液需要加入 1～2 M 硫酸铵。

(4) F2 组分相对单一(主要是 11 S 组分,同时有 2 S 组分),可以直接过 Superdex-200 分子筛。11 S 组分需要过疏水柱纯化。结合缓冲液需要加入 1～2 M 硫酸铵。

关键步骤

新鲜种子不要太多，尽量打碎。脱脂和过滤要充分。

2. 预期结果(预计消耗时间为 4～5 h)

预期结果如图 2.46 所示。

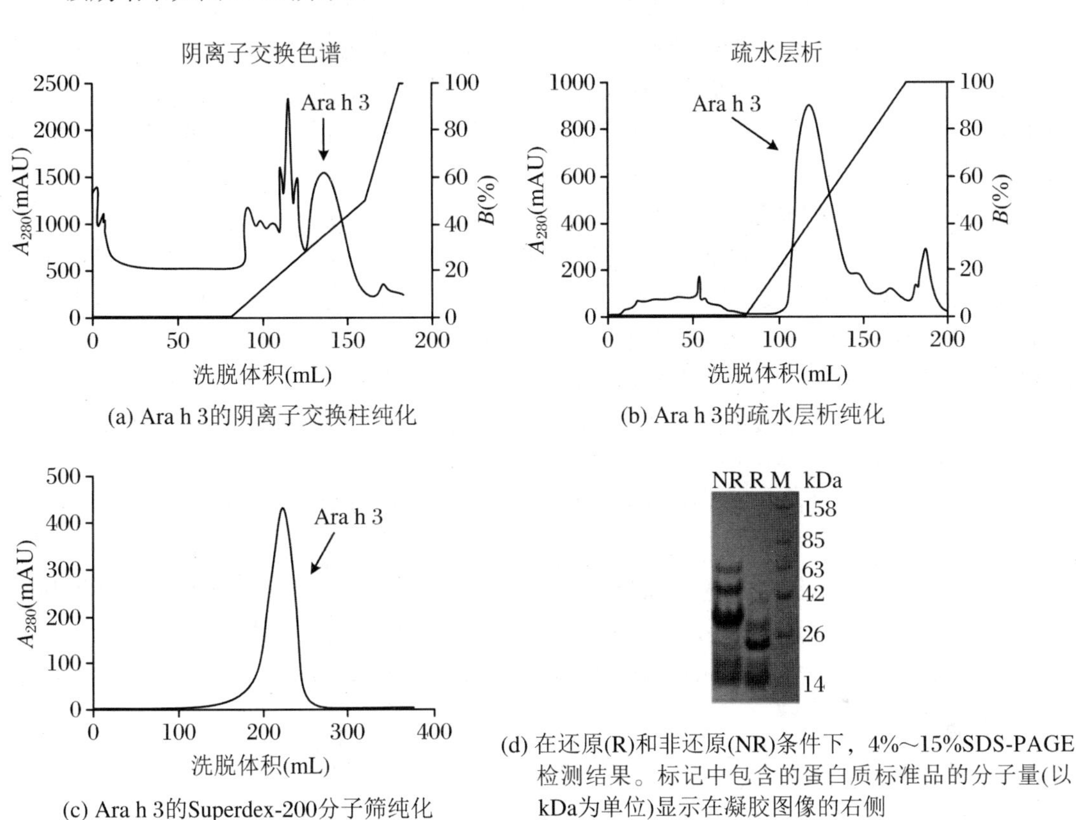

图 2.46　11 S 蛋白 Ara h 3 的纯化图

2.2.13.4　针对性建议

有一些种子存储蛋白，特别是 11 S 蛋白，其溶解度对盐和温度均非常敏感。在高盐溶液中非常可溶，而在低盐或低温下溶解度很低。可以利用这一性质进行纯化和结晶。

参 考 文 献

[1] Jin T, et al. Purification and Characterization of the 7S Vicilin from Korean Pine (Pinus Koraiensis)[J]. Journal of Agricultural and Food Chemistry, 2008(56): 8159-8165.

[2] Chen F, et al. Screening of Nanobody Specific for Peanut Major Allergen Ara h 3 by Phage Display [J]. Journal of Agricultural and Food Chemistry, 2019(67): 11219-11229.

2.2.14 包涵体复性

2.2.14.1 实验简介

在某些生长条件下,大肠杆菌能积累某种特殊的生物大分子,它们致密地集聚在细胞内,或被膜包裹或形成无膜裸露结构,这种水不溶性的结构称为包涵体。当外源基因在原核细胞中高效表达时,形成的包涵体是由膜包裹的高密度、不溶性颗粒,一般含有50%以上的重组蛋白,其余为核糖体元件、RNA聚合酶、外膜蛋白等,大小为0.5~1 μm,不溶于水,只溶于盐酸胍或尿素。

包涵体形成的原因复杂,主要有以下几点:

(1) 基因工程菌的表达产率过高,超过了细菌正常的代谢水平,由于细菌δ因子的蛋白水解能力达到饱和,使之表达产物积累起来。研究发现在低表达时很少形成包涵体,表达量越高越容易形成包涵体。原因可能是合成速度太快,以致没有足够的时间进行折叠;二硫键不能正确地配对;过多的蛋白间非特异性结合,使蛋白质无法达到足够的溶解度等。

(2) 重组蛋白的氨基酸组成:一般来说含硫氨基酸越多越易形成包涵体,而脯氨酸的含量明显与包涵体的形成呈正相关。

(3) 重组蛋白所处的环境:当发酵温度高或胞内pH接近蛋白的等电点时容易形成包涵体。

(4) 重组蛋白是大肠杆菌的异源蛋白,其缺乏真核生物中翻译后修饰所需的酶类和辅助因子,如折叠酶和分子伴侣等,致使中间体大量积累,容易形成包涵体沉淀。

(5) 蛋白质在合成之后,于中性pH或接近中性pH的环境下,其本身固有的溶解度对于包涵体的形成比较关键。

(6) 在细菌分泌的某个阶段,蛋白质分子间的离子键、疏水键或共价键等化学作用导致了包涵体的形成。

(7) 有报道表明,很多细胞的包涵体具有天热酶活性。工业上经常通过细菌包涵体复性获得可溶和高活性的蛋白。

2.2.14.2 实验材料

1. 试剂

(1) 破菌液:250 mM NaCl、2.5 mM EDTA、20 mM Tris(pH 8.0)。

(2) 洗脱缓冲液1:250 mM NaCl、0.5%TritonX-100、2.5 mM EDTA、10 mM β-巯基乙醇、20 mM Tris-HCl(pH 8.0)。

(3) 洗脱缓冲液2:250 mM NaCl、2.5 mM EDTA、10 mM β-巯基乙醇、20 mM Tris-HCl(pH 8.0)。

(4) 变性缓冲液:6 M GuHCl/8 M 尿素、200 mM NaCl、10 mM β-巯基乙醇、2 mM EDTA、20 mM Tris-HCl(pH 8.0)。

(5) 复性液(Refolding Buffer):无固定的配方,可通过文献查询可使用的复性液,最简单的复性液就是10 mM Tris。另外，精氨酸及氧化还原体系（如氧化型谷胱甘肽、还原型谷胱甘肽等）也是经常加入的成分。本实验中PD-1的复性液为0.4 M L-精氨酸盐、2 mM EDTA、0.5 mM胱胺、0.1 M Tris(pH 8.0)；而PD-L1的复性液为1 M L-精氨酸盐、0.25 mM氧化型谷胱甘肽、0.25 mM还原型谷胱甘肽、2 mM EDTA、0.1 M Tris(pH 8.0)。

(6) 透析液：无固定配方，可以采用20 mM NaCl、10 mM Tris或PBS等，可将复性PD-1和PD-L1最终透析到20 mM NaCl、10 mM Tris(pH 8.0)中。

2. 实验前准备

冰、SDS-PAGE胶、干净的样品收集管。

3. 器械

磁力搅拌器、AKTA纯化仪、低温高速离心机、电泳槽、电泳仪。

2.2.14.3 实验步骤

1. 蛋白表达

(1) 于晚上9点左右，挑取一个生长良好的含有表达载体的表达菌克隆，接种20 mL LB、0.01 g/mL葡萄糖于含抗生素的培养基中，于37 ℃下220 rpm培养约12 h。

(2) 次日9点左右，以1∶50的比例接种1 L LB(含抗生素)，于37 ℃下培养2.5 h至OD_{600}为0.8左右，加入终浓度为0.5 mM的IPTG，于37 ℃下诱导表达3 h。

(3) 取300 μL诱导的菌液制备50 μL SDS-PAGE上样缓冲液，取5 μL上样进行电泳，鉴定目的蛋白是否表达。

(4) 将上述溶液于4 ℃下5000 g离心10 min，收集菌体，此细菌可在-80 ℃中长期保存备用。

2. 破菌

(1) 以1 g菌加10 mL破菌液的比例，加入预冷的破菌液重悬菌体，设置超声破碎仪功率为10%，工作1 s停4 s，总工作时间为10 min，于冰水浴中破菌。

(2) 破菌产物于4 ℃下15000 g离心30 min，弃上清液。

3. 清洗包涵体

(1) 采用100 mL清洗缓冲液1重悬包涵体，于室温下磁力搅拌过夜。

(2) 将上述溶液于4 ℃下15000 g离心30 min，弃上清液，采用清洗缓冲液1重悬沉淀，于室温下磁力搅拌6 h。

(3) 将上述溶液于4 ℃下15000 g离心30 min，弃上清液，采用清洗缓冲液2重悬沉淀，于室温下磁力搅拌2 h。

(4) 称量沉淀的总质量，然后采用适当体积的清洗缓冲液2重悬，分装至1.5 mL离心管中(保证每管含有约0.1 g沉淀)，于4 ℃下15000 g离心20 min，弃上清液，包涵体沉淀可长期储存于-80 ℃中备用。

4. 包涵体变性

(1) 每管包涵体加入10 mL变性缓冲液重悬，于室温下搅拌4 h。

(2) 将上述溶液于4 ℃下15000 g离心30 min，弃沉淀，测上清蛋白浓度，于4 ℃下存放。

5. 蛋白复性

(1) 取以上 10 mL 蛋白变性液一滴滴地加入 200 mL 室温下不断搅拌的复性液中(复性液中蛋白的终浓度约为 0.1 mg/mL)。

(2) 将上述溶液放置于 4 ℃下孵育过夜。

(3) 采用 0.8 μm 滤膜过滤去除沉淀,上清液储存于 4 ℃中。

(4) 采用 2 L 透析液在 4 ℃下搅拌透析 6 h。

(5) 采用 4 L 透析液在 4 ℃下搅拌透析 12 h。

6. 蛋白浓缩

(1) 由于稀释和透析后蛋白溶液体积很大,浓度很低,因此有如下几种浓缩方式。

① 将蛋白溶液装在透析袋中,在透析袋外撒一些 PEG20000 进行浓缩,复性 PD-1 和 PD-L1 就是这样浓缩的。

② 采用浓缩管离心浓缩。

③ 采用离子交换柱进一步纯化并浓缩蛋白。

(2) 最终将浓缩的蛋白离心去除沉淀,并测量浓度。

(3) 先使用 24 mL 分子筛进一步纯化蛋白,然后采用浓缩管浓缩蛋白,分装后于 −80 ℃下保存。

2.2.14.4 针对性建议

(1) 复性很难达到 100%,因蛋白而异,能有 10%的蛋白复性成功就很不错了。

(2) 判断是否复性成功可以通过鉴定复性蛋白的生物学功能来确定,如检测复性 PD-L1 和 PD-1 能否相互结合。如果没有酶活检测方法,一般认为能获得较稳定的单体成分,就判断复性成功。

(3) 可考虑以透析复性代替稀释复性,但透析前应将蛋白浓度稀释到约 0.2 mg/mL,否则很可能产生大量沉淀。

(4) 需从时间、成本、体积、效率等因素综合考虑,从而确定最优复性和下游纯化工艺。

参考文献

[1] Wingfield P T, Palmer I, Liang S M. Folding and Purification of Insoluble (Inclusion Body) Proteins from Escherichia Coli[J]. Current Protocols in Protein Science,2014(78):32-33.

[2] Saremirad P, Wood J A, Zhang Y, et al. Oxidative Protein Refolding on Size Exclusion Chromatography at High Loading Concentrations: Fundamental Studies and Mathematical Modeling[J]. Journal of Chromatography,2014(1370):55-147.

[3] Middelberg A P. Preparative Protein Refolding[J]. Trends in Biotechnology,2002(20):43-437.

2.2.15 单链抗体的制备

2.2.15.1 实验简介

单链抗体(Single Chain Fv,scFv)由一段弹性连接肽(Linker)将抗体可变区重链(VH)

与轻链(VL)相连而成(图 2.47),是具有亲代抗体全部抗原结合特异性的最小功能结构单位,以分子量小(仅为完整抗体的 1/6)、穿透力强、体内半衰期短、免疫源性低、可在原核细胞系统表达以及易于进行基因工程操作等特点而备受关注,近年来已在生物学、医学领域、实验室研究及疾病的诊治方面取得了长足的进展。但单链抗体常常又存在亲和力低、功能单一、稳定性较差、体内清除过快等不足,使它的广泛应用受到一定的限制。

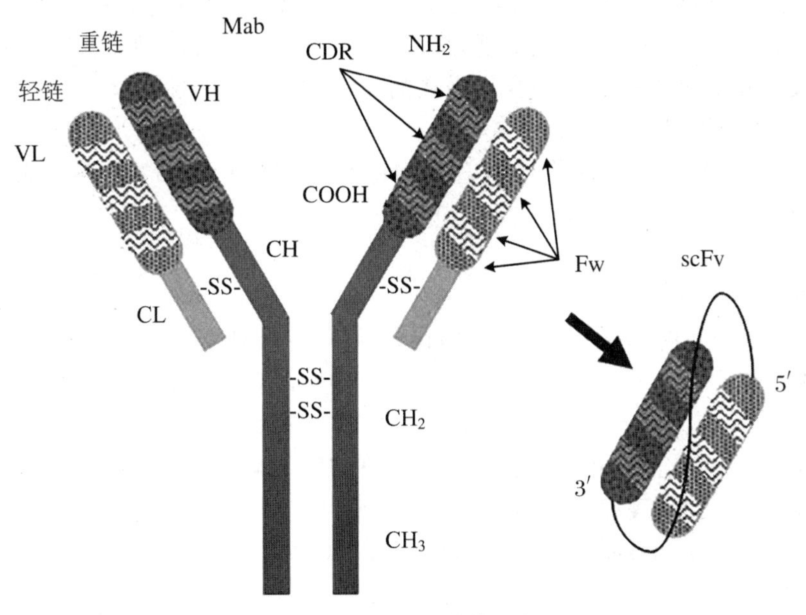

图 2.47　单链抗体的结构

1. scFv 多聚体 Linker 的设计

scFv 的 Linker 一般为 15 个氨基酸,常选用甘氨酸和丝氨酸构成一段具有一定弹性及蛋白酶抗性的多肽 Linker,其序列为(GGGGS)3。Linker 的作用是既连接 VH、VL,又保持一定的弹性,使 VH 与 VL 功能区之间在折叠后仍可配对,构成单价抗原结合位点。当 Linker 缩短为 3～12 个氨基酸时,同一 scFv 分子的 VH 与 VL 功能区就不能相互配对,而使来自不同分子的 VH 与 VL 功能区配对成 1 个二价的二聚体(Diabodies);当 Linker 被进一步缩短为 0～2 个氨基酸时,VH 的 C 端残基就直接与 VL 的 N 端残基相连,先由 2 个 scFv 分子构成 1 个 Diabodies,两端游离的 VH、VL 就与第 3 个 scFv 分子构成 1 个三价的三聚体(Tribodies)。

2. scFv 多聚体的特性

Diabodies 分子约为 60 kDa,Tribodies 分子约为 90 kDa,均显著大于 scFv 分子的 30 kDa。因此在体内应用时具有许多优势,克服了 scFv 在体内清除过快的不足。

与 scFv 及 Fab 小分子抗体相比,scFv 多聚体的显著特点就是它的高亲和力性能,由于具有多个结合价,可同时与细胞膜上相邻的两个或多个靶抗原结合,与肿瘤细胞表面抗原的多价结合有利于肿瘤的影像分析及治疗。

3. scFv多聚体的应用

双特异性Diabodies以其双重抗原结合特异性成为免疫诊断及免疫治疗方法中的新的组成部分,具有广阔的应用前景。它是由两种不同scFv分子构成的Diabodies,具有双特异性,可同时与两种抗原特异性结合。与以往的双特异性抗体相比,双特异性Diabodies既保持了特异性结合抗原的特点,又具有以下优点:首先,Fc区的缺失减少了与FcR阳性细胞发生非特异性结合的机会;其次,由于体积小,最大限度地降低了宿主的抗异源抗体反应;再次,分子量小,有利于对肿瘤组织的穿透;最后,制备简便,可绕过细胞杂交这一费时费力的过程,无需使用化学交联剂,从而避免了潜在的免疫原性和致畸性,同时也为人源性双特异性抗体的开发奠定了基础。

根据实验室现有的平台,可将scFv序列构建到V29H或pTT5中再进行表达。

2.2.15.2 实验材料

1. 试剂

(1) Ni-结合缓冲液:250 mM NaCl、16 mM 咪唑、20 mM Tris-HCl(pH 8.0)。

(2) Ni-洗脱缓冲液:250 mM NaCl、400 mM 咪唑、20 mM Tris-HCl(pH 8.0)。

(3) 透析缓冲液:250 mM NaCl、20 mM Tris-HCl(pH 8.0)。

(4) Protein A-结合缓冲液:20 mM Na_2HPO_4、150 mM NaCl(pH 7.0)。

(5) Protein A-洗脱缓冲液:1 M AcOH。

(6) Protein A-中和缓冲液:1 M Tris-Cl(pH 8.0)。

2. 实验前准备

用细菌表达scFv-V29H,或用293F表达scFv-pTT5。

用Ni-结合缓冲液平衡Ni柱,或用Protein A-结合缓冲液平衡Protein A柱。

2.2.15.3 实验步骤

1. scFv-V29H纯化

(1) 将菌沉淀以1(g):10(mL)的比例加入Ni-结合缓冲液,用磁力搅拌器重悬菌体。

(2) 将菌悬液放入冰水盒中,用超声破碎仪裂解细胞。破碎后原本黏稠的菌悬液吸起滴下时呈液滴状即可。

(3) 菌液高速离心(于4 ℃下14000 rpm离心30 min)后,转移上清液至干净的容器中。

(4) 上清液用0.45 μm滤膜抽滤除杂后,用蠕动泵将上清液泵入Ni柱。

(5) 用>5个Ni柱体积的Ni-结合缓冲液冲洗Ni柱中的杂蛋白。

(6) 将Ni柱连到AKTA纯化仪上,用Ni-洗脱缓冲液梯度洗脱目的蛋白。

(7) 向获取的目的蛋白中加入1 mM EDTA、5 mM DTT和20 mM TEV,混匀,于4 ℃下酶切3 h。

(8) 将酶切的目的蛋白装入透析袋中,将透析袋放入已预冷的透析缓冲液中,于4 ℃下透析过夜。

(9) 透析过的蛋白用0.22 μm滤膜抽滤除杂后,用蠕动泵将上清液泵入Ni柱,此时收取穿透液(为目的蛋白 scFv)。

(10) 将 Ni 柱连到 AKTA 纯化仪上,用 Ni-洗脱缓冲液梯度洗脱蛋白(为 MBP 和 TEV)。

(11) 获得的 scFv 经浓缩后,继续用浓缩的方式置换成 PBS 储存液,同时可取少许用 24 mL 分子筛鉴定。

2. scFv-pTT5 纯化

(1) 收获的细胞于 4 ℃下 2000 g 离心 15 min 后,转移上清液至干净的容器中。

(2) 上清液用 0.45 μm 滤膜抽滤除杂后,兑入上清液 1/3 体积的 Protein A-结合缓冲液,用蠕动泵将上清液泵入 Protein A。

(3) 用>3 个 Protein A 柱体积的 Protein A-结合缓冲液冲洗柱中的杂蛋白。

(4) 将收集管放到收集盘中,每个收集管中加入 200 μL Protein A-中和缓冲液。

(5) 将 Protein A 柱连到 AKTA 纯化仪上,用 Protein A-洗脱缓冲液梯度洗脱目的蛋白。

(6) 向获取的目的蛋白中加入 1 mM EDTA、5 mM DTT 和 20 mM TEV,混匀,置于 4 ℃下酶切过夜。

(7) 将酶切的目的蛋白用浓缩管浓缩换液(PBS)以去除 DTT 和 EDTA。

(8) 将 Protein A 柱尾接一个 Ni 柱,并用 Protein A-结合缓冲液平衡。

(9) 将置换过缓冲液的蛋白兑适量体积的 Protein A-结合缓冲液,用蠕动泵泵入 Protein A+Ni 柱中,此时收取穿透液(为目的蛋白 scFv),而 Fc 则挂在 Protein A 上,TEV 则挂在 Ni 柱上。

(10) 将收集的 scFv 用浓缩管浓缩,同时可取少许用 24 mL 分子筛鉴定。

2.2.15.4　针对性建议

(1) 293F 细胞离心后,获得的上清液一定要抽滤,否则溶液会堵塞 Protein A 柱。

(2) 如果 scFv 不稳定,则可考虑设计 GSlinker 将 VH 和 VL 连接在一起,以起到稳定抗体的作用。

参考文献

[1] Ahmad Z A, et al. scFv Antibody: Principles and Clinical Application[J]. Clinical and Developmental Immunology,2012(3):1-15.

[2] Bemani P, Mohammadi M, Hakakian A. scFv Improvement Approaches[J]. Protein and Peptide Letters,1969,25(3):222-229.

[3] Sarker A, Rathore A S, Gupta R D. Evaluation of scFv Protein Recovery from E. coli by in Vitro Refolding and Mild Solubilization Process[J]. Microb. Cell Fact,2019(18):5.

[4] Yang J, Rader C. Antibody Methods and Protocols[M]. Berlin: Springer,2012.

2.2.16 SDS-PAGE 凝胶电泳

2.2.16.1 实验简介

目前,蛋白质电泳分离通常采用聚丙烯酰胺凝胶作为电泳介质。蛋白质在电场力的牵引下,在凝胶形成的孔径内进行迁移。凝胶浓度越高,孔径越小。凝胶孔径的大小与蛋白质大小、电荷以及形状相结合,最终决定了蛋白质的迁移速度。

根据凝胶中是否加入蛋白变性剂,蛋白电泳可分为变性电泳和非变性电泳。变性电泳(常添加 0.001 g/mL SDS)可用来估计多肽或蛋白质的纯度和分子量,而非变性电泳(常添加 2-巯基乙醇或 DTT 等还原剂)则可用来确定蛋白质的亚基数目和大小。非变性电泳可用来检测和分离"天然"状态的蛋白。

2.2.16.2 实验材料

1. 试剂

1 M Tris-HCl(pH 6.8)、0.3 g/mL 丙烯酰胺、0.1 g/mL 十二烷基硫酸钠(SDS)、0.1 g/mL 过硫酸铵(APS)、四甲基乙二胺(TEMED)、超纯水、SDS 上样缓冲液、考马斯亮蓝 G250 染液等。

2. 器械

梯度混合器、电泳仪、电源、电泳槽等。

2.2.16.3 实验步骤

1. 配制梯度胶(预计消耗时间为 4 h)

梯度胶由两种组分混合而成,包括轻(Light)密度部分和重(Heavy)密度部分。我们一般使用的是 4%~15%梯度胶,因此轻密度部分是 4%,重密度部分是 15%。也就是用混匀器时,重密度部分会缓缓加入轻密度的腔室中,胶由下而上灌制,因此胶的上层密度比下层密度小。SDS-PAGE 梯度胶的配制方法见表 2.36。

表 2.36 SDS-PAGE 梯度胶的配制方法

成分	重胶浓度(对于 65 mL)				轻胶浓度(对于 65 mL)
	20%	18%	15%	14%	4%
ddH_2O(mL)	3	7.5	23	20.5	37
1 M Tris-HCl(pH 6.8)(mL)	17.5	17.5	19	17.5	19
0.3 g/mL 丙烯酰胺(mL)	43.3	39	29	26	15
0.1 g/mL SDS(mL)	0.7	0.7	0.7	0.7	0.77
0.1 g/mL APS(新鲜)(mL)	0.7	0.7	0.7	0.7	0.77
TEMED(μL)	30	30	25	30	0.025

各种缓冲液的储液配制方法:

(1) 0.3 g/mL丙烯酰胺(对于1 L):292 g丙烯酰胺、8 g双丙烯酰胺,于4 ℃下避光保存。

(2) 0.1 g/mL APS:配制50 mL时,需加入5 g APS、50 mL蒸馏水,溶解后于4 ℃下避光保存。

(3) 0.1 g/mL SDS:配制100 mL时,需加入10 g SDS、100 mL蒸馏水,溶解后常温保存即可。

(4) 20×跑胶缓冲液(对于1 L):195.2 g MES、121.2 g Tris、20 g SDS、6 g EDTA。

(5) 考马斯亮蓝G250染液(对于1 L):250 mg G250搅拌5 h后加入3 mL浓盐酸,并于常温下保存即可。

关键步骤

梯度胶由专人负责配制,故具体制胶过程略去不表,仅述制胶过程中需要注意的一些要点:

① 胶板填装时,要使用塑料胶片填充严实。检查是否漏液,在排除管道内的空气时,要注意连接处是否紧密。

② 制胶需要调节TEMED的加入量,以调节凝胶凝结的速度,添加量视气温而定。温度越高凝固越快。

③ 灌胶过程中,需要转子以适当的转速在梯度混合器内的低浓度胶中进行转动,以充分混匀来自梯度混合器另一侧的高浓度胶。同时,为了达到充分混匀的目标,将梯度混合器的黑色混合开关全部打开,而凝胶流通管道上的开关是由配胶者控制总体速度的。玻璃板的液面不能上升太快,尽量缓慢流出。这对凝胶在水平方向上的浓度均一性尤为关键,直接影响制胶的成败。

④ 当梯度混合器中的液体胶快流完时,应提前关闭开关,剩余的弃之。这是因为往往最后会残留很多气泡,不能让气泡进去。

2. 跑胶(预计消耗时间为1 h)

(1) 根据计划跑胶的样品数量计算所需的胶孔数目,选择合适样品孔的凝胶(节约原则),装在电泳仪中。胶板由一长一短两块板组成,短的那块朝里侧放置。

(2) 将跑胶缓冲液倒在电泳槽中,液面恰好在两种高度的胶板之间。

(3) 上样:将提前煮好的蛋白样品,用白色的小枪头缓缓加入凝胶上样孔中。样品加入体积一般为5～7 μL,如果样品较浓,3 μL足矣。如果上样量太大,则会降低电泳分辨率。

(4) 电泳。盖上电泳仪上盖,以150 V电压运行48 min(如果着急看结果,可以以200 V电压电泳24～30 min)。

关键步骤

① 注意上样缓冲液中的溴酚蓝示踪染料不要跑尽,即不要让溴酚蓝进入胶缓冲液中,因为跑胶缓冲液是要回收利用的。

② 染色:将胶板取出,用自来水将表面的气泡冲掉,用折胶板把玻璃板撬开,将含有胶的玻璃板直接放在盛有自来水的染盒中,使凝胶顺水冲落至染盒。

③ 将染盒置于微波炉内，高火将水煮沸 2 min。此步骤的目的是将胶上的 SDS 煮掉，因为 SDS 可以和考马斯亮蓝 G250 染液竞争性地与丙烯酰胺结合。再重复 1 次，尽量把 SDS 洗干净。

④ 加入考马斯亮蓝 G250 染液，在微波炉中高火煮 3 min，将染液倒至染液回收缸中。用自来水将胶上的浮色洗净，加自来水煮沸至少 3 次，直到颜色很浅为止。

⑤ 拍照：使用白光投射或白光反射，根据实际情况调节光圈与曝光时间。一般光圈用 3，曝光时间在 30 ms 左右。照胶仪拍摄的照片是黑白的，因此也可以用自己的手机进行拍照，效果更好。

⑥ 清理：在煮胶间隙，把所用的凝胶系统清洗干净并放置于实验室规定的地方，清理实验台面。

2.2.16.4 针对性建议

当需要检测的蛋白很大(超过 100 kDa)时，如做蛋白交联实验时往往会遇到这种情况，需要用 4%～12%的梯度胶，尽量让大分子量的组分分开。当样品浓度过高时，建议稀释样品制样。一定要注意电极的正确插入。

参考文献

[1] Bansode R R, Randolph P D, Plundrich N J, et al. Peanut Protein-polyphenol Aggregate Complexation Suppresses Allergic Sensitization to Peanut by Reducing Peanut-specific IgE in C3H/HeJ Mice [J]. Food Chemistry, 2019(299): 7.

2.2.17 GraphPad Prism 软件的使用

2.2.17.1 简介

GraphPad Prism 是一款集数据分析和作图于一体的数据处理软件，它可以直接输入原始数据，根据需求自动进行基本的统计分析，同时产生高质量的科学图表。GraphPad Prism 适用于 Windows 和 Mac 操作系统，现在最新的版本是 GraphPad Prism 9。如今，GraphPad Prism 已广泛地被各类生物学家及社会和物理学家使用，也广泛地被本科生和研究生使用。

2.2.17.2 软件要求

(1) Windows 或者 Mac 操作系统。
(2) GraphPad Prism 软件。

2.2.17.3 基本使用步骤

这里以实验室常用的蛋白纯化图为例讲解 GraphPad Prism 软件的使用。为了广泛性考虑,采用 GraphPad Prism 5 界面作为演示,具体版本差别请参见官网。

(1) 新建表格(图 2.48)。打开 GraphPad Prism 5 软件,点击“Choose a graph”为散点图,然后点击“Enter and plot a single Y value for each point”,最后点击“Create”(图 2.49)。

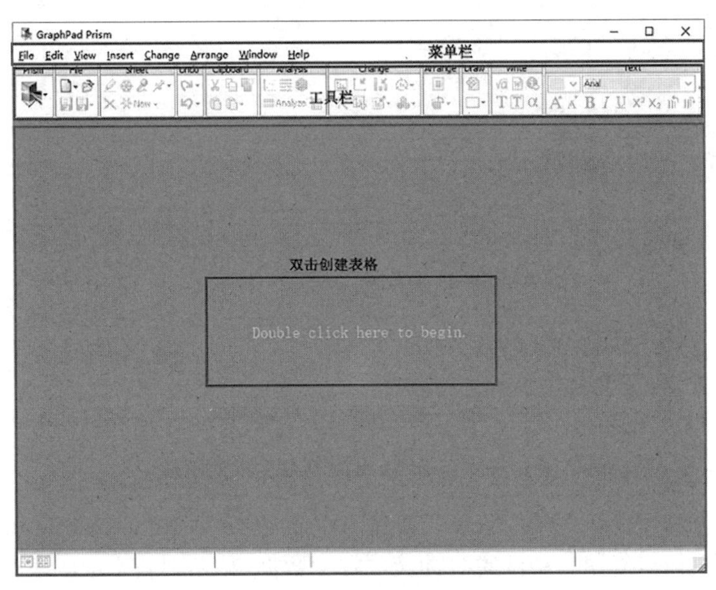

图 2.48　新建表格 1

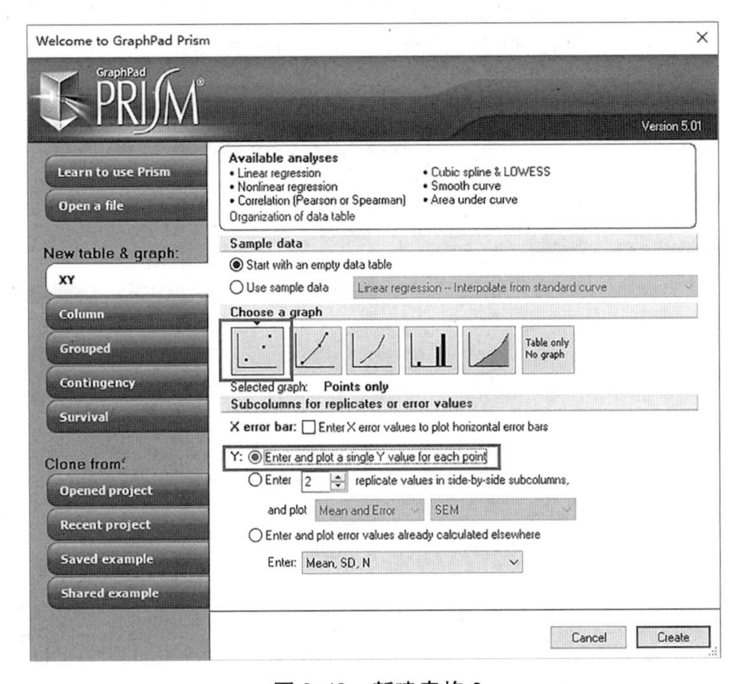

图 2.49　新建表格 2

(2) 输入数据。根据AKTA纯化仪输出的有关第一次镍柱洗脱的Excel数据,复制其中A_{280}的横纵坐标数据,粘贴到GraphPad Prism 5生成的表格中,点击"Data 1"查看生成的图形(图2.50)。

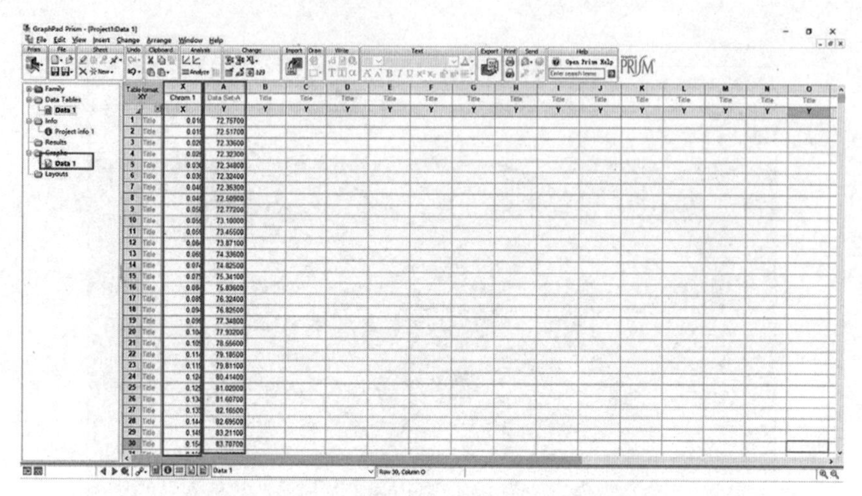

图2.50　点击"Data 1"查看生成的图形

(3) 点击文档操作模块中的"New",新建一个新的New data table and graph表格[根据步骤(1)中的操作],复制其中洗脱缓冲液的梯度数据,粘贴到新生成的表格中,点击"Data 2"查看生成的图形。

(4) 两个图形的叠加。双击第一个生成的图形,选择"Data Sets on Graph",然后点击"Add..."[图2.51(a)],出现右侧的对话框,再点击"Right",最终点击"OK"叠加两个图形[图2.51(b)]。

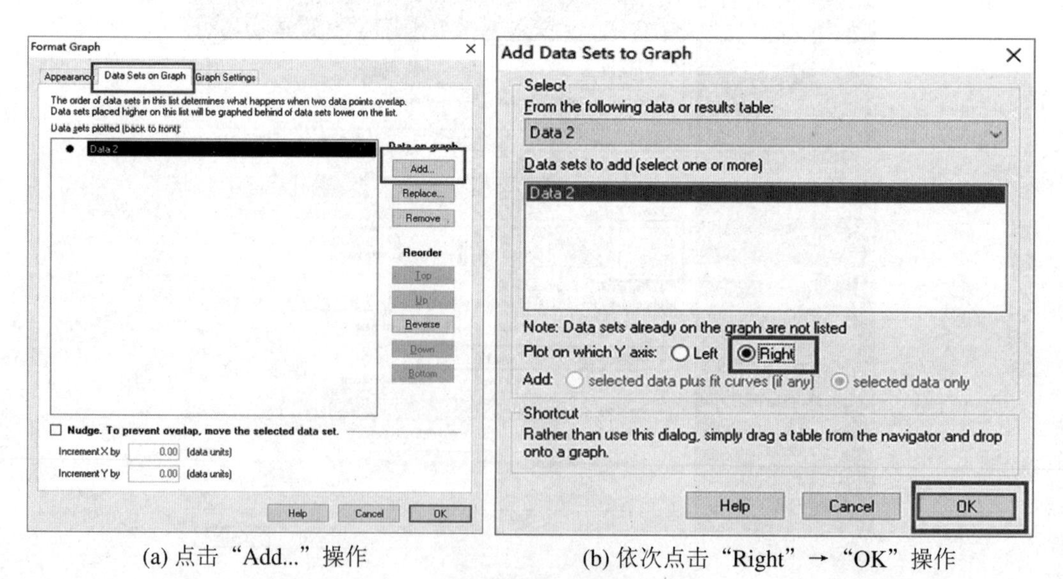

(a) 点击 "Add..." 操作　　(b) 依次点击 "Right" → "OK" 操作

图2.51　两个图形的叠加操作

(5) 修改调整图片。双击生成的曲线，出现下图的对话框，点击“Show connecting line/curve”，下一步调整曲线的颜色和粗细，点击“OK”。一般选择 A_{280} 线为蓝色，洗脱缓冲液梯度线为红色(图 2.52)。

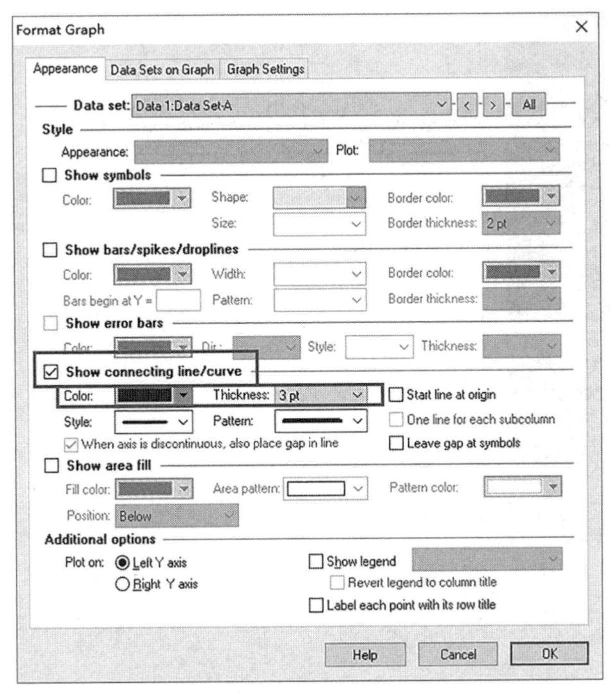

图 2.52　修改调整图片

(6) 调整横纵坐标。左边纵坐标为 A_{280}(mAu)，右边纵坐标为 B(%)，横坐标为洗脱体积(mL)，最后是图注，为纯化日期与蛋白名称。若需修改图形的某一部分，双击即可启动该部分的编辑模式。

(7) 图片导出。选择需要导出的图片，依次点击“File”→“Export”，然后选择图片格式(TIF、JPG、PNG)，再点击“OK”。

2.2.17.4　针对性建议

(1) 如果 AKTA 纯化仪输出的 Excel 数据有负数，最好在 Excel 中加入某个合适的数值使纵坐标的数据都为正数(图 2.53)，没有负数会让纯化图更加美观。

(2) 在文档的操作模块中，可以将制作好的蛋白纯化图格式保存为一个模板，当下次使用相同的格式时，可以再依据指示复制到新图上。

(3) 此外，GraphPad Prism 5 还具有绘制热图、生存曲线、柱状图、箱式图、散点图、趋势图、计算拟合曲线和 IC50 等功能。

(4) 可以在 GraphPad Prism 5 官网的 QuickCalcs 模块使用快速计算工具，支持分类型、连续型数据处理，概率分布与 P 值分析，随机数、化学放射性数据处理。

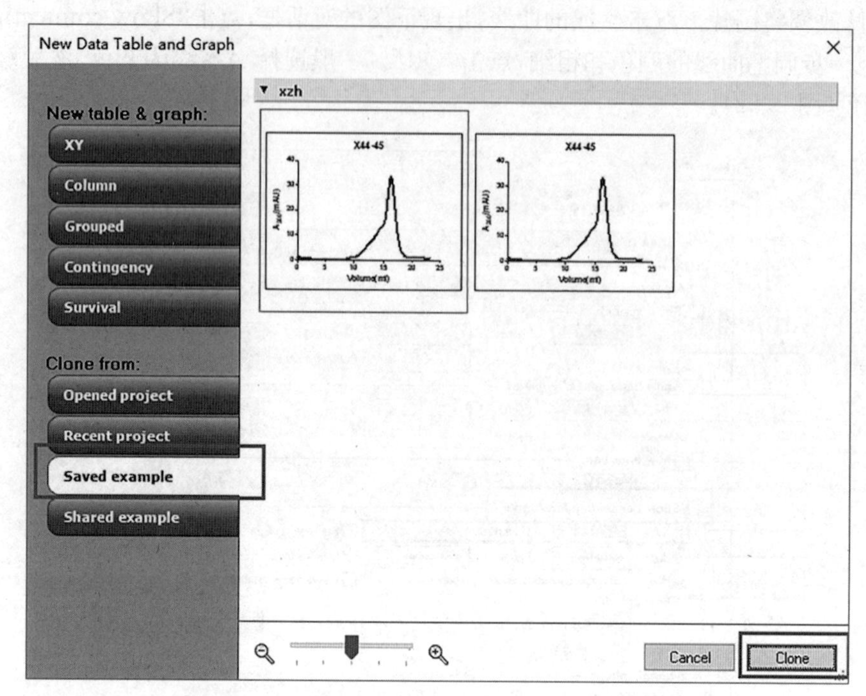

图 2.53　使 AKTA 纯化仪输出的 Excel 数据全为正数

2.3　筛选与蛋白互作的分子

2.3.1　酵母双杂交技术从文库中筛选与蛋白 X 结合的蛋白

2.3.1.1　实验简介

我们的酵母双杂交体系依赖于酵母转录因子 GAL4 的系统。GAL4 包括两个彼此分离但功能必需的结构域：位于 N 端 1-147 位氨基酸残基区段的 DNA 结合域（DNA Binding Domain，DNA-BD）和位于 C 端 768-881 位氨基酸残基区段的转录激活域（Activation Domain，AD）。DNA-BD 能够识别位于 GAL4 效应基因与 GAL4 反应基因的上游激活序列（Upstream Activating Sequence，UAS），并与之结合。而 AD 则是通过与转录机器（Transcription Machinery）中的其他成分之间的结合作用，以启动 UAS 下游的基因进行转录。DNA-BD 和 AD 单独作用并不能激活转录反应，只有当二者在空间上充分接近时，才能呈现完整的 GAL4 转录因子活性并可激活 UAS 下游启动子，使启动子的下游基因得到转录（图 2.54）。

实验室用的酵母菌菌株是 AH109，它含有 4 个报告基因（图 2.55）。

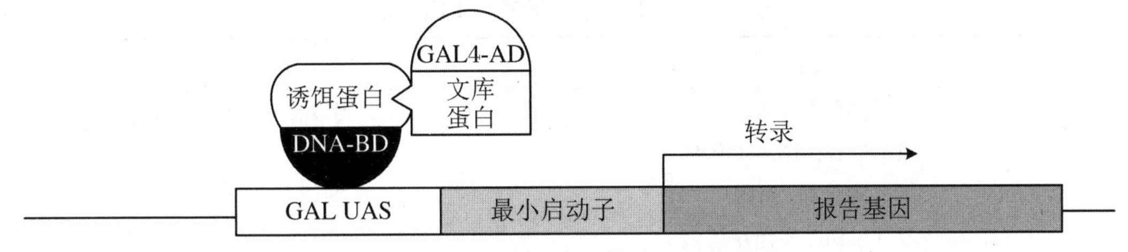

图 2.54　酵母转录因子 GAL4 系统

AH109构建

GAL1 UAS	GAL1 TATA	HIS3
GAL2 UAS	GAL2 TATA	ADE2
MEL1 UAS	MEL1 TATA	lacZ
MEL1 UAS	MEL1 TATA	MEL1

图 2.55　酵母菌菌株 AH109 的 4 个报告基因

HIS3 报告基因启动后，酵母可以在组氨酸缺失的平板上生长；ADE2 报告基因启动后，酵母可以在腺嘌呤缺失的平板上生长；lacZ 和 MEL1 报告基因是平行的，两个基因上游都是由 MEL1 UAS 和 MEL1 TATA 区域同时控制的，区别在于 lacZ 的产物是 β-半乳糖苷酶，其底物是 X-gal；而 MEL1 的产物是 α-半乳糖苷酶，其底物是 X-α-gal。

本节的步骤和方法主要参考美国 Clontech 公司的说明完成。

2.3.1.2　实验材料

1. 试剂

(1) YPDA 培养基(1 L)的配制见表 2.37。

表 2.37　YPDA 培养基(1 L)配制表

药品名称	药品用量
蛋白胨	20 g
酵母粉	10 g
0.2%硫酸腺嘌呤	15 mL
琼脂粉(固体)	20 g
0.4 g/mL 葡萄糖溶液	50 mL

注：葡萄糖溶液单独配制和灭菌(121 ℃、15 min)，除葡萄糖以外的药品加入去离子水 950 mL，调节 pH 至 6.5，于 121 ℃下高压灭菌 15 min，冷却至 55 ℃左右，再加入灭菌的 0.4 g/mL 葡萄糖溶液 50 mL(葡萄糖的最终含量为 2%)。

(2) SD/-Trp 培养基(1 L)的配制见表 2.38。

表 2.38　SD/-Trp 培养基(1 L)配制表

药品名称	药品用量
酵母氮源(含硫酸铵)	6.7 g
10×-Trp DO 补充剂	100 mL
琼脂粉(固体)	20 g
0.4 g/mL 葡萄糖溶液	50 mL

注:100 mL 10×-Trp DO 补充剂中含有-Trp DO 补充剂的量为 0.74 g。葡萄糖溶液单独配制和灭菌(121 ℃、15 min),除葡萄糖以外的药品加入去离子水 950 mL,调节 pH 至 6.5,于121 ℃下高压灭菌 15 min,冷却至 55 ℃左右,再加入灭菌的 0.4 g/mL 葡萄糖溶液 50 mL(葡萄糖的最终含量为 2%)。

(3) SD/-Trp/-Leu 培养基(1 L)的配制见表 2.39。

表 2.39　SD/-Trp/-Leu 培养基(1 L)配制表

药品名称	药品用量
酵母氮源(含硫酸铵)	6.7 g
10×-Trp/-Leu DO 补充剂	100 mL
琼脂粉(固体)	20 g
0.4 g/mL 葡萄糖溶液	50 mL

注:100 mL 10×-Trp/-Leu DO 补充剂中含有-Trp/-Leu DO 补充剂的量为 0.64 g。葡萄糖溶液单独配制和灭菌(121 ℃、15 min),除葡萄糖以外的药品加入去离子水 950 mL,调节 pH 至 6.5,于 121 ℃下高压灭菌 15 min,冷却至 55 ℃左右,再加入灭菌的 0.4 g/mL 葡萄糖溶液 50 mL(葡萄糖的最终含量为 2%)。

(4) SD/-Trp/-Leu/-His/-Ade 培养基(1 L)的配制见表 2.40。

表 2.40　SD/-Trp/-Leu/-His/-Ade 培养基(1 L)配制表

药品名称	药品用量
酵母氮源(含硫酸铵)	6.7 g
10×-Trp/-Leu/-His/-Ade DO 补充剂	100 mL
琼脂粉(固体)	20 g
0.4 g/mL 葡萄糖溶液	50 mL

注:100 mL 10×-Trp/-Leu/-His/-Ade DO 补充剂中含有-Trp/-Leu/-His/-Ade DO 补充剂的量为 0.6 g。葡萄糖溶液单独配制和灭菌(121 ℃、15 min),除葡萄糖以外的药品加入去离子水 950 mL,调节 pH 至 6.5,于 121 ℃下高压灭菌 15 min,冷却至 55 ℃左右,再加入灭菌的 0.4 g/mL 葡萄糖溶液 50 mL(葡萄糖的最终含量为 2%)。

(5) SD/-Trp/-Leu/-His/-Ade/X-α-gal 培养基(1 L)的配制见表 2.41。

(6) 10×TE 溶液:0.1 M Tris-HCl、10 mM EDTA(pH 7.5),灭菌。

(7) 10×LiAc:1 M 乙酰锂(Sigma Cat No. L-6883)用稀释的醋酸调节 pH 至 7.5,高压灭菌。

表 2.41　SD/-Trp/-Leu/-His/-Ade/X-α-gal 培养基(1 L)配制表

药品名称	药品用量
酵母氮源(含硫酸铵)	6.7 g
10×-Trp/-Leu/-His/-Ade/X-α-gal DO 补充剂	100 mL
琼脂粉(固体)	20 g
0.4 g/mL 葡萄糖溶液	50 mL
20 mg/mL X-α-gal	2 mL

注：葡萄糖溶液单独配制和灭菌(121 ℃、15 min)，20 mg/mL X-α-gal 是用二甲基甲酰胺(DMF)溶制的。除葡萄糖和 X-α-gal 以外的药品加入去离子水 948 mL，调节 pH 至 6.5，于 121 ℃下高压灭菌 15 min，再加入 0.4 g/mL 葡萄糖溶液 50 mL(葡萄糖的最终含量为 2%)和 20 mg/mL X-α-gal 2 mL(降温后加)。

(8) 0.5 g/mL PEG3350：用无菌去离子水，如有必要，可将无菌去离子水加热至 50 ℃以溶解 PEG。

(9) 1.1×TE/LiAc 溶液：在使用之前使用储液现配现用。将 1.1 mL 10×TE 缓冲液与 1.1 mL 1 M LiAc (10×)混合，使用无菌去离子水定容至 10 mL。

(10) PEG/LiAc 溶液的配制见表 2.42。

表 2.42　PEG/LiAc 溶液配制表

	终浓度	准配 10 mL 溶液
PEG3350	0.4 g/mL	8 mL 0.5 g/mL PEG3350
TE 缓冲液	1×	1 mL 10× TE 缓冲液
LiAc	1×	1 mL 1 M LiAc(10×)

(11) 0.009 g/mL NaCl 溶液：将 0.9 g NaCl 溶解在 100 mL 去离子的 H_2O 中，过滤灭菌。

2. 实验前准备

若干冰，灭菌的 50 mL、15 mL 及 1.5 mL 离心管，配制所有试剂及培养基并灭菌。

3. 器械

Thermo 落地式离心机、金属煮样器、台式离心机、30 ℃摇床、30 ℃培养箱、超净工作台等。

2.3.1.3　实验步骤

1. 筛选前准备

(1) 构建诱饵质粒：将诱饵克隆到 V104/pGBKT7 质粒中去。

(2) 扩增 AD 融合文库(AD Fusion Library)。

(3) 检测自激活，总的来说就是分别用诱饵质粒单独转化 AH109，在 SD/-Trp/X-α-gal 和 SD/-Leu/X-α-gal 板上铺板观察是否变蓝。以下是具体操作步骤。

① 制备 AH109 感受态细胞。

a. 复苏保种的 AH109，于 30 ℃下倒置培养 3～5 天，从 YPDA 平板上挑取酵母单克隆

(直径为2～3 mm,<4周)接种于3 mL YPDA液体培养基,于30 ℃下250 rpm摇床培养8～12 h。

b. 转移5 μL过夜培养的酵母菌液于50 mL YPDA液体培养基中,继续以相同的条件摇床培养16～20 h,直至OD_{600}达到0.15～0.3。

c. 将上述菌液于20 ℃下1500 g离心5 min,收集菌体,弃上清液,用100 mL新鲜的YDPA液体培养基重悬菌块,于30 ℃下继续培养3～5 h,直到OD_{600}达到0.4～0.5。

d. 将菌液分装于两个50 mL无菌离心管中,于室温下1500 g离心5 min收集菌体,弃上清液后分别用30 mL灭菌的ddH_2O重悬,清洗1次。

e. 将菌液分装于两个50 mL无菌离心管中,于室温下1500 g离心5 min收集菌体,弃上清液后分别加入1.5 mL 1.1×TE/LiAc重悬菌体,将菌液分别转移至两个1.5 mL无菌EP管中,于室温下5000 rpm离心30 s。

f. 弃上清液后分别用0.6 mL 1.1×TE/LiAc重悬菌块,即为酵母感受态细胞,最好立即使用,或置于冰面1 h内使用。

② 诱饵质粒小规模转化酵母感受态。

a. 先向1.5 mL无菌EP管中加入100 ng诱饵质粒,再加入5 μL灭活的Carrier ssDNA轻轻混匀,随后加入50 μL感受态细胞,轻混后再加入500 μL PEG/LiAc,于30 ℃下孵育30 min,每隔10 min轻轻弹动EP管使菌液混匀。

b. 孵育30 min后加入20 μL DMSO并混匀,于42 ℃下水浴热激15 min。每隔5 min轻轻涡旋使菌液均匀。

c. 将上述菌液以5000 rpm离心30 s,收集酵母,弃上清液后加入1 mL YPD重悬,于30 ℃ 下摇床培养30 min。

d. 将上述菌液以5000 rpm离心30 s,收集酵母,用1 mL 0.009 g/mL NaCl重悬,分别取10 μL和1 μL重悬为100 μL SD/-Trp,然后铺板计算转化效率。

③ 从SD/-Trp板上挑取转化为诱饵质粒的酵母AH109单克隆,分别划线于SD/-Trp/X-α-gal、SD/-Trp/-His、SD/-Trp/-Ade培养基上,于30 ℃下倒置培养3～5天,检测MEL1、HIS3、ADE2报告基因的表达。

(4) 验证转化的酵母质粒。

① PCR验证。抽提酵母质粒(方法参照OMEGA酵母质粒抽提试剂盒说明书),利用对应抗原cDNA序列的特异性引物PCR扩增抗原序列,从而验证转进酵母的质粒是否为抗原质粒。

② 蛋白质印迹(Western Blotting)验证。分别用诱饵和猎物质粒单独转化AH109,用蛋白质印迹验证融合蛋白的表达,一抗分别为抗c-Myc和HA epitope tags的抗体及抗AD的抗体,采用未转化组为对照。

(5) 检测3-AT使用的浓度。

转化诱饵质粒进入AH109后,再采用文库规模(Library-scale)转化文库质粒进入AH109,并进行酵母双杂交筛选,涂布在分别含有0 mM、2.5 mM、5 mM、7.5 mM、10 mM、12.5 mM、15 mM、20 mM 3-AT的SD/-Trp/-Leu/-His培养基上生长,将能够抑制背景生长，且阳性克隆数量和克隆大小适中的浓度可作为使用浓度进行筛选。如不想摸索，则可直接从使用 10 mM 3-AT 开始进行实验，根据克隆数和克隆大小增加或减少 2.5 mM。

2. 筛选

制备足够数量的感受态细胞，按照美国 Clontech 公司的相关实验手册（*Yeastmaker Yeast Transformation System 2 User Manual*）操作，1 管感受态为 600 μL，可同时制备多管，如 10 管，即 6 mL，以下是制备和转化 6 mL 感受态的具体步骤。

(1) 制备酵母感受态。

① 从 SD/-Trp 平板上挑取酵母单克隆（直径为 2～3 mm，<4 周）接种于 5 mL SD/-Trp 液体培养基中，于 30 ℃下 220 rpm 摇床过夜培养。

② 测量过夜培养酵母菌液的 OD_{600}（需稀释 5 倍）。接种适当体积（2～10 mL）过夜培养的酵母菌液于 250 mL SD/-Trp 液体培养基中（500 mL 三角烧瓶），起始 OD_{600} 约为 0.1，继续在相同条件下摇床培养 4～6 h，直至 OD_{600} 达到 0.4～0.5。

③ 将上述菌液于 20 ℃下 1500 g 离心 5 min，收集菌体，弃上清液后用 300 mL 灭菌的 ddH_2O 重悬团块，清洗 1 次。

④ 将菌液分装于 200 mL 无菌离心瓶中，于室温下 5000 g 离心 5 min 收集菌体，弃上清液后用 15 mL 1.1×TE/LiAc 重悬菌体。

⑤ 将菌液转移至 50 mL 无菌离心瓶中，于室温下 1500 g 离心 5 min 收集菌体，弃上清液后用 6 mL 1.1×TE/LiAc 重悬菌体，即为酵母感受态细胞，最好立即使用，或置于冰面上于 1 h 内使用。

(2) 将文库质粒以文库规模转化含有诱饵质粒的酵母感受态细胞。

① 向 1.5 mL 无菌 EP 管中加入 60 μg 质粒，再加入 200 μL 加热变性的 ssDNA（5 mg/mL，先加热至 95 ℃，然后放冰上待用）并轻轻混匀，将以上混合的 DNA 加入上面制备的6 mL 感受态酵母中，混匀后加入 25 mL PEG/LiAc，利用 15 mL 移液管混匀，再颠倒混匀 5 次，于 30 ℃下水浴孵育 45 min，每隔 15 min 颠倒混匀 1 次。

② 孵育 30 min 后加入 1.6 mL DMSO 并颠倒混匀，分装至 3 个 15 mL 离心管中，于 42 ℃下水浴热激 20 min。每隔 10 min 颠倒混匀 1 次。

③ 将上述溶液于 20 ℃下 2000 g 离心 5 min，收集酵母，弃上清液后加入 30 mL YPD 重悬，转移至灭菌的 200 mL 三角烧瓶中，于 30 ℃下 220 rpm 培养 90 min。

④ 将上述溶液转移至灭菌的 50 mL 离心管中，1500 g 离心 5 min，弃上清液，用 10 mL 0.009 g/mL NaCl 重悬，取 10 μL 分别稀释 10^{-2} 和 10^{-3} 倍后，各取 10 μL 重悬液，铺 SD/-Trp/-Leu 板计算转化效率。

⑤ 分别取 500 μL 上述溶液平铺于含有 SD/-Trp/-Leu/-His/10 mM 3-AT 的大培养皿（150 mm）上，置于 30 ℃的培养箱内，连续培养 7 天后观察生长的阳性克隆。

⑥ 将阳性克隆划线于 SD/-Leu/-Trp/X-α-gal 上，培养 4～6 天后，再挑取一个蓝色克隆划线于 SD/-Leu/-Trp/X-α-gal 上，培养 4～6 天后挑取一个蓝色克隆在 SD/-Trp/-Leu/-Ade/-His/10 mM 3-AT/X-α-gal 上划线，观察是否生长和变蓝。将变蓝的克隆转移至画着格子的 SD/-Trp/-Leu/-Ade/-His/10 mM 3-AT/X-α-gal 上进一步鉴定，用保鲜膜封口，于

4 ℃下保存,可保存 4 周。

3. 假阳性鉴定

(1) 抽提酵母质粒,转化大肠杆菌,用氨苄西林抗性筛选即可得到含文库 scFv 质粒的克隆,培养含有阳性文库质粒的单克隆细菌并抽提质粒(OMEGA 大肠杆菌质粒抽提试剂盒)。送样测序,排除重复。

(2) 分别制备含有 pGBKT7、pGBKT7-laminC、pGBKT7-抗原的 AH109 感受态细胞,将待确定阳性的克隆猎物质粒分别转化进入含有 pGBKT7、pGBKT7-laminC、pGBKT7-诱饵的 AH109 中,涂布于 SD/-Leu/-Trp/-Ade/-His/X-α-gal/10 mM 3-AT 培养基上培养 7 天后观察生长和变蓝情况,真阳性 scFv 质粒只有转化进入含有 pGBKT7-抗原的 AH109 中才能在 SD/-Leu/-Trp/-Ade/-His/X-α-gal/10 mM 3-AT 培养基上生长和变蓝,若转化进入含有 pGBKT7 或者 pGBKT7-laminC 的 AH109 也能在 SD/-Ade/-His/-Leu/-Trp/X-α-gal/10 mM 3-AT 培养基上生长和变蓝,则定义为假阳性。

2.3.1.4 针对性建议

(1) AH109 菌株在普通 YPD 平板上生长缓慢,出现略带粉色的克隆。最好用 YPDA 板,克隆为白色隆起,且生长较快。

(2) 此方法采用添加了 3-AT 的 SD/-Leu/-Ade/-His 平板进行筛选,所得到的阳性克隆均是相互作用很强的克隆。如果对阳性要求不是很高的话,则可以改用不加 3-AT 的 SD/-Leu/-Trp/-Ade/-His 平板筛选,得到的克隆数将很多。

(3) 培养酵母的平板均无抗性,一定要注意防止染菌。

(4) 酵母培养时间较长,可以使用保鲜袋将平板密封后培养,以免水分流失太多。

2.3.2 免疫、建库和筛选全流程

2.3.2.1 实验简介

噬菌体展示技术的基本原理是:将编码外源多肽的 DNA 片段与噬菌体衣壳蛋白的编码基因融合,从而表达外源基因并展示在噬菌体的表面(图 2. 56),被展示的多肽或蛋白可保持相对的空间结构和生物活性。用一个靶标蛋白质或其他分子去筛选噬菌体展示库,从而分离出库里的某些能结合靶标的噬菌体,进而获得能结合靶标的蛋白或多肽。噬菌体展示已广泛用于多肽类药物的研发当中,目前已有超过 20 个多肽及抗体药物是采用该技术筛选获得的。

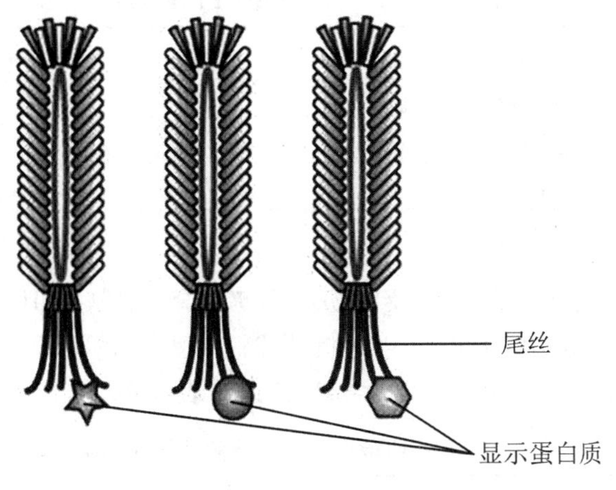

图 2.56　噬菌体

2.3.2.2　实验材料

1. 试剂

(1) PBS缓冲液(1 L、pH 7.4)的配制见表2.43。

表 2.43　PBS缓冲液(1 L、pH 7.4)配制表

药品名称	药品用量
$Na_2HPO_4 \cdot 12H_2O$	2.9 g
NaCl	8 g
KCl	0.2 g
KH_2PO_4	0.2 g

注:于121 ℃下灭菌20 min,于4 ℃下储存。

(2) TYE固体培养基(1 L)的配制见表2.44。

表 2.44　TYE固体培养基(1 L)配制表

药品名称	药品用量
蛋白胨	10 g
酵母粉	5 g
NaCl	8 g
琼脂粉	15 g

注:使用1 L ddH_2O溶解,于121 ℃下灭菌20 min,待冷却至50 ℃左右时倒平板,即获得无抗生素TYE平板。使用800 mL ddH_2O溶解,于121 ℃下灭菌20 min,待冷却至50 ℃左右时加入200 mL 0.2 g/mL葡萄糖(G)溶液和抗生素,混匀后倒平板,即获得含有抗生素和0.04 g/mL G的TYE平板。

(3) 2×TY培养基(1 L)的配制见表2.45。

表 2.45　2×TY 培养基(1 L)配制表

药品名称	药品用量
蛋白胨	16 g
酵母粉	10 g
NaCl	5 g

注：于 121 ℃下灭菌 20 min，于 4 ℃下储存。

(4) 胰酶溶液：使用 TBSC 缓冲液将胰酶粉末溶解，配制为 10 mg/mL 的储存液，于 -20 ℃下储存。使用前应用 TBSC 缓冲液将其稀释为 0.5 mg/mL 工作浓度。

(5) 20%PEG6000-NaCl 溶液(500 mL)的配制见表 2.46。

表 2.46　20%PEG6000-NaCl 溶液(500 mL)配制表

药品名称	药品用量
PEG6000	100 g
NaCl	73 g

注：于 121 ℃下灭菌 20 min，于 4 ℃下储存。

(6) TBSC 缓冲液(1 L、pH 7.4)的配制见表 2.47。

表 2.47　TBSC 缓冲液(1 L、pH 7.4)配制表

药品名称	药品用量
Tris Base	1.5 g
NaCl	8 g
$CaCl_2$	0.15 g

注：于 121 ℃下灭菌 20 min，于 4 ℃下储存。

(7) M13 Isolation Kit(由 OMEGA 公司生产)。

(8) SOC 培养基：0.02 g/mL 蛋白胨、0.005 g/mL 酵母提取物、0.0005 g/mL NaCl、2.5 mM KCl、10 mM $MgCl_2$、20 mM 葡萄糖。将其于 121 ℃下灭菌 20 min，分装于 50 mL/管，放在 -20 ℃的冰箱中保存。

(9) 凝胶过滤缓冲液(GFB)：250 mM NaCl、20 mM Tris(pH 8.0)。将其于 121 ℃下高温灭菌。

(10) RNeasy Micro Kit(由 Qiagen 公司生产)。

(11) 弗氏完全佐剂与不完全佐剂。

2. 实验前准备

配制所有试剂和培养基并灭菌、免疫管、96 孔免疫板等。

3. 器械

离心机、全温度摇床、培养箱、超净工作台等。

2.3.2.3　实验步骤

1．KM13 辅助噬菌体扩增

(1) 从新鲜划线的无抗生素 TYE 平板上挑取一个 TG1 单克隆接种到 5 mL 2×TY 培养基中，于 37 ℃下 220 rpm 振荡培养 12 h。

(2) 取 50 μL 菌液重新接种到 5 mL 2×TY 培养基中，于 37 ℃下 220 rpm 培养约 1.5 h 至 OD_{600} 约为 0.5。

(3) 使用 2×TY 稀释辅助噬菌体至 4×10^{10} pfu/mL，取 10 μL 稀释液加入 200 μL 以上制备的 TG1 菌液中，轻轻混匀，于 37 ℃下水浴 1 h，让辅助噬菌体侵染进入 TG1。

(4) 将上述 TG1 菌液加入 3 mL 42 ℃水浴的 H-Top 琼脂培养基中混匀，铺在 37 ℃预热的 TYE 平板中，于室温下冷却凝固后，于 37 ℃下培养约 12 h。

(5) 挑取 1 个 TYE 平板上的空斑接种于 5 mL 新鲜生长的 TG1 菌液中（OD_{600} 约为 0.5），于 37 ℃下 220 rpm 振荡培养 2 h。

(6) 将此 5 mL 菌液转移至盛有 500 mL 2×TY 培养基的 2 L 三角烧瓶中，于 37 ℃下 220 rpm 振荡培养 1 h，然后加入终浓度为 50 μg/mL 的卡那霉素，于 30 ℃下 250 rpm 培养过夜。

(7) 将上述菌液于 4 ℃下 16000 g 离心 15 min，取 400 mL 上清液至 500 mL 烧杯中，加入 100 mL 20%PEG6000-NaCl，混匀后冰浴 1 h，让噬菌体析出。

(8) 将上述菌液于 4 ℃下 16000 g 离心 15 min，弃上清液，在沉淀中加入 8 mL PBS 溶解，转移至15 mL 离心管中，加入 2 mL 20%PEG6000-NaCl，混匀后冰浴 20 min，让噬菌体析出。

(9) 将上述菌液于 4 ℃下 16000 g 离心 15 min，弃上清液，在沉淀中加入 5 mL PBS 溶解，再于 4 ℃下 16000 g 离心 15 min，将上清液转移至一个新的 15 mL 离心管中，加入 15% 甘油。

(10) 用 0.45 μm 滤膜过滤，分装后于 −80 ℃下保存。

(11) 滴度测量。

① 取 1 μL 扩增的辅助噬菌体溶液加入 1 mL PBS 混匀（以 1∶1000 稀释），从 1∶1000 稀释液中取 10 μL 加入 990 μL PBS 中混匀（以 1∶100 稀释），再依次按照此法（1∶100）稀释 4 次，共稀释 5 次。

② 分别从以上第 4 次和第 5 次的稀释液中取 50 μL 加入 1 mL TG1（OD_{600} 约为 0.5），混匀，于 37 ℃下水浴 30 min。

③ 再将其分别加入 3 mL 42 ℃ H-Top 琼脂培养基中混匀，铺在 37 ℃预热的 TYE 平板上，于室温下冷却凝固后，于 37 ℃下培养约 12 h。

④ 分别数平板上的空斑数，并按照以下公式计算滴度：

$$\text{滴度(pfu/mL)} = \frac{\text{空斑数}}{\text{接种的噬菌体溶液体积(mL)}} \times \frac{1}{\text{噬菌体的稀释倍数}}$$

2．抗原蛋白免疫动物

(1) 准备高纯度的、状态稳定的抗原蛋白 0.1 mg（不同动物用量不同，以羊驼为例），加入等体积的佐剂(第一次用完全佐剂,其余用不完全佐剂),总体积不超过 500 μL,用 1 mL 针管来回抽打至阻力极大,即乳化完全。

(2) 随后样品根据免疫动物的不同及寄去的不同地点由专人注射免疫,鲨鱼样品无需乳化,直接寄蛋白。

(3) 每两周免疫 1 次,共免疫 4 次,免疫抗原量可根据需要逐次增加或不变。

3. 制备噬菌体展示文库

下面以制备羊驼 VHH 噬菌体展示文库为例,其中 pR2 为噬菌体质粒。

(1) 获取外周血淋巴细胞 cDNA。

① 免疫完成后,当地人员抽血后将血液寄回(鲨鱼直接寄回 cDNA)。

② 取 3 mL 室温 Ficoll 1.077 加入 15 mL 离心管底部,将 3 mL 室温血液小心加到 Ficoll 1.077 的表面,不要使 Ficoll 1.077 液体扰动(如血液>3 mL,则分多管进行分离)。设置离心机加速和制动均为 0,400 g 离心 30 min,此时红细胞会沉到底部,白细胞则在血清和 Ficoll 1.077 中间形成白色雾状带。

③ 小心吸取白色雾状带至一个新的 15 mL 离心管中,250 g 离心 10 min,弃上清液。加入 1.5 mL PBS 重悬细胞,稀释一定比例并计数,细胞总量应大于 10^7 个。

④ 再将其转移至 2 mL 离心管中,500 g 离心 5 min,吸掉上清液,沉淀储存于 −80 ℃下或置于冰面进行下一步抽提总 RNA。

⑤ 抽提总 RNA,使用 Qiagen 公司生产的 RNeasy Micro Kit,并按说明书进行操作。

⑥ 提取总 RNA 后,反转 RNA 为 cDNA,使用 TAKARA 公司生产的 PrimeScript Ⅱ 1st Strand cDNA Synthesis Kit,并按说明书进行操作。

(2) 制备 E. coli TG1 电转化感受态。

① 挑取一个新鲜的 TG1 克隆接种于 3 mL 2×TY,于 37 ℃下 220 rpm 培养 6 h。

② 按 1∶100 的比例重新接种 250 mL 2×TY,于 37 ℃下 200 rpm 培养 1 h 40 min 至 OD_{600} 为 0.6~0.8。

接下来的步骤均于冰面操作,所有的溶剂和仪器均需要提前预冷:

③ 采用离心瓶,将上述菌液于 4 ℃下 5000 g 离心 15 min,弃上清液,菌体用 250 mL 10%甘油重悬。

④ 采用离心瓶,将上述菌液于 4 ℃下 5000 g 离心 15 min,弃上清液,菌体用 250 mL 10%甘油重悬,摇晃 40 次后置于离心机中 5 min,再次摇晃 40 次。

⑤ 采用离心瓶,将上述菌液于 4 ℃下 5000 g 离心 15 min,弃上清液,菌体用 100 mL 10%甘油重悬。

⑥ 采用离心管,将上述菌液于 4 ℃下 3000 g 离心 15 min,彻底弃上清液,菌体用 1 mL 10%甘油重悬,用移液器轻轻吹打重悬。

⑦ 分装为 100 μL 每管(约 12 管),储存于 −80 ℃下。

(3) 构建噬菌体文库。

① 扩增羊驼 VHH。以 1~5 μL cDNA 为模板,PCR 扩增羊驼 VHH 片段,同时扩增 pR2 质粒。将其分别作为插入片段与载体进行吉普森组装。

② 取以上 GA 产物与 500 μL TG1 电感受态细胞混匀，转入冰面预冷的电击杯中，设置电压为 2.5 kV 进行电击，然后转入 1 管 20 mL 2×TY 中，于 37 ℃下 180 rpm 培养 1 h。

③ 分别取 0.2 μL 和 0.02 μL(稀释法)以上溶液涂布于 10 cm LB/Amp/0.02 g/mL G (G 为葡萄糖)平板以计数，于 37 ℃下培养 13 h。

④ 将以上剩余菌液，3000 g 离心 10 min，倒掉上清液，然后加入 1.2 mL 2×TY 重悬(合计约为 1.5 mL)，取 300 μL 涂布于 1 块 150 mm LB/Amp/0.02 g/mL G 平板上，于 37 ℃下培养 13 h。

⑤ 向每个平板中加入 4 mL 2×TY/20%甘油，用涂布棒刮板，收集到 1 个 50 mL 离心管中，涡旋 20 s 混匀，取 5 mL 菌液至 5 个 1.5 mL 离心管中，液氮速冻后于 −80 ℃下储存，剩余的菌液丢弃。

(4) 文库噬菌体制备。

① 取出 1 管冻存的文库菌液于冰面解冻，取适量体积(约 0.1 mL)加入 250 mL 2×TY/0.04 g/mL 葡萄糖/Amp 中，加入 10^{12} pfu 的 KM13 辅助噬菌体，于 37 ℃下 180 rpm 培养至 OD_{600} 为 0.5，于 37 ℃下静置 0.5 h。

② 取 50 mL 上述溶液以 3000 g 离心 10 min，弃上清液，沉淀用 100 mL 2×TY/0.001 g/mL 葡萄糖/Amp/Kan 重悬，于 25 ℃下 180 rpm 培养 16 h。

③ 将上述溶液以 3500 g 离心 30 min，取 80 mL 上清液加入 20 mL 20% PEG6000-NaCl，混匀后冰浴 1 h。

④ 将上述溶液于 4 ℃下 3500 g 离心 30 min，弃上清液，在沉淀中加入 5 mL PBS 涡旋重悬。

⑤ 将上述溶液分装至 2 mL 离心管中，12000 g 高速离心 10 min，再转移上清液至 1 个新的离心管中。

⑥ 测量 OD_{260} 并按如下公式计算滴度：滴度(pfu/mL) = $OD_{260} \times 100 \times 22.14 \times 10^{10}$。

⑦ 于 4 ℃下可以储存 2 周，在此期间完成噬菌体展示筛选。

4. 从文库中富集阳性噬菌体

(1) 第 1 轮筛选。

① 包被抗原：以 0.1 mg/mL 浓度包被抗原至免疫板，包被溶液为 GFBE，体积为 100 μL，空白对照直接用 GFBE 包被，于 4 ℃下放置过夜(16 h)。

② 封闭：新鲜配制适当体积的 5%脱脂牛奶(用 GFBE 溶解)。免疫板采用 GFBT 洗 3 次，加入 280 μL MGFBE(5%脱脂牛奶)于室温下封闭 2 h。

③ 孵育抗体噬菌体：用 GFBT 洗 2 次，每孔加入 1×10^{11} pfu 对应抗原免疫后构建的文库噬菌体(溶于 100 μL MGFBE 中)，在振荡器上 60 rpm 孵育 1 h。

④ 洗脱：采用 GFBT 洗 10 次后，取 1 管胰蛋白酶(10 mg/mL，100 μL)加入 PBS 稀释，一般是 100 μL 母液加 1900 μL PBS，混匀。分别取 100 μL/孔加入免疫板中，于室温下振荡消化 1 h，吸取消化液至 1.5 mL 离心管中，于冰面上储存。

⑤ 测量滴度和扩增：取 10 μL 噬菌体溶液浸染 2 mL OD_{600} 约为 0.5 的 TG1 细菌，于 37 ℃下水浴 45 min，分别取 100 μL、10 μL、1 μL、0.1 μL 菌液涂布 LB/Amp 平板计算。

(2) 第 2 轮筛选。

与第 1 轮筛选相比主要有如下不同：

① 加入的第 1 轮洗脱扩增的噬菌体量改为 1×10^8 pfu。

② 洗板的次数改为 20～30。

5. 单克隆噬菌体 ELISA 筛选阳性克隆

(1) 制备单克隆噬菌体。

① 取 96 孔细胞培养板，每孔加入 100 μL 2×TY/0.02 g/mL G/Amp。

② 分别在噬菌体侵染计数的平板上挑单克隆接种至 96 孔细胞培养板中。于 37 ℃下 250 rpm 培养 6～8 h。

③ 另取一块 96 孔细胞培养板，分别加入 200 μL 2×TY/0.02 g/mL G/Amp，分别取 5 μL 以上的菌液接种到对应的孔中。于 37 ℃下 250 rpm 培养 1.5 h。

④ 取 8 μL KM13 倒入 1 mL 2×TY 中混匀，分别向以上各孔中加入 5 μL KM13 稀释液。于 37 ℃下静置 45 min。

⑤ 采用排枪混匀并吸走 150 μL 菌液，剩余菌液 3500 g 离心 15 min，甩掉上清液，在纸巾上倒置 2 min。

⑥ 每孔加入 200 μL 2×TY/0.001 g/mL G/Amp/Kan，于 25 ℃下 250 rpm 培养 16 h。

⑦ 取 80 μL 500 mM EDTA 倒入 5 mL PBS 中混匀，用排枪取 50 μL/孔加入一块新的 96 孔细胞培养板中。

⑧ 将步骤⑥的菌液 3500 g 离心 30 min，各取 150 μL 上清液转移至步骤⑦的 96 孔细胞培养板中，于 4 ℃下储存备用。

(2) 包被抗原。

① 分别取抗原 0.2 μg/孔(总体积为 100 μL，溶于 GFBE)，另外设一个空白对照，分别加入 96 孔免疫板中。

② 将其放置于 4 ℃下过夜(16 h)包被。

(3) 封闭。

① 用 GFB 洗 2 次。

② 每孔加入 300 μL 5%脱脂牛奶于室温下放置 3 h，以完成封闭。

(4) 孵育一抗。

① 取以上(1)步骤⑧中的 50 μL 上清液加入 200 μL 5%脱脂牛奶混匀后作为一抗孵育。

② 用 GFB 洗 2 次。

③ 向每组的孔中分别加入 100 μL 上述(2)步骤①中的噬菌体，置于 100 rpm 的平台上，于室温下孵育 1 h。

④ 用 GFBT 洗 5 次。

(5) 孵育二抗。

① 取适量的 HRP-M13 抗体，将 5%脱脂牛奶以 1∶8000 的比例稀释。

② 加入 100 μL 上述溶液到上面各孔中，置于 100 rpm 的平台上，于室温下孵育 1 h。

③ 用 GFBT 洗 4 次。

(6) 显色。

① 在避光条件下，每孔各加入 100 μL TMB，于室温下孵育 5 min 至阳性孔蓝色较深。

② 每孔各加入 50 μL 1 M H_2SO_4 终止反应，此时溶液呈黄色。

③ 采用酶标仪读取 OD_{450}。

6. 测序分析比对阳性单克隆

将测序结果使用 SeqBuilder 等分析软件进行序列比对，挑选可变区序列不一的阳性克隆。

2.3.2.4　针对性建议

(1) 噬菌体展示筛选的方法有很多种，这里介绍的是其中较为经典的一种，即在免疫管中直接包被靶标蛋白进行筛选。

(2) 在筛选过程中可以适当提高第 3 轮以后的吐温 20 的浓度，如 0.2%～0.4%，从而筛选高亲和力的抗体。

(3) 决定噬菌体筛选能否获得高亲和力抗体的最关键因素是文库质量。

(4) 具体需要筛选几轮，要根据多克隆 ELISA 及单克隆 ELISA 结果而定。

(5) 这里采用的是胰蛋白酶消化结合的噬菌体，对于其他文库不一定适合。

参 考 文 献

[1] Almagro J C, et al. Phage Display Libraries for Antibody Therapeutic Discovery and Development [J]. Antibodies (Basel),2019,8(3):3.

[2] Wang, et al. Phage Display Technology and Its Applications in Cancer Immunotherapy[J]. Anti-cancer Agents in Medicinal Chemistry,2019,19(2):229-235.

[3] Ansha, Luthra, David, et al. Human Antibody Bispecific Through Phage Display Selection[J]. Biochemistry,2019,58(13):1701-1704.

[4] Linzhi Y, Dan C, Arhin S K, et al. Screening for Novel Peptides Specifically Binding to the Surface of Ectopic Endometrium Cells by Phage Display[J]. Cellular and Molecular Biology,2018,64(11):36-40.

[5] Kay B. Phage-display and Related Areas[J]. Methods,2012,58(1):1.

[6] Nixon A E, Sexton D J, Ladner R C. Drugs Derived from Phage Display: from Candidate Identification to Clinical Practice[J]. MAbs,2014,6(1):73-85.

[7] Nagano K, Tsutsumi Y. Development of Novel Drug Delivery Systems Using Phage Display Technology for Clinical Application of Protein Drugs[J]. Proceedings of the Japan Academy,2016,92(5):156-166.

2.3.3　配体指数富集的系统进化技术筛选核酸适配体

2.3.3.1　实验简介

配体指数富集的系统进化技术简称 SELEX，该技术用于鉴定与蛋白质或其他分子具有高亲和力的核酸序列。这里，一个组氨酸标记的蛋白质与核酸相互作用，形成的蛋白质-核酸复合物与 Ni-NTA 结合,与蛋白质识别程度低的核酸会被洗脱出来。回收的高亲和力的核酸经过 DNA 聚合酶链式反应(PCR)后,进行新一轮的筛选。每一轮筛选都可以增加高亲和力的核酸。这些克隆和序列最终要进行鉴定。

2.3.3.2 实验材料

1. 试剂

(1) Taq 酶、50 bp DNA Marker(DNA 分子量标准)、100%乙醇、95%乙醇、苯酚∶氯仿(1∶1)、3 M 乙酸钠(pH 5.0)。

(2) 合成的寡聚核苷酸库。

(3) 引物(T7 启动子作为上游引物,T7 终止子作为下游引物)。

(4) 分区矩阵[NTA-琼脂糖(Ni^{2+} beads,由 Qiagen 公司生产)]。

(5) pCR2.1-TOPO 载体(由 Invitrogen 公司生产)。

2. 实验前准备

(1) 结合缓冲液:50 mM Tris-HCl(pH 7.5)、150 mM NaCl、20 mM KCl、1 mM DTT、0.05%NP40、1 mM $MgCl_2$、2.5%聚乙烯醇(PVA)、1 mM EGTA、50 μg/mL 聚乙烯(A)、2 μL/mL氧钒核糖核苷复合物(Vanadyl Ribonucleoside Complex, VRC)、0.5 μg/mL tRNA、125 μg/mL BSA。

(2) 结合缓冲液:20 mM HEPES(pH 7.5)、150 mM NaCl、5 mM $MgCl_2$、5%甘油。

(3) 清洗缓冲液:200 mM KCl、20 mM HEPES(pH 7.4)、5 mM $MgCl_2$、5%甘油。

(4) 洗脱液:20 mM Tris HCl(pH 8.0)、250 mM NaCl、500 mM 咪唑。

3. 器械

核酸电泳系统、离心机。

2.3.3.3 实验步骤

1. 寡聚核苷酸合成

通过 IDT 合成一个含有 T7 启动子、20 mer 随机序列和 T7 终止子的 60 bp DNA 寡聚核苷酸(图 2.57)。将其作为模板,通过 PCR 扩增文库。

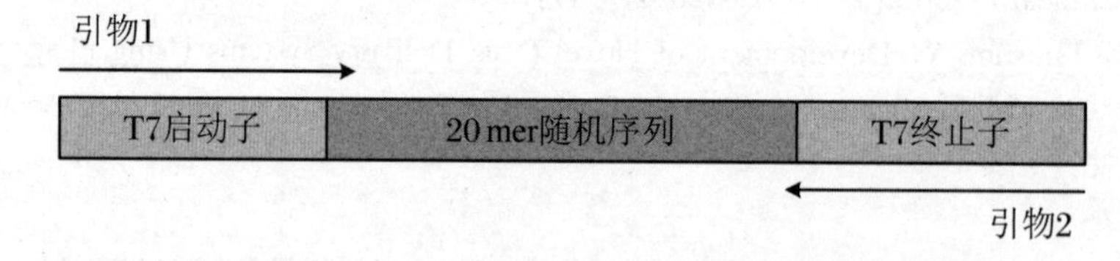

图 2.57 合成的寡聚核苷酸的序列示意图

2. PCR

(1) PCR 条件见表 2.48。

(2) PCR 程序见表 2.49。

表 2.48　PCR 条件

成分	反应体积	初始浓度	终浓度
10×PCR 缓冲液	2.5 μL	10×	1×
$MgCl_2$	0.5 μL	50 mM	1 mM
dNTP 混合液	0.5 μL	10 mM	0.2 mM
正向引物	5 μL	10 μM	2 μM
反向引物	5 μL	10 μM	2 μM
Taq DNA 聚合酶	0.25 μL	5 U/μL	0.05 U/μL
模板/NTC2	1 μL	100 nM	4 nM
ddH_2O	最多 25 μL		
总体积(μL)	25 μL		

表 2.49　PCR 程序

温度	时间	阶段	周期
99 ℃	盖子温度(Lid Temperature)		
95 ℃	5 min		
95 ℃	30 s		
5 ℃	30 s		
72 ℃	30 s	2	10(8～25)
72 ℃	5 min		
4 ℃	持续		

注:纯化 PCR 产物并用 50 μL 洗脱液洗脱;使用 4%琼脂糖胶及 OD_{260} 检测所得的双链 DNA 纯度;将双链 DNA 储存于 −20 ℃中。

3. 准备亲和纯化装置

(1) 取 50 μL Ni-NTA 琼脂糖珠(由 Qiagen 公司生产),用 1 mL 无菌水或 Ni-结合缓冲液清洗 2 遍以去除储存液(8000 g 离心 30 s)。

(2) 清洗 3 次。

(3) 用 800 μL 缓冲液重悬。

4. 蛋白纯化

(1) 加入 3 mg 左右纯化的 His-tag 蛋白,于 4 ℃下共同孵育 1 h,置于滚筒装置上,使蛋白与 Ni-NTA 琼脂糖珠充分结合。

(2) 将上述溶液以 8000 g 离心 30 s,去除上清液,然使用 500 mL Ni-结合缓冲液去除多余的未结合蛋白。

(3) 向离心管中加入含有 50 μg/mL 引物 DNA 的 200 μL 低盐缓冲液[100 mM KCl、20 mM HEPES(pH 7.4)]。

(4) 在 4 ℃的滚筒装置上孵育 1 h。

5. 结合缓冲液清洗

用 500 mL Ni-结合缓冲液[20 mM HEPES(pH 7.5)、150 mM NaCl、5 mM $MgCl_2$、5%

甘油]清洗3次。可选步骤:第4次用200 mM含KCl的Ni-结合缓冲液洗涤[200 mM KCl、20 mM HEPES(pH 7.4)]。

6．洗脱纯化蛋白-DNA复合物

(1) 用200 μL洗脱缓冲液[20 mM Tris-HCl(pH 8.0)、500 mM NaCl、500 mM咪唑]洗脱蛋白-DNA复合物。将试管翻转几次,然后8000 g离心30 s,混合均匀。

(2) 将收集的复合物转移至新的1.5 mL EP管中。

7．复合物中提取DNA

(1) 加入100 μL无菌水和200 μL 1∶1的苯酚、氯仿混合物。涡旋混匀30 s,21000 g离心5 min,恢复上部水相。

(2) 重复上述步骤1次。

(3) 加入2 μL 1 M $MgCl_2$、20 μL 3 M乙酸钠(pH 5.0)、700 μL 100%乙醇。于-20 ℃下沉降至少30 min,21000 g离心30 min,小心倒出上清液。

(4) 将沉淀用500 μL~1 mL的70%乙醇清洗,混匀后21000 g离心30 min。

(5) 小心弃上清液,干燥沉淀(真空泵抽5 min),用13 μL无菌水重悬。

8．扩增洗脱的DNA

(1) 扩增洗脱的DNA,使用4%琼脂糖胶进行PCR产物回收。

(2) 最终获得目的寡核苷酸,以纯化的DNA作为模板。

9．进行第2轮DNA扩增以及筛选

必要的话进行第3轮或者更多轮的筛选。

10．在高盐缓冲液[250 mM NaCl、20 mM Tris-HCl(pH 8.0)]中用S200的分子筛洗脱蛋白-DNA复合物

蛋白-DNA复合物相对于蛋白质单体来说会较早洗脱出来,而大部分未结合的DNA会较晚洗脱出来。收集的复合物用6%天然聚乙烯酰胺凝胶检测并纯化。纯化的DNA称为蛋白-DNA1。

11．克隆和连接

(1) 建立TOPO克隆反应(将筛选的DNA和pCR4-topo载体称为lmo-DNA2)。

(2) 将其于室温下共同孵育5 min,将TOPO克隆反应转化到One Shot感受态细胞或同等物中。

(3) 选择10个白色或浅蓝色菌落进行插入分析。

(4) 将克隆进行测序检测,或者对选定的DNA做一个深度测序以找出序列。

12．分析测序结果

(1) DNA库的测序可以产生sense和antisense两条链。为了分析数据,需将正义线和反义线分开。要做到这一点,请遵循如下步骤(2)~(9)。

(2) 使用两个文件名保存数据,如"sense"和"antisense"。

(3) 使用sense文件,搜索所有包含正向引物的序列,并对其进行颜色编码。

(4) 删除不包含上游引物的序列。

(5) 从5′端去除上游引物及3′端下游引物,只留下初始随机化区域。

(6) 重复步骤(3)～(5),处理反义序列。

(7) 利用 Integrated DNA Technologies 网站将所有反义序列[步骤(6)]更改为互补链。

(8) 使用 ClustalX 1.83 等序列比对程序将所有这些序列组合在一起,以确定序列比对。

(9) 将序列归一处理。

2.4　检测蛋白与互作分子的互作

2.4.1　酵母双杂交

2.4.1.1　实验简介

酵母双杂交系统既是在酵母体内分析蛋白质与蛋白质相互作用的基因系统,也是一种基于转录因子模块结构的遗传学方法。酵母双杂交由菲尔茨(Fields)于 1989 年提出,它的产生基于对真核细胞转录因子,特别是酵母转录因子 GAL4 性质的研究。GAL4 包括两个彼此分离但功能必需的结构域:位于 N 端第 1～147 位氨基酸残基区段的 DNA 结合域(DNA Binding Domain,DNA-BD)和位于 C 端第 768～881 位氨基酸残基区段的转录激活域(Activation Domain,AD)。DNA-BD 能够识别位于 GAL4 效应基因(GAL4 反应基因)上的上游激活序列(Upstream Activating Sequence,UAS),并与之结合。而 AD 则是通过与转录机器(Transcription Machinery)中的其他成分之间的结合作用,以启动 UAS 下游的基因进行转录。DNA-BD 和 DNA-AD 单独分别作用并不能激活转录反应,但是当二者在空间上充分接近时,则呈现出完整的 GAL4 转录因子活性并可激活 UAS 下游启动子,使启动子下游基因得到转录。

为了验证两个蛋白相互作用,我们将蛋白 A 与 GAL4 的 DNA-BD 融合(将蛋白 A 的 DNA 克隆至能表达 DNA-BD 的融合蛋白的质粒中,如 pGBKT7,该质粒能表达 Trp),而蛋白 B 与 DNA-AD 融合(将蛋白 B 的 DNA 克隆至能表达 DNA-AD 的融合蛋白的质粒中,如 pGADT7,该质粒能表达 Leu),质粒共同或依次转化进入酵母细胞 AH109 后,如果蛋白 A 能与蛋白 B 结合,则会启动下游报告基因 ADE2、HIS3 和 MEL1 的表达,表达产物分别为 Ade、His 和α-半乳糖苷酶。AH109 本身不能在缺少 Leu、Trp、Ade、His 的培养基中生长,也不能表达α-半乳糖苷酶而在 X-α-gal 平板中变蓝。因此当同时转化了蛋白 A、蛋白 B 质粒后,如果某些 AH109 克隆能在 SD/-Trp/-Leu/-Ade/-His/X-α-gal 的培养基中生长并变蓝的话,则可推测该克隆中的蛋白 B 能与蛋白 A 结合,该克隆视为阳性克隆,经过下游假阳性分析,最终证明两个蛋白相互作用(图 2.58)。

实验室常用的酵母菌菌株是 AH109,它含有 4 个报告基因(图 2.59)。

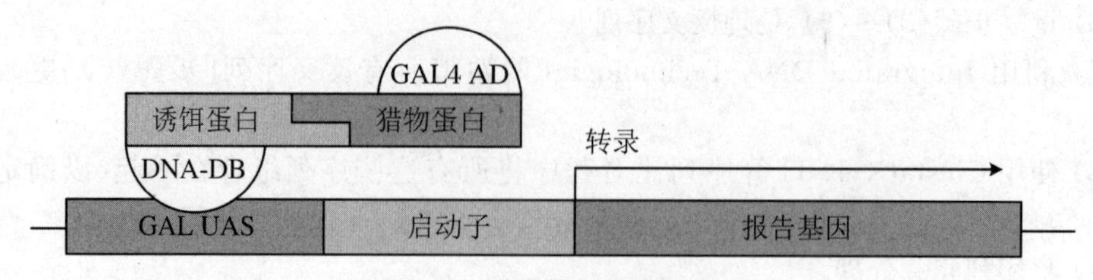

图 2.58　酵母转录因子 GAL4

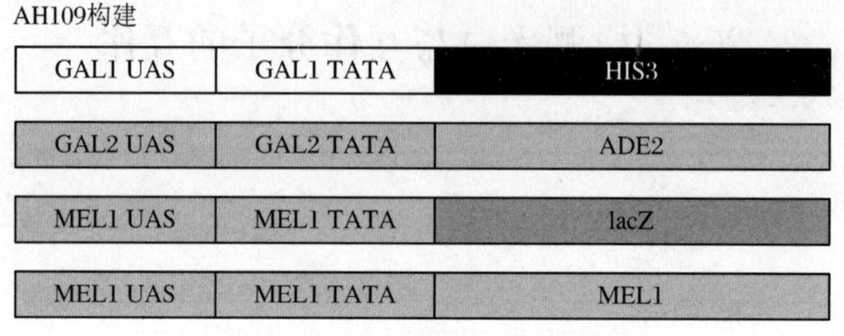

图 2.59　酵母菌菌株 AH109 的 4 个报告基因

HIS3 报告基因启动后，酵母可以在组氨酸缺失的平板上生长；ADE2 报告基因启动后，酵母可以在腺嘌呤缺失的平板上生长；lacZ 和 MEL1 报告基因是平行的，两个基因上游都是由 MEL1 UAS 和 MEL1 TATA 区域同时控制的，区别在于 lacZ 的产物是 β-半乳糖苷酶，其底物是 X-gal；而 MEL1 的产物是 α-半乳糖苷酶，其底物是 X-α-gal。但在实际实验中，如果以 X-gal 代替 X-α-gal 是无法得到蓝色阳性克隆的，因此筛选的培养基中需要加入 X-α-gal 作为显色底物。由这 3 种 UAS 共同调控的 AH109 系统可以较好地排除假阳性，并且也能检测结合强弱。表 2.50 是不同培养基所能检测出的结合强度。

表 2.50　不同培养基所能检测出的结合强度

培养基	结合强度
-L/-W/-H/-A/X-α-gal	★★★
-L/-W/-H	★★
-L/-W	★

2.4.1.2　实验材料

1. 试剂

YPDA 液体培养基/YPD 液体培养基(不加腺嘌呤，其他都一样)、各种类型的选择性培养基、10×TE 缓冲液、10×LiAc 缓冲液、1 M LiAc 溶液、0.5 g/mL PEG3350、1.1×TE/LiAc 缓冲液、1×TE/LiAc/PEG3350 缓冲液、0.5 g/mL 葡萄糖、10 mg/mL ssDNA。

2. 实验前准备

高压灭菌 50 mL 离心管、1.5 mL EP 管，准备水及所有相关试剂，ssDNA 要在 100 ℃的金属浴中灭活 10 min 后，放在冰上待用，准备无菌的 96 孔细胞培养板（于 LWH 平板上筛选时需要用）。

3．器械

（1）Thermo 落地式离心机（不需预冷，常温即可）、金属煮样器、台式离心机、30 ℃摇床、30 ℃培养箱、超净工作台、营养缺陷培养基。

（2）YNB（不含氨基酸的酵母菌碱）6.7 g/L、琼脂 20 g/L。

（3）根据不同的营养选择性培养基加入如下撤除成分的溶液粉剂：

① SD/-Leu-Trp（二缺）：在不含任何氨基酸的 SD 培养基中加入二缺粉剂0.64 g/L。

② SD/-His-Leu-Trp（三缺）：在不含任何氨基酸的 SD 培养基中加入三缺粉剂 0.62 g/L。

③ SD/-His-Leu-Trp-Ade（四缺）：在不含任何氨基酸的 SD 培养基中加入四缺粉剂 0.6 g/L。

定容到 950 mL，高压灭菌后加入灭菌的 0.4 g/mL 葡萄糖 50 mL，倒平板，于 4 ℃下保存。

2.4.1.3　实验步骤

1．活化酵母（预计消耗时间为 2～3 天）

用接种环将酵母 AH109 从甘油冻存菌中挑出一点，在 YPDA 平板上划线，并于 30 ℃的培养箱中培养 2～3 天进行活化。

2．摇过夜菌（预计消耗时间为一晚）

从活化的酵母中挑一个较大的单克隆至 10 mL YPDA 培养基中，在 30 ℃的摇床中摇过夜。

关键步骤

50 mL 离心管的管盖不要拧得太紧。挑一个较大的克隆之后，在涡旋仪上进行充分的涡旋，有助于酵母生长。

3．制备感受态（预计消耗时间为 30 min）

（1）每 100 mL 酵母可以做 12 管感受态。这里以 100 mL 为例进行介绍。

（2）将 0.3 mL 过夜酵母菌加到 100 mL YPDA 中（保证此时的 OD_{600} 约为 0.1），于 30 ℃的摇床中培养。

（3）待 OD_{600} 达到 0.4～0.6 时，将 100 mL 菌液均分到 2 个 50 mL 离心管中，1500 g 离心 5 min。

（4）弃上清液，用 30 mL 灭菌水重悬，并混到一管中，1500 g 离心 5 min。

（5）弃上清液，用 1 mL 1×TE/LiAc 溶液重悬，转移至无菌的 1.5 mL EP 管中，12000 g 离心 15 s。

（6）弃上清液，用 600 μL 1×TE/LiAc 溶液重悬，放在冰上待用。

关键步骤

离心机不需要预冷，常温即可。将制备好的感受态放在冰上，在1 h内使用。

4. 转化（预计消耗时间为1.5 h）

(1) 在1.5 mL EP管中，标记好BD和AD的名称，向每管加入AD和BD各100 ng，再加入5 μL灭活的ssDNA，随后加入50 μL酵母感受态细胞，在涡旋仪上涡旋混匀。

(2) 每管加入500 μL 1×TE/LiAc/PEG3350溶液，在涡旋仪上混匀后，于30 ℃的摇床中孵育30 min，每隔10 min轻轻弹动EP管使菌液混匀。

(3) 孵育完毕后，每管加20 μL DMSO，在42 ℃的水浴锅中孵育15 min，每隔5 min轻轻弹动EP管使菌液混匀。

(4) 使上述菌液在台式离心机中12000 g离心15 s收集酵母，弃上清液，加入1 mL YPD培养基重悬，于30 ℃的摇床中孵育1 h（这段时间可以随便调整，不需要严格的1 h）。

(5) 使上述菌液在台式离心机中12000 g离心15 s收集酵母，弃上清液，用500 μL 0.009 g/mL NaCl溶液重悬，再次以12000 g离心15 s，收集酵母，弃上清液，用100 μL 0.009 g/mL NaCl溶液重悬，全部加到LW平板上涂板，并在30 ℃的培养箱中培养3天。

关键步骤

① LW平板要提前放在30 ℃中，使表面的水分尽量蒸发掉，不然涂板时琼脂无法很快地吸收菌液。

② AD和BD的量在100～400 ng都可以，但要记住：质粒含量越多对酵母的毒性越大，这会影响转化效率。转化后在YPD培养基中孵育的过程很重要，这一步可以大大提高转化效率。

③ 转化过程中的步骤(5)，必须用NaCl溶液清洗1遍，防止有少量YPD残留，导致LW平板上长出非目的克隆。

5. 筛选相互作用（预计消耗时间为3天）

(1) 在无菌的96孔细胞培养板上，用排枪加无菌水，每孔100 μL。

(2) 从LW平板上的克隆中挑单克隆，在对应的孔中吹打数次，将酵母菌溶解在水中。

(3) 在每个LW平板上至少挑3个单克隆，做平行对照。

(4) 将Repeater（盖章用的章）用酒精棉球擦拭，待酒精挥发后，在酒精灯上烧，放在边上晾凉。

(5) 在LWH平板和LW平板上标记好，把Repeater放在96孔细胞培养板上，沾酵母，平行移到对应的平板上“盖章”。

(6) 待菌液完全被平板吸收后，倒放置在30 ℃的培养箱中，培养3天。

2.4.1.4 针对性建议

(1) 实验前先明确实验目的是要验证相互作用，还是要验证不相互作用。如果是验证相互作用,那么在选择筛选平板的时候要选择结合强度最高的,如 LWH + X-α-gal 平板,这个平板在 AH109 的 3 个报告基因全部表达之后酵母才能生长,少一个都长不了或变不了蓝色。如果是验证不相互作用,那么就要选择弱筛选培养基,如-L/-W/-H/ + A 培养基,在弱筛选培养基上都无法生长,那绝对是没有相互作用的。

(2) 在做实验的过程中尽量不要混杂细菌实验,这样很容易被细菌污染,在长出来的盘子上,淡黄色的是细菌,纯白色的是酵母。

参 考 文 献

[1] Brückner A, Polge C, Lentze N, et al. Yeast Two-hybrid, A Powerful Tool for Systems Biology [J]. International Journal of Molecular Sciences,2009,10(6):2763-2788.

[2] Fields S, Song O K. A Novel Genetic System to Detect Protein-protein Interactions[J]. Nature, 1989,340(6230):245.

[3] Zhu L. Yeast GAL4 Two-hybrid System[M]. Berlin: Springer,1997.

[4] Ying L, Batalao A, Zhou H, et al. Mammalian Two-hybrid System: A Complementary Approach to the Yeast Two-hybrid System[J]. Biotechniques,1997,22(2):350-352.

[5] Bartel P L, Fields S, Konopka J. The Yeast Two-hybrid System[J]. Quarterly Review of Biology, 1997,185(4):855-870.

[6] Chien C T, Bartel P L, Fields S S. The Two-hybrid System: A Method to Identify and Clone Genes for Proteins that Interact with A Protein of Interest[J]. Proceedings of the National Academy of Sciences,1991,88(21):9578-9582.

2.4.2　双分子荧光互补

2.4.2.1　实验简介

1. GFP 的发光机制

GFP 由 238 个氨基酸分子组成,分子量为 26.9 kDa。来源于水母的野生型 GFP 在 395 nm 和 475 nm 分别有主要和次要的激发峰,它的发射峰在 509 nm,处于可见光谱的绿色区域;来源于海肾的 GFP 只在 498 nm 有单个激发峰(图 2.60)。

GFP 是典型的 β 桶形结构,包含 β 折叠和 α 螺旋,将荧光基团包含在其中。严密的桶形结构保护着荧光基团,防止它被周围的环境猝灭,内部面向桶形的侧链诱导 Ser65-Tyr66-Gly67 三肽环化,导致荧光基团形成。

2. 双分子荧光互补机制

2002 年报道了一种直观、快速地判断目的蛋白在活细胞中的定位和相互作用的新技术。在 GFP 的 2 个 β 片层之间的 loop 环结构上有许多特异位点可以插入外源蛋白而不影响 GFP 的荧光活性,该技术巧妙地将荧光蛋白分割成 2 个不具有荧光活性的分子片段(N 片段,C 片段)。这些片段在体内外混合时,不能自发地组装成完整的荧光蛋白,也不能激发出荧光。这 2 个荧光蛋白的片段分别连接、融合 2 个目的蛋白,如果荧光蛋白的活性恢复,则表明 2 个目的蛋白发生了相互作用,在空间上互相靠近互补,重新构建成完整的具有活性

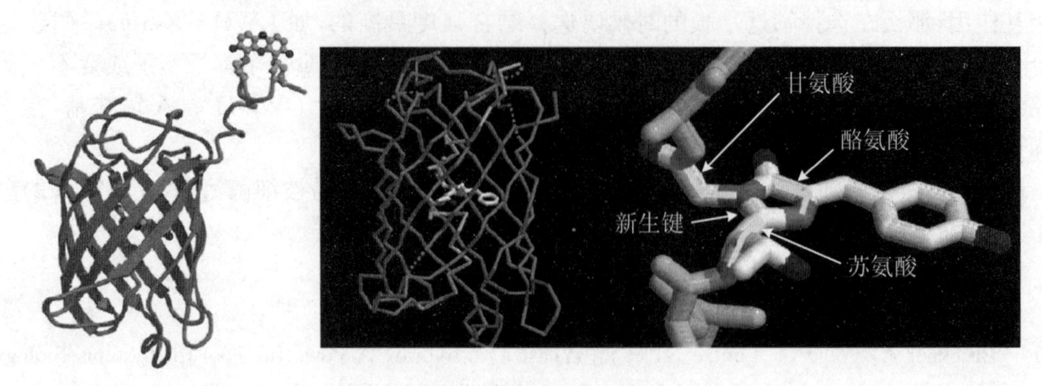

图 2.60 GFP 发光机制

的荧光蛋白分子,在该荧光蛋白的激发光激发下发射荧光(图 2.61)。反之,若 2 个目的蛋白之间没有相互作用,则不能被激发出荧光。

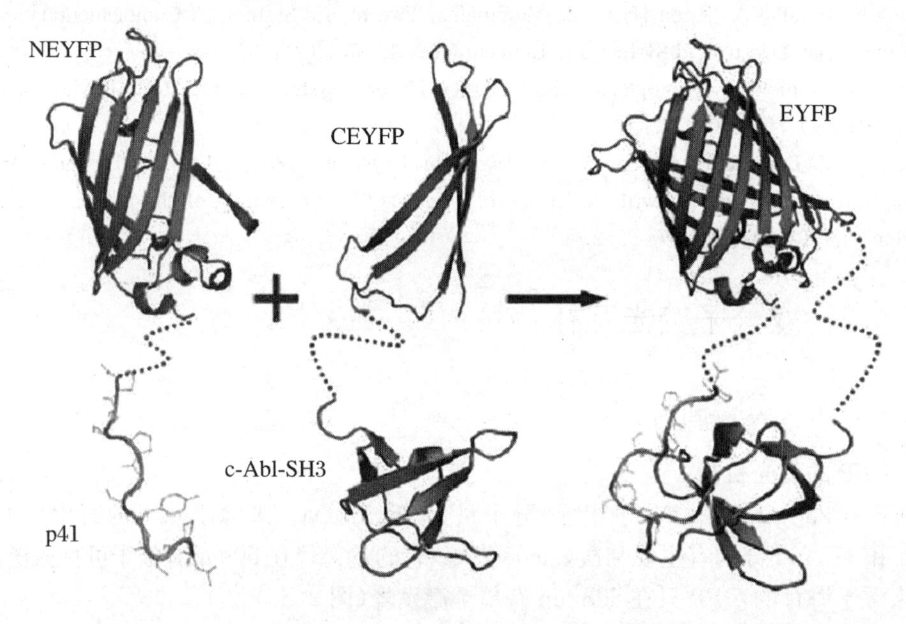

图 2.61 双分子荧光互补机制

3. BiFC 技术研究进展

近几年来,BiFC(Bimolecular Fluorescent Complimentary)技术迅速发展,有学者系统地研究了 GFP 及其 3 个不同颜色的突变体蓝色荧光蛋白 BFP、青色荧光蛋白 CFP 和黄色荧光蛋白 YFP 的 BiFC 现象。随后发展出的多色荧光互补技术(Multicolor BiFC),不仅能同时检测多种蛋白复合物的形成,还能对不同蛋白间产生相互作用的强弱进行比较,如多色双分子荧光互补、三分子荧光互补、BiFC-FRET 等。该技术已用于转录因子、G 蛋白 βγ 亚基的二聚体形成、不同蛋白间相互作用强弱的比较以及蛋白泛素化等方面的研究工作上。

4. BiFC技术的优缺点

(1) 优点。

① 适用于体内和体外蛋白相互作用的研究。

② 在对细菌、真菌以及真核细胞进行检测时,所研究的蛋白处于天然环境中,并能直观地报道蛋白相互作用在细胞中的定位研究。

③ BiFC技术耗时较短。

④ 相较于FRET和BRET技术对仪器的要求高、数据处理复杂,BiFC只需要荧光倒置显微镜,且数据处理简单,只是检测荧光的有无,背景干净,检测更加灵敏,不依赖于其他次级效应。

⑤ BiFC技术还可以用于研究蛋白之间的弱相互作用或瞬间相互作用。

⑥ 不需要蛋白有特别的理论配比,能检测到不同亚群蛋白间的相互作用。

(2) 缺点。

① 对系统温度敏感,温度太高,片段不易互补形成完整的荧光蛋白。一般在30℃以下形成的互补效应好,温度越低越有利于片段的互补,这会对细胞在生理条件下的蛋白相互作用带来不利影响。

② 观察到的双分子荧光信号滞后于蛋白的互作过程,不能实时观察蛋白相互作用或蛋白复合物的形成过程。

2.4.2.2 实验材料

1. 试剂

转染试剂[Lipo2000(由Invitrogen公司生产)、Lipo6000(由全式金公司生产)]、PBS、3.7%甲醛(避光)、DAPI(+抗淬灭剂)、UltraCruz、封固剂、sc-24941、指甲油、载玻片(用酒精或酸洗干净,烘箱烘干)。

2. 实验前准备

以细胞为例,培养生长状态较好的细胞。

3. 器械

荧光正置显微镜、镊子、自制弯曲的1 mL注射器针头、显微镜盖板玻璃18 mm×18 mm(NEST)、24孔细胞培养板。

2.4.2.3 实验步骤

(1) 将目的基因插入含有N片段或C片段的载体中,构建成融合蛋白表达载体。2种蛋白需要互换载体。N片段将目的蛋白插入C端,而C片段将目的蛋白插入N端。

(2) 前日传代的HeLa cell/293T,吸去培养液,用PBS洗2次,轻柔摇小皿,加入200 μL胰酶于37℃下消化2 min,之后当有大片细胞团飘起时,加入1 mL含血清的完全培养基终止消化反应,快速且轻柔地吹吸细胞,使其悬浮。取100 μL用于计数。

(3) 细胞铺片。

① 用镊子夹起盖玻片边缘,在酒精灯上过一下,竖直放入24孔细胞培养板中。

② 每孔加入 450 μL DMEM,用枪头轻轻抵一下盖玻片,使其浸润,确保底部没有气泡。

③ 向每孔中加入约 20 μL 重悬的细胞(这个需依据细胞量,一般爬片时需控制细胞量,呈现单个细胞有利于成像观察,一开始可以加少量细胞,于显微镜下观察细胞量,再逐渐增加细胞,于 37 ℃培养箱中培养)。

关键步骤

用于荧光检测的细胞,要求底部呈单细胞铺片,因此少分一些细胞,大约 0.2×10^5～0.5×10^5 个/mL。

(4) 次日,细胞约爬满 70%～80%时进行转染,转染量为 0.8～1 μg 质粒/孔;2 种质粒以 1∶1 的比例加入,即各加入 0.4～0.5 μg/孔;6 h 后换液。

(5) 转染 24～48 h 后,吸去 DMEM 培养液,加入 3.7%甲醛(新鲜配制,避光,放置不可多于 1 个月),固定 8～10 min,保存于 37 ℃中。

(6) 用 PBS 洗 2 次,各 5 min。

(7) 扣片:用 1 mL 注射器针头(尖端弄弯)挑出铺片的盖玻片,放置在铺有封口膜的 24 孔盖子上的 PBS 里,铺有细胞的一面朝上。

(8) 用镊子夹起盖玻片边缘,用滤纸轻轻擦拭吸去 PBS,不可碰到细胞。

(9) 在载玻片上远离磨砂边缘处滴 1～2 μL DAPI(含有抗猝灭剂),将盖玻片倒扣在载玻片上。

(10) 用指甲油封片,于室温下晾干,一般需要涂抹 2～3 次才能完全封住。约 30 min 后避光保存在 −20 ℃的冰箱中,待观察。

(11) 在荧光倒置显微镜下观察蛋白的相互作用。488 nm 激发的绿色荧光团为检测目标,同时用紫外线激发的蓝色荧光标记细胞核,适合的物镜倍数是 20～40。

2.4.2.4 针对性建议

(1) 荧光片段和目的蛋白之间最好加一个连接肽,以避免蛋白空间位阻所导致的片段间不能相互靠近。常用的连接肽氨基酸序列有 RSIAT、RPACKIPNDLKQKVMNH 和 GGGGS 等。

(2) 温度对片段间的互补影响很大,有 2 种解决方案。一是在室温或低于室温(≤30 ℃)下培养细菌或细胞;二是在生理条件下培养细菌或细胞,使融合蛋白正常表达,然后将培养物低温处理 1～2 h 或接着于室温下培养 1 天。

(3) 建立阴性对照,以便更加确信 BiFC 信号反映的是蛋白之间的相互作用。阴性对照通常是将相互作用的蛋白进行突变,降低或缺失其相互作用的能力,再使用 BiFC 系统检测。

参 考 文 献

[1] Kerppola T K. Design of Fusion Proteins for Bimolecular Fluorescence Complementation (BiFC) [J]. Cold Spring Harbor Protocols,2013(13):8-714.

2.4.3　蛋白质印迹

2.4.3.1　实验简介

蛋白质印迹是一种分析技术，用于检测组织匀浆或提取物中给定样品中的特定蛋白质。它使用凝胶电泳通过多肽的长度（变性条件）或蛋白质的3D结构（天然/非变性条件）分离天然或变性的蛋白质。这种技术是把电泳分离的组分从凝胶转移到一种固相支持体（NC、PVDF膜）中，并以特异性抗体作为探针检测，特异性抗体与附着于固相支持体的靶蛋白所呈现的抗原表位发生特异性反应。这种技术的作用是对非放射性标记蛋白组成的复杂混合物中的某些特异性蛋白进行定性分析。

2.4.3.2　实验材料

1. 试剂

20%吐温 20、10 mM PMSF、0.2 M NaH_2PO_4、0.2 M Na_2HPO_4、TBST、PVDF 膜、化学发光试剂、转移缓冲液、电泳缓冲液、PBS 缓冲液、10×丽春红染液、封闭液（5%脱脂牛奶）、滤纸、细胞裂解液、SDS-PAGE 及其上样缓冲液。

2. 器械

垂直板电泳转移装置、高速离心机、分光光度计、脱色摇床、搪瓷盘、蛋白电泳装置、匀浆器。

2.4.3.3　实验步骤

1. 蛋白样品制备(预计消耗时间为 1 h)

(1) 贴壁细胞总蛋白的提取。

① 1 mL 裂解液加 10 μL PMSF(100 mM)混匀后置于冰上。

② 吸去细胞培养基，用 4 ℃预冷的 PBS 洗 2 次后，根据细胞数目加入相应体积的裂解液摇匀于冰上裂解 30 min(60 mm 皿加 1 mL)，其间可摇动混匀。

③ 裂解完成后，用枪头将细胞刮掉然后转移到 1.5 mL EP 管中。

步骤②～③也可为：加入裂解液静置 2 min 后刮下细胞，转移到 1.5 mL EP 管中，用超声破碎细胞。

④ 将上述溶液于 4 ℃下 12000 g 离心 5 min 后，转移至新的 EP 管中。

⑤ 将其于 −20 ℃下保存或进行下一步操作。

(2) 悬浮细胞总蛋白的提取。

① 将培养基倒至 15 mL 离心管中，于 4 ℃下 800 g 离心 5 min，吸出培养基，加入 2 mL 4 ℃预冷的 PBS 重悬细胞后再次于 4 ℃下 800 g 离心 10 min，尽量吸干 PBS，加入裂解液于冰上裂解30 min，裂解过程中要经常弹一弹以使细胞充分裂解。

② 将裂解液与培养瓶中的裂解液混在一起，于 4 ℃下 12000 g 离心 5 min，取上清液于 1.5 mL离心管中，并置于 −20 ℃下保存或进行下一步操作。

(3) 组织中总蛋白的提取。

① 将组织块尽量剪碎,加入含 PMSF 的裂解液于匀浆器中进行匀浆,然后置于冰上。

② 几分钟后,再次匀浆,置于冰上。如此反复几次使组织尽量碾碎。

③ 裂解 30 min 后,将裂解液移至 1.5 mL EP 管中,于 4 ℃下 12000 g 离心 5 min,取上清液于 1.5 mL 离心管中并置于 −20 ℃下保存或进行下一步操作。

2. 蛋白质定量(预计消耗时间为 1.5 h)

一般选择 BCA 或 Bradford 方法,具体方法见各试剂盒说明书。BCA 方法要求检测波长为 562 nm,Bradford 方法要求检测波长为 595 nm。为避免假阳性结果,建议先把裂解缓冲液加入 BCA 工作液或考马斯亮蓝 G250 染液中混合,看是否产生颜色。具体测完蛋白含量后,计算含 50～100 μg 蛋白的溶液体积,即上样量(一般 8 cm 宽的胶每个泳道最大能承载的蛋白质量为 150 μg)。

(1) 制作标准曲线。

① 从 −20 ℃中取出 1 mg/mL BSA,于室温下融化后备用。

② 取 18 个 1.5 mL 离心管,3 个一组,分别标记为 0 μg、2.5 μg、5 μg、10 μg、20 μg、40 μg。

③ 按表 2.51 中的数据在各管中加入各种试剂。

表 2.51　加入试剂的具体数量表

	0 μg	2.5 μg	5 μg	10 μg	20 μg	40 μg
1 mg/mL BSA		2.5 μL	5 μL	10 μL	20 μL	40 μL
0.15 M NaCl	100 μL	97.5 μL	95 μL	90 μL	80 μL	60 μL
考马斯亮蓝 G250 染液	1 mL	1 mL	1 mL	1 mL	1 mL	1 mL

混匀后,于室温下放置 2 min,在分光光度计上比色分析。

(2) 检测样品蛋白含量。

① 取足量的 1.5 mL 离心管,每管加入 1 mL 于 4 ℃下储存的考马斯亮蓝 G250 染液,于室温下放置 30 min 后即可用于检测蛋白。

② 取一管考马斯亮蓝 G250 染液加 100 μL 0.15 M NaCl,混匀放置 2 min 后可作为空白样品,将空白样品倒入比色皿中,在做好的标准曲线程序下按“Blank”测空白样品。

③ 弃空白样品,用无水乙醇清洗比色皿 2 次,用无菌水清洗 1 次。

④ 取 1 管考马斯亮蓝 G250 染液加 95 μL 0.15 M NaCl 溶液和 5 μL 待测蛋白样品,混匀后静置 2 min 再测量。

3. SDS-PAGE 电泳(预计消耗时间为 1 h)

取 50 μg 孔蛋白上样电泳(上样总体积一般不超过 15 μL)。

4. 转膜(预计消耗时间为 3 h)

(1) 在电泳结束前 20 min 开始准备转膜所需的东西。转 1 张膜需准备 6 张滤纸(滤纸长一般为 8.1～8.3 cm,宽为 8 cm)和 1 张 NC 膜或 PVDF 膜。切滤纸和膜时一定要戴干净的手套,因为手上的蛋白会污染膜。PVDF 膜在使用前需在无水甲醇中浸泡 1～2 min,NC

膜则不需要。目的是活化 PVDF 膜上的正电基团，使它更容易与带负电的蛋白质结合，做小分子的蛋白转移时多加甲醇也是这个目的。

(2) 将玻璃板撬开后，轻轻刮去浓缩胶，用蒸馏水冲洗干净。取出凝胶后可以在右上角裁一个小角以区分上下左右。之后有 2 种方法可供选择：一是按照分子量标准指示，把含有自己感兴趣的蛋白的胶裁下来，二是把整张胶转膜。

(3) 在陶瓷盆中倒入 TB 缓冲液，放入浸过甲醇的 PVDF 膜平衡 10 min。戴上手套，将夹子打开，使黑的一面平放并转移槽的底座，依次在石墨电极上垫 1 张海绵垫、3 张浸泡过缓冲液的滤纸、刚刚完成电泳的凝胶、PVDF 膜(此时可在膜的右上角剪去 1 个角，以辨明转膜后的蛋白面与非蛋白面)、另 3 张浸泡过缓冲液的滤纸、另 1 张海绵垫，合起夹子。注意每叠一层就要用玻璃棒或圆筒试管赶去气泡，膜两边的滤纸不能相互接触，接触后会发生短路。

(4) 将夹子放入转移槽中，要使夹子的黑面对着槽的黑面，夹子的白面对着槽的红面。电转移时会产热，所以 TB 缓冲液要在 4 ℃下预冷，转移槽要放在冰水混合泡沫箱中，泡沫箱的一边放一块冰来降温。一般用 60 V 转移 2 h 或 200 mA 转移 1.5 h。

(5) 转完后将膜用 1× 丽春红染液染 5 min(于脱色摇床上摇动，可回收)，然后用水冲洗掉没染上的染液就可看到膜上的蛋白。使用预染分子量标准的话，可以看见分子量标准的颜色转印到了膜上，但凭借这个颜色来判断是否转印完全或过度转印是不可靠的。

5. 免疫杂交反应(预计消耗时间为 1 天)

(1) 封闭：将膜用 TBST 浸湿，移至含有封闭液的平皿中，于室温下在脱色摇床上摇动封闭 1 h。

关键步骤

注意封闭后不要洗脱，如果是自己配制的封闭液，最好过滤一下以消除固体杂质。

(2) 一抗孵育：将一抗用封闭液稀释(一般用封闭液稀释即可，如果背景不高用 TBST 稀释也可以)至适当浓度(可以在 5 mL EP 管中配制工作液，常用稀释倍数为 1∶1000，具体按抗体说明来操作，用后可回收重复使用，于 −20 ℃下保存，避免反复冻融)。

(3) 于脱色摇床上洗 5 min，共洗 5 次。

(4) 二抗孵育：方法同一抗孵育，但一般二抗稀释比较大，以 1∶10000 比例已足够。用 TBST 于室温下在脱色摇床上洗 4 次，每次 5 min。

二抗孵育有以下 2 种方法：

① 膜孵：撕下适当大小的 1 块封口膜(也可使用保鲜膜)铺于培养皿盖上，使封口膜保持平整，将抗体溶液加到封口膜上，从封闭液中取出膜，用滤纸吸去残留液后，将膜蛋白面朝下放于抗体液面上，掀动膜的四角以赶出残留气泡，放于湿盒中，于室温下孵育 1 h 或于 4 ℃下过夜孵育。用 TBST 于室温下在脱色摇床上洗 6 次，每次 5 min。

② 配制 5 mL 抗体稀释液于 5 mL EP 管中，直接将膜放入，于 4 ℃下过夜孵育，用 TBST 于室温下在脱色摇床上洗 4 次，每次 5 min。

6. 化学发光(预计消耗时间为 10 min)

在实验台上铺 1 个一次性手套，将转移膜放在手套上，蛋白面向上。将化学发光的 A 液和B液2种试剂在EP管内等体积混合(总体积能够覆盖住膜就行,注意吸完A液后吸B液要换枪头,否则整瓶试剂都将报废),然后均匀滴在PVDF膜的蛋白面,反应1～2 min后(无需避光),将PVDF膜上多余的ECL工作液吸干,进行凝胶图像分析或X光片曝光。

7. X光片曝光(预计消耗时间为0.5 h)

(1) 将转移膜放在保鲜膜上,把另一侧翻过来盖在其上,并把保鲜膜固定在片夹上。

(2) 在暗室中,将配好的显影液和定影液倒入塑料盆中,打开红色照明灯,取出X光片,剪成比膜稍大,叠放3～4层后放在膜上,不要再移动X光片,关上X光片夹,计时2～5 min。(叠放多层光片的目的是找到最合适的曝光度)

(3) 时间到了后,打开X光片夹,将X光片放入显影液,出现明显条带后停止显影,放入定影液。

(4) 定影5～10 min至光片透明。

(5) 用水将光片冲干净,晾干后观察结果。定影液和显影液可回收,避光于室温中放存,但不宜放太久。

关键步骤

① 发光液的A液、B液一定不能相互污染,吸取时一定要注意换枪头。配制好后应立即使用。

② 暗室中光线很弱,可适应一段时间后再开始实验,拿光片的时候应避免用指甲滑到,这样会有划痕。

2.4.3.4 针对性建议

(1) 一抗和二抗的稀释度、作用时间和温度要经过预实验才能确定不同蛋白的最佳条件。

(2) 转膜时要把气泡赶走,PVDF膜不能剪得过小,否则空气容易从膜的边缘进去,使蛋白条带晕开。

(3) 如果封闭液和抗体稀释液都含5%脱脂奶粉,那么封闭后不用TBST清洗;如果封闭液含有5%脱脂奶粉而抗体稀释液不含,那么封闭后可用TBST清洗。

2.4.3.5 相关试剂的配制

(1) 10×丽春红染液的配制见表2.52。

表2.52 10×丽春红染液配制表

成分	数量
丽春红S	2 g
三氯乙酸	30 g
磺基水杨酸	30 g
蒸馏水	加至100 mL,使用时将其稀释10倍

(2) 转移缓冲液的配制见表2.53。

转移缓冲液:48 mM Tris、39 mM 甘氨酸、0.00037 g/mL SDS、20%甲醇。

表2.53　转移缓冲液配制表

成分	数量
甘氨酸(MW75.07)	2.9 g
Tris(MW121.14)	5.8 g
SDS	0.37 g
甲醇	200 mL,加蒸馏水至1000 mL,溶解后于室温下保存,此溶液可重复使用3~5次

(3) 0.01 M PBS(pH 7.3)的配制见表2.54。

表2.54　0.01 M PBS(pH 7.3)配制表

成分	数量
0.2 M NaH_2PO_4	19 mL
0.2 M Na_2HPO_4	81 mL
NaCl	17 g
蒸馏水	加至2000 mL

(4) 100 mg/mL 牛血清白蛋白(BSA)的配制见表2.55。

表2.55　100 mg/mL 牛血清白蛋白(BSA)配制表

成分	数量
BSA	0.1 g
0.15 M NaCl	1 mL

注:溶解后,于-20 ℃下保存。制作蛋白标准曲线时,0.15 M NaCl进行100倍稀释变为1 mg/mL,于-20 ℃下保存。

(5) 封闭液(含5%脱脂牛奶的TBST缓冲液),溶解后于4 ℃下保存。使用时,恢复室温,用量以盖过膜面即可,一次性使用。如不经常用,可每次现用现配所需体积。

(6) TBST缓冲液(含0.05%吐温20的TBS缓冲液),混匀后即可使用,最好现配现用。

(7) TBS缓冲液[150 mM NaCl、100 mM Tris-HCl(pH 7.5)]。

参考文献

[1] Eslami A, Lujan J. Western Blotting: Sample Preparation to Detection[J]. J. Vis. Exp.,2010(44):1-3.

[2] Kurien B T, Scofield R H. Western Blotting: An Introduction[J]. Methods of Molecular Biology, 2015(1312):17-30.

2.4.4 免疫共沉淀

2.4.4.1 实验简介

免疫共沉淀(Co-Immunoprecipitation,Co-IP)是以抗体和抗原之间的专一性作用为基础,用于研究蛋白质相互作用的经典方法。它是确定两种蛋白质在完整细胞内生理性相互作用的有效方法。

当细胞在非变性条件下被裂解时,完整细胞内存在的许多蛋白质与蛋白质间的相互作用被保留了下来。如图2.62所示,当用预先固化在琼脂糖珠上的蛋白质A的抗体免疫沉淀A蛋白时,与A蛋白在体内结合的蛋白质B也能一起沉淀下来。再通过蛋白变性分离,对B蛋白进行检测,进而证明两者间的相互作用。

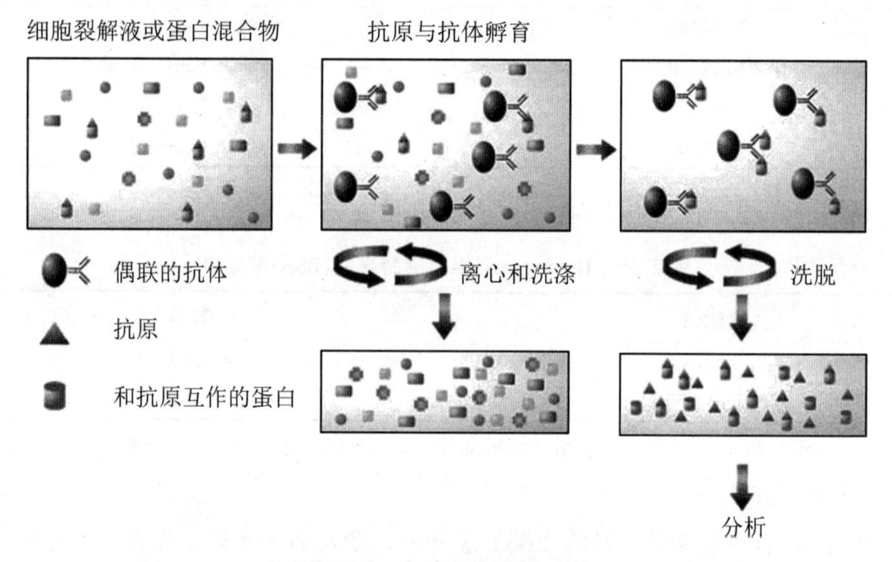

图2.62 免疫共沉淀原理图

通过这种方法得到的目的蛋白是在细胞内与兴趣蛋白天然结合的,符合体内的实际情况,得到的结果可信度高。这种方法常用于测定两种目的蛋白是否在体内结合,也可用于确定一种特定蛋白质的新的作用搭档。

优点:

(1) 相互作用的蛋白质都是经翻译后修饰的,处于天然状态。

(2) 蛋白的相互作用是在自然状态下进行的,可以避免人为影响。

(3) 可以分离得到天然状态的相互作用的蛋白复合物。

缺点:

(1) 检测不到低亲和力和瞬间的蛋白与蛋白相互作用。

(2) 两种蛋白的结合可能不是直接结合,可能有第三者在中间起桥梁作用。

(3) 必须在实验前预测目的蛋白，以选择最后检测的抗体，若预测不正确，则得不到理想的结果，因此方法本身具有冒险性。

2.4.4.2　实验材料

1. 试剂

(1) IP 裂解缓冲液[100 mM KCl、5 mM $MgCl_2$、0.3%NP40、20 mM Tris-HCl(pH 7.5)和蛋白酶抑制剂]、PMSF、PBS、胰酶以及蛋白质印迹所需的全部试剂。

(2) 珠子：Strep beads、Flag beads、Protein A/G。

2. 器械

Thermo 落地式离心机（使用前预冷至 4 ℃）、金属煮样器、旋转台（放于 4 ℃冰箱中）。

2.4.4.3　实验步骤

使用珠子以 SIGMA Anti-Strep M2 Affinity Gel 为例。

(1) 从 5%CO_2、37 ℃的培养箱中取出转染后 24～48 h 的 6 孔细胞培养板，除去培养基；用 PBS 洗 2 次后，加入约 300 μL 胰酶，消化 1 min 后，全部吸入 1.5 mL EP 管中，800 g 离心 3 min；再用 PBS 洗 1 次，1000 g 离心 3 min。

(2) 每孔加入 300 μL IP 裂解缓冲液（加入 PMSF 至终浓度为 1 mM，注意现配现用。如 1 mL IP 裂解缓冲液加 10 μL 100 mM PMSF），于冰上裂解 30 min 后超声破碎，功率为 8%，时间约为 16 s。

(3) 将上述溶液于 4 ℃下 12000 g 离心 10 min。

(4) 取 40 μL 上清液和 10 μL 5×SDS 上样缓冲液（加 20%DTT），于 101 ℃下金属浴 10 min，作为蛋白质印迹的投入。

(5) 剩余上清液全部用来孵育珠子，于 4 ℃下放在旋转台上 4 h 或过夜；切记 EP 管要用封口膜封紧，防止盖子打开后，样品就全部毁了。

注意：珠子使用之前需要用 PBS 洗 3～4 次，1000 g 洗 1 min。理论上每孔需要 10 μL 珠子沉淀，如本实验有 3 个样品，故最后一次加入约 600 μL PBS，除去黄色枪头尖端，平均分为 3 管（如果全部沉淀的话，则很难吸出珠子），1000 g 离心 2 min 后，可以看到每管约 10 μL 的珠子白色沉淀，去上清 PBS 后，分别加入样品裂解液。

(6) 孵育好后，于 4 ℃下 8000 rpm 离心 1 min，弃上清液，加入 500 μL IP 裂解缓冲液来回混匀，切记要轻柔。

(7) 重复步骤(6)5 次。

(8) 将上述溶液于 4 ℃下 8000 rpm 离心 1 min，弃上清液，加入 50 μL IP 裂解缓冲液重悬（为了防止枪头损失珠子和样品，不需要用移液枪重悬，用手指弹即可），加入 12.5 μL 5×SDS 上样缓冲液（加 20%DTT），于 101 ℃下金属浴 10 min，作为蛋白质印迹的 IP。

(9) 将蛋白质印迹的投入和蛋白质印迹的 IP 记录好上样顺序，通过蛋白质印迹进行检测，实验结果如图 2.63 所示。

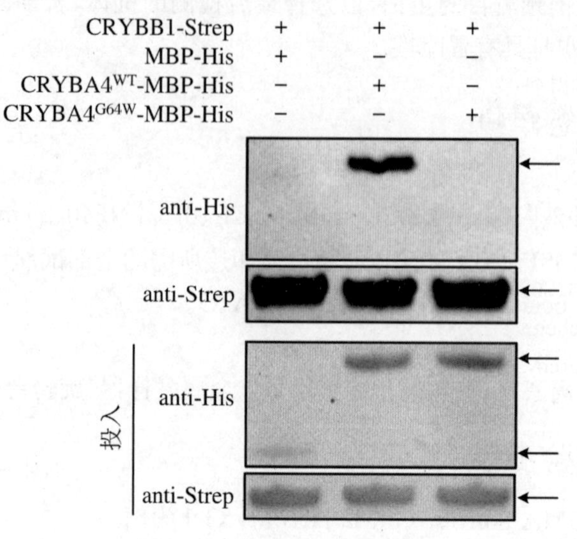

图 2.63　免疫共沉淀示意图

2.4.4.4　针对性建议

(1) 细胞裂解采用温和的裂解条件，不能破坏细胞内存在的所有蛋白与蛋白相互作用，多采用非离子变性剂（NP40 或 TritonX-100，本实验购买碧云天专门用于蛋白质印迹及 IP 的裂解缓冲液）。每种细胞的裂解条件是不一样的，需通过经验确定。另外，细胞裂解液中要加各种酶抑制剂，如商品化的蛋白酶抑制剂，本实验使用的 IP 裂解缓冲液需要加入 PMSF，现配现用。

(2) 本实验步骤适合已经包被好的 Strep beads 或 Flag beads，很多时候需要用 Protein A/G 预先结合在琼脂糖珠上，使之与含有抗原的溶液及抗体反应后，珠子上的 Protein A/G 就能达到吸附抗原的目的。通过低速离心，可以从含有目的抗原的溶液中将目的抗原与其他抗原分离。即清洗完珠子后，需要提前将适量抗体（约 2 μg，对照组用 IgG）加入 EP 管，于 4 ℃下旋转混匀孵育 2 h，瞬时离心弃上清液，再清洗珠子 3～4 次，放于 4 ℃下备用。其他操作如上。

(3) 在免疫共沉淀实验中要保证实验结果的真实性，各种阳性、阴性对照要设置好，应注意：

① 确保共沉淀的蛋白是由所加入的抗体沉淀得到的，而非外源特异蛋白，使用单克隆抗体有助于避免污染。

② 确保抗体的特异性，即在不表达抗原的细胞溶解物中添加抗体后不会引起共沉淀。

③ 蛋白间的相互作用发生在细胞中，而不是由于细胞的溶解才发生的，这需要通过蛋白定位来确定。

(4) 由于蛋白形成复合物以后，某些表位就会被掩盖，因此可能会导致使用某一种抗体，无论怎么增加抗体浓度，也极少能将目的蛋白复合物沉淀出来，如有必要最好使用不同的抗体分别进行 Co-IP。

(5) 由于检测的是天然状态,因此在不同的时间和不同的处理下,Co-IP 拉下来的蛋白复合物都可能是不同的,增加实验次数,得到的蛋白成员也会更大。

(6) Co-IP 鉴定得到的蛋白间相互作用既可能是直接作用也可能是间接作用,若想进一步区分,还需要进行 GST Pull-down 等实验检测。

参考文献

[1] Odom D T, et al. Control of Pancreas and Liver Gene Expression by HNF Transcription Factors [J]. Science,2004(303):81-1378.

[2] Li W, et al. Biochemical Characterization of G64W Mutant of Acidic Beta-crystallin 4[J]. Experimental Eye Research,2019(186):107712.

2.4.5 差示扫描荧光技术

2.4.5.1 实验简介

差示扫描荧光技术(Differential Scanning Fluorimetry,DSF)是一种快速、经济、高通量地去测量不同条件下配基分子与蛋白结合、稳定蛋白能力的一种方法,当然也可测定突变后蛋白相应能力的改变。其原理如下:除膜蛋白外,一般蛋白外表面为亲水氨基酸侧链,内部含有疏水核心,蛋白在活性状态时疏水核心不会暴露出来,但在变性条件下蛋白失去三级结构会导致疏水核心暴露。而 DSF 的原理就是荧光染料与蛋白疏水残基非特异的结合程度影响其荧光强度,在荧光染料不与疏水氨基酸侧链结合时其荧光强度弱(极性环境如水导致其荧光的淬灭),与疏水残基结合之后荧光强度增加。在加热的过程中,蛋白疏水基团暴露会导致染料结合逐渐增多,从而用来测定蛋白的 T_m、与配基结合的 K_d 等。但该方法并不适合用于测定蛋白与蛋白之间的相互作用。该方法具有操作简便、节省样品、高通量等优点,适用于蛋白与配体初步亲和力验证。

2.4.5.2 实验材料

1. 试剂

200×SYPRO Orange(宝石橙蛋白染色试剂)。

2. 缓冲液

150 mM $NaCl_2$、10 mM HEPES(pH 7.0)。

3. 器械

荧光定量 PCR 仪、RT-PCR 板、PCR 板掌上离心机。

2.4.5.3 实验步骤

(1) 将蛋白稀释为不同的浓度并与 SYPRO Orange 染料混合后(注意避光),在荧光定量 PCR 仪中加热(0.1~0.2 ℃/s,25~95 ℃)并测定荧光读数,用于预测定合适的蛋白浓度(荧光值不能太弱)以进行后续步骤。(具体的参数设置依据仪器说明)

(2) 将预测定浓度的蛋白与不同浓度(对半稀释,8 个梯度)的配体混合(3 组重复)后加入 SYBR Orange 染料,在荧光定量 PCR 仪中加热(0.1～0.2 ℃/s,25～95 ℃)并测定荧光度数。以荧光强度为 y 轴,温度为 x 轴作图,可以产生一条"S"形曲线(图 2.64)用于描述蛋白折叠和去折叠两种状态的转变。将图 2.64 的曲线进行求导得到 $\mathrm{d}F/\mathrm{d}t$ 与温度的图(图 2.65),由图 2.65 可知,当"S"形曲线的斜率即 $\mathrm{d}F/\mathrm{d}t$ 最大时对应的温度值为 T_m。但不要将此 T_m 解读为达到配基结合能力一半时的配基浓度,实际上这时的 T_m 可看成蛋白开始发生去折叠时的温度。

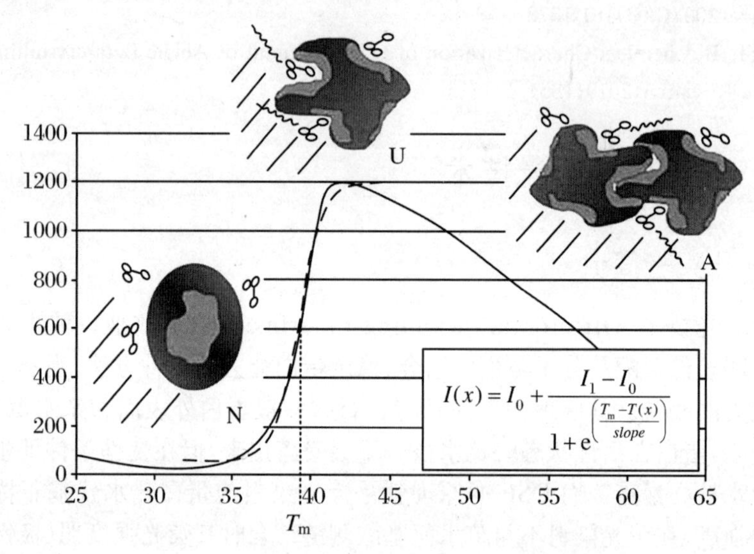

图 2.64　差示扫描荧光拟合的"S"形曲线示意图

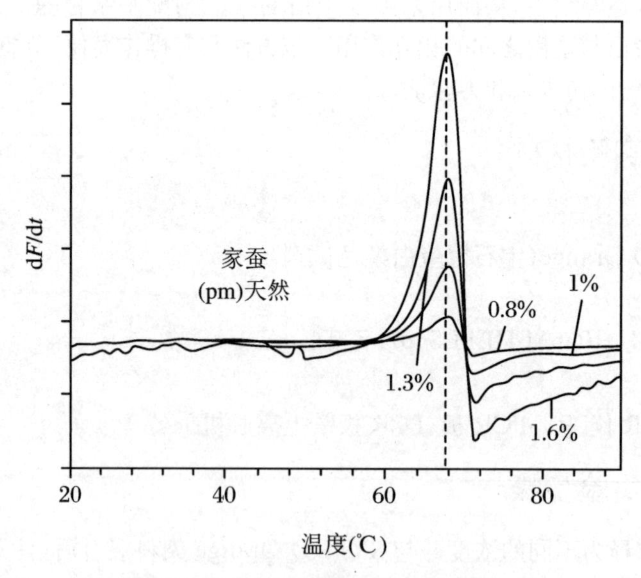

图 2.65　差示扫描荧光求导示意图

(3) 实验结束后将数据导出,可以用 Prism 作图,拟合得到 T_m。当蛋白结合某些配体或者小分子后,T_m 会升高,因此可以用来定性验证蛋白与小分子之间的相互作用。

(4) 数据处理与结果。

验证麦芽糖结合蛋白(Maltose Binding Protein,MBP)与糖[乳糖(Lactose)、麦芽糖(Maltose)]的结合。

① 经如上实验步骤获得实验数据,导入 Prism 中作曲线图,如图 2.66 所示。

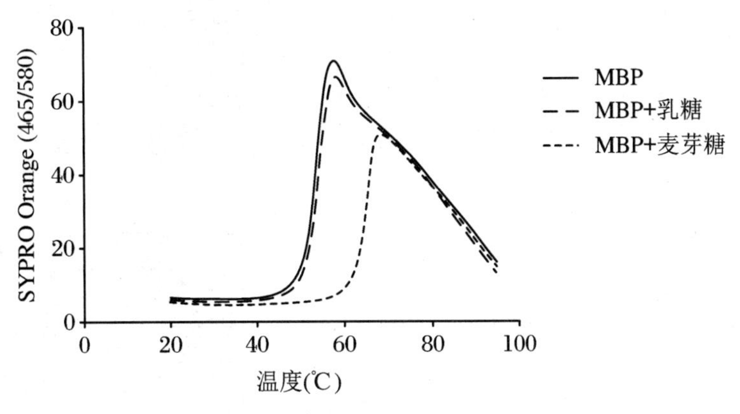

图 2.66　实验数据 Prism 曲线图

② 对数据进行拟合求 T_m 之前,需要移除一部分原始数据(热力曲线最低点的前部分和最高点的后部分),如图 2.67 所示。

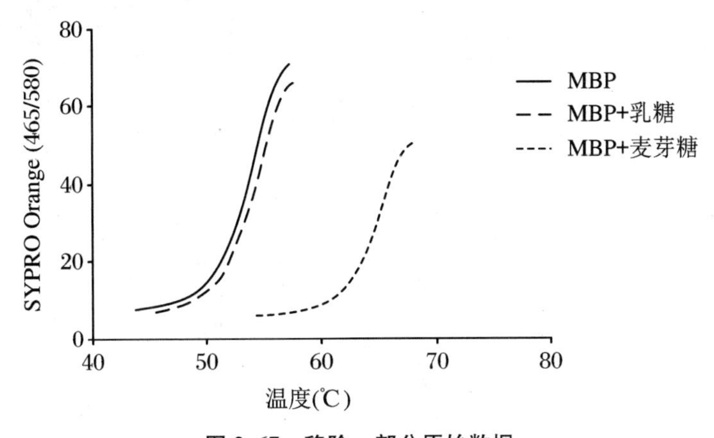

图 2.67　移除一部分原始数据

③ 利用 Prism 拟合求 T_m(以 MBP + 乳糖为例),如图 2.68 所示。

④ 最终结果如图 2.69 所示。

2.4.5.4　针对性建议

(1) 步骤(1)中摸索蛋白最优浓度很重要,不能省略。

(2) PCR 板在上机前需要用掌上离心机瞬离,以去除溶液中的气泡。

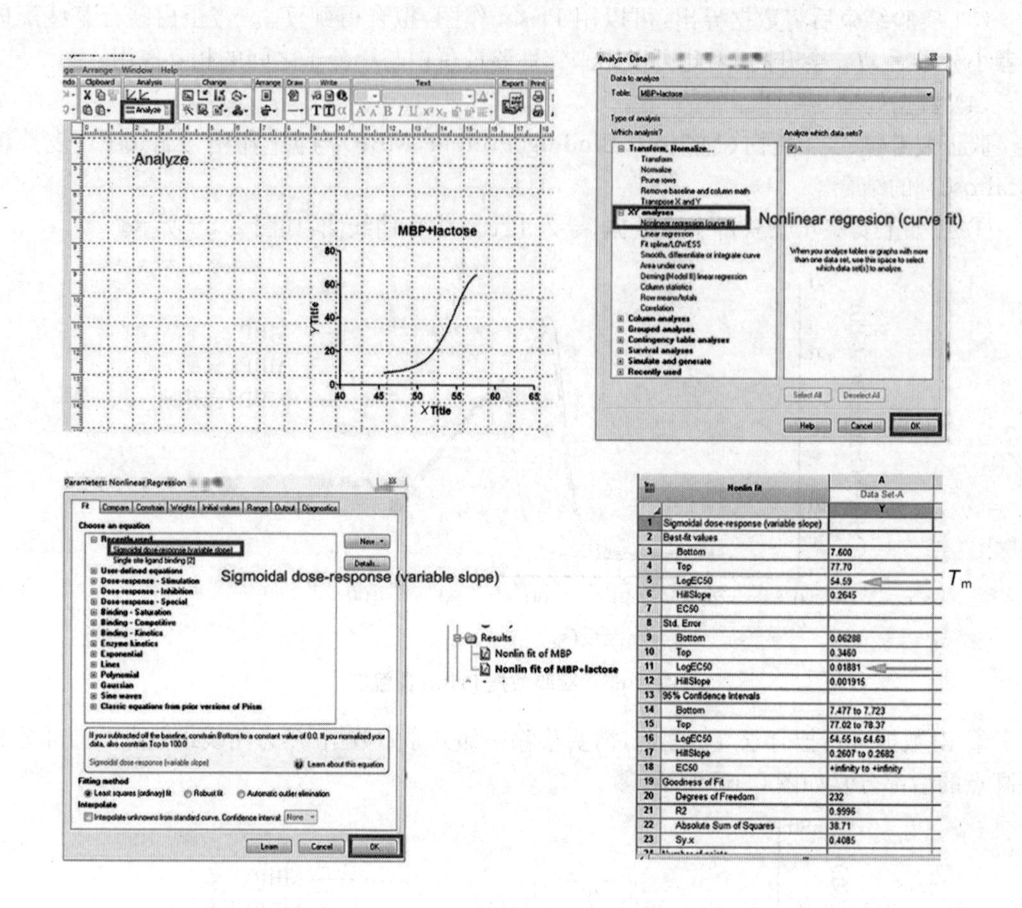

图 2.68　MBP + 乳糖用 Prism 拟合求 T_m

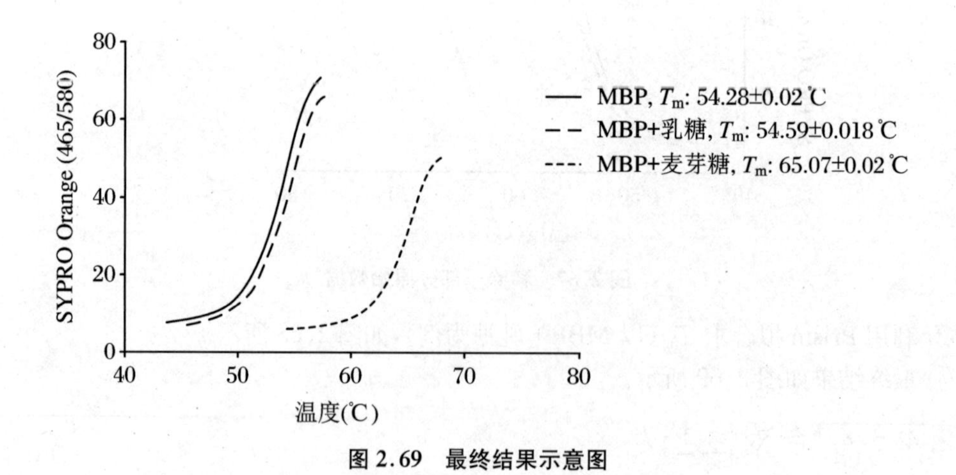

图 2.69　最终结果示意图

参 考 文 献

[1] Niesen F H, Berglund H, Vedadi M. The Use of Differential Scanning Fluorimetry to Detect Ligand Interactions that Promote Protein Stability[J]. Nature Protocol,2007(2):21-2212.

[2] Mcclure S M, Ahl P L, Blue J T. High Throughput Differential Scanning Fluorimetry(DSF) Formulation Screening with Complementary Dyes to Assess Protein Unfolding and Aggregation in Presence of Surfactants[J]. Pharmaceutical Research,2018,35(4):81.

2.4.6　荧光偏振

2.4.6.1　实验简介

荧光偏振(Fluorescence Polarization,FP)是一种用于定量分析分子间相互作用的方法。其基本原理如图 2.70 所示。标有荧光的分子经单一平面的偏振光(激发光)照射后,吸收光能跃入激发态,随后回复至基态,并发出单一平面的偏振荧光(发射光)。而激发光和发射光的偏振平面偏差的程度与荧光分子的旋转速度呈正相关,与其分子大小呈反相关(即大分子旋转速度会变慢)。

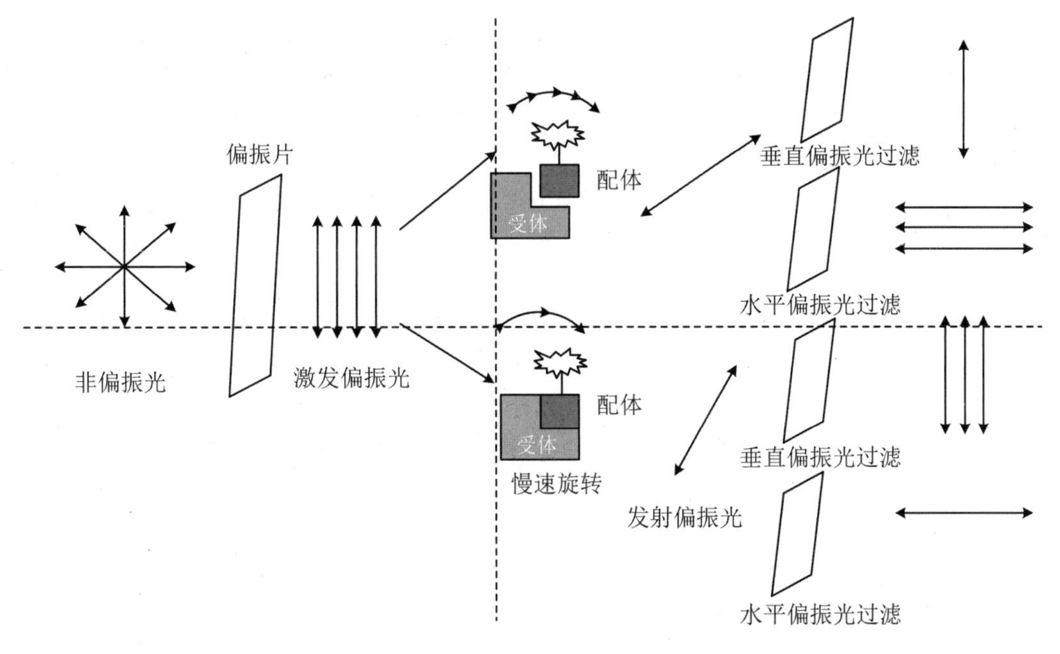

图 2.70　荧光偏振原理示意图

当 FP 反应系统中两种分子无相互作用时,荧光素标记的分子呈游离的小分子状态。由于其分子小,在液相中的转动速度较快,测量到的激发光与发射光的偏振平面偏差大,读出的值小。反之,如果两种物质有相互作用,形成大分子的复合物,此时检测到的激发光与发射光的偏振平面偏差小(假设分子静止,则激发光与发射光的偏振平面重合),读出的值大。通过检测反应体系中发射光偏振平面的偏转程度,就可以精确地得知两种物质间的结合系数。最适宜检测小至中等分子物质。

2.4.6.2 实验材料

1. 试剂

FP缓冲液[一般是低盐缓冲液,根据实验需要配制,此例为5%甘油、80 mM NaCl、2 mM $MgCl_2$、20 mM Tris-HCl(pH 8.0)]、锡箔纸。

2. 器械

带偏振光模块的酶标仪、黑色96孔细胞培养板、EP管、PCR管、PCR仪。

2.4.6.3 实验步骤

这里只介绍蛋白-短双链DNA相互作用的实验方法。

(1) 订购一端带有荧光分子标记的ssDNA分子(此例为5′端6-羧基荧光修饰)及其互补链(无修饰),注意只需单链标记即可,不必两条核酸链都标记。

(2) 用合适的缓冲液或去离子水溶解单链DNA探针及其互补链至200 μM(为避免荧光分子长时间暴露在光线下发生淬灭,在此步骤及之后的操作中应注意避光)。

(3) 退火反应获取双链DNA。20 μL反应体系(避光)中包含各50 μM荧光引物及其互补引物,以及10 mM Tris(pH 8.0)、50 mM NaCl、1 mM EDTA。反应混合物在PCR仪器中运行退火反应程序:先于95 ℃下反应2 min,再于45～60 min内缓慢降温至25 ℃,样品瞬时离心后置于4 ℃下储存。

(4) 此步骤为可选步骤。退火反应产物检测依据目的产物的分子量大小选择合适浓度的天然PAGE进行电泳,检测反应产率及产物纯度。

(5) 探针浓度的确定。将欲探究的核酸(双链或/和单链DNA探针)用1×FP缓冲液进行稀释,首先获得60 μL终浓度为500 nM的探针,再取出30 μL按照体积比1∶1减半稀释7次,得到10个终浓度分别为500 nM、250 nM、125 nM、62.5 nM、31.25 nM、15.625 nM、7.8125 nM、3.90625 nM、1.953125 nM和0 nM的探针各30 μL。每个浓度的探针各取20 μL于洁净的黑色96孔细胞培养板中(注意不要加入气泡),用酶标仪在荧光偏振模式下测量荧光探针的偏振情况(此处用绿色偏振滤片,标准检测速度,增益50)。取平行偏振光强度对探针浓度作图,观察探针浓度与平行偏振光强度的线性关系,取符合线性关系的探针浓度。另外,取偏振值对探针浓度作图,不同浓度的荧光探针在蛋白缓冲液中的偏振值理论上基本一致,取探针偏振值趋于稳定时的探针浓度。一般为了节省样品(探针浓度越高,到达饱和结合所需的蛋白就越多)且获得稳定的实验数据,取平行偏振光强度为1000～2000单位,取偏振值稳定时对应的探针浓度。

以蛋白A与探针A相互作用的检测为例,探针A在不同浓度下的偏振值信息见表2.56,探针A的浓度与偏振强度的相关性如图2.71所示。

表2.56　探针A在不同浓度下的偏振值信息

探针浓度(nM)	500	250	125	62.5	31.25	15.625	7.8125	3.90625	1.953125	0
平行偏振光强度	7670	3967	2024	1168	731	307	173	147	62	24
偏振值	62	75	84	93	98	108	146	176	204	412

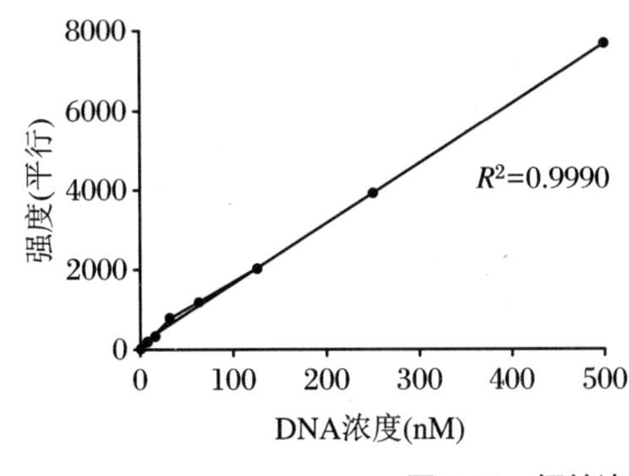

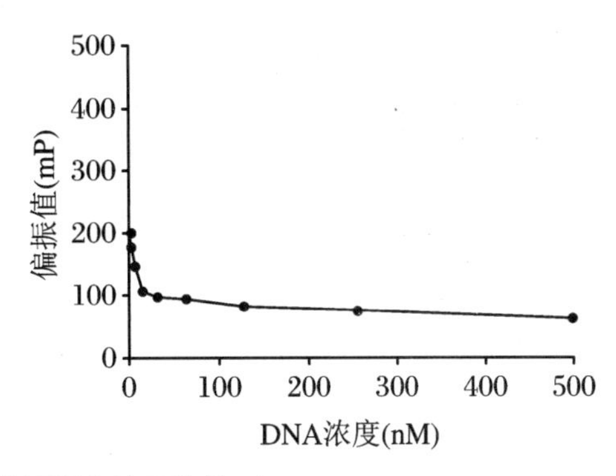

图2.71　探针浓度与偏振强度的相关性

此处选择探针浓度为62.5 nM进行后续实验。

(6) 蛋白偏振背景的检测。如果蛋白中添加了一些天然化合物,建议做背景检测。此步骤为可选步骤。

(7) 结合常数测定。用稀释后的探针溶液对目的蛋白进行浓度减半的稀释(此处蛋白的最大浓度为150 Mm,体积为700 μL,之后取350 μL蛋白与相同体积的探针混合,并以此类推等体积减半稀释蛋白几次)。如有沉淀,需离心。

(8) 在96孔细胞培养板中每孔加入100 μL蛋白-探针混合液,每个浓度做3孔重复,包括一组不含蛋白的纯探针对照。将96孔细胞培养板离心去除气泡,1000 g离心5～10 min。于室温(温度根据需要选择)下孵育一段时间,至偏振值稳定。孵育时间需要摸索,预实验可设定每30 min检测1次,一般如室温2 h。

(9) 测量FP荧光信号(根据荧光分子选择合适的激发光波长及发射光波长)。具体操作根据软件而定。此处FAM荧光用BioTekR酶标仪配带的绿色偏振片(激发光为485 nm,发射光为528 nm)于室温下进行偏振检测。

(10) 数据处理。将测得的荧光偏振数据减去纯探针的背景信号得到实际偏振值。将数据根据公式用GraphPad Prism 8软件进行非线性拟合分析,对蛋白浓度(X)及偏振值(Y)作图。根据实验结果调整蛋白浓度,如过早进入平台期,则稀释蛋白浓度。

利用GraphPad Prism 8软件进行非线性拟合的步骤如下:

① 整理FP实验中的样品基本信息及实验原始数据(表2.57)。

探针信息:探针序列为6-$^{FAM-}$XXXXXXXXXXXXXXXXXXX,探针互补序列为XXXXXXXXXXXXXXXXXXX(X指某种碱基)。

探针稀释缓冲液为1×FP缓冲液:5%甘油、80 mM NaCl、2 mM $MgCl_2$、20 mM Tris-HCl(pH 8.0)。

表 2.57 实验原始数据表

蛋白浓度(μM)	150	75	37.5	18.75	9.375	4.6875	2.3437	1.17187	0.58593	0
偏振信号(mP)A	108	109	105	98	89	79	74	68	70	67
偏振信号(mP)B	110	108	103	96	87	83	75	73	64	66
偏振信号(mP)C	109	107	104	97	89	79	76	71	67	64

探针浓度:62.5 nM。

蛋白信息:蛋白 P,分子量大于 50 kDa,自身不含核酸,于室温下稳定。

每个实验组的实际偏振值=实验组偏振值-空白对照组(蛋白浓度为 0)偏振值。再用实验组实际偏振值进行数据拟合。

② 打开 GraphPad Prism 8 软件,选择左侧"New table & graph"下方的"XY",再选择右侧"Options"下方的"Y",在第二行"Enter"前单击打钩,并在"Enter"后输入数字 3,表示有 3 组平行数据,再选择"Create"。如图 2.72 所示。

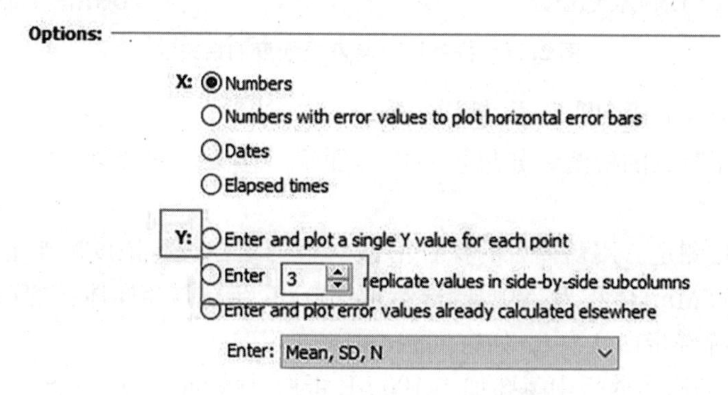

图 2.72 Options 项下操作示意图

③ 填入实验数据,一列 X 值(蛋白浓度)对应 3 组 Y 值(实际偏振值)。在数据页面选择数据上方的"Analyze",接着展开"XY analyses"并选择"Nonlinear regression (curve fit)",在右上方"Analyze which data sets?"下方选中要分析的数据后,单击右下方的"OK"。如图 2.73 所示。

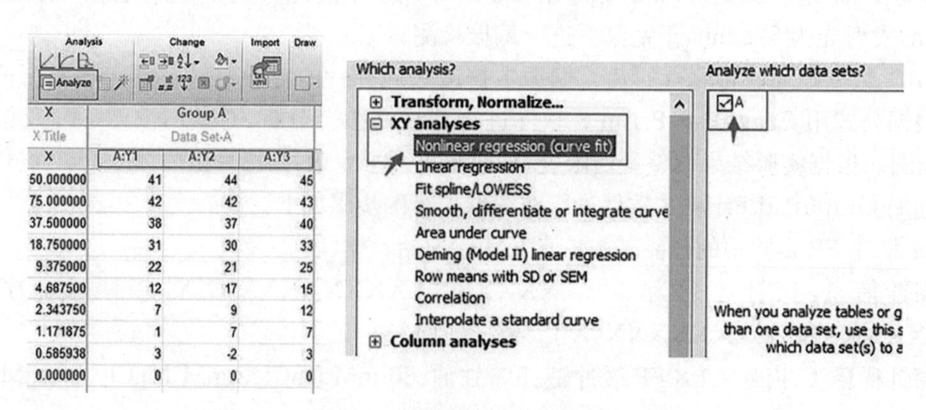

图 2.73 数据页面操作示意图

④ 在“Model”中选择并展开“Binding-Saturation”，选择“One site-Specfic binding”，再点击“OK”。生成的“Table of results”中列出了数据拟合的具体信息，R squared 可以反映数据拟合的质量，越接近于 1 表示越好。如图 2.74 所示。

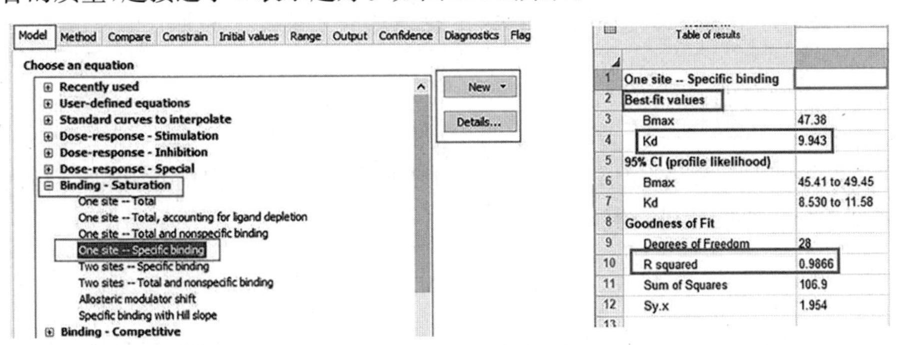

图 2.74　Model 项下操作示意图

关键步骤

选中“One site-Specfic binding”后可以通过右方的“Details...”查看拟合方程。方程选择的依据是具体的实验本身。当多个结合位点及非特异性结合不能忽略时，则不能使用该方程。在一些文章中，蛋白-核酸亲和的荧光偏振实验所用方程为 $B=\{(L_T+K_d+R_T)-[(L_T+K_d+R_T)^2-4\times L_T\times R_T]^{1/2}\}/2$。

(11) 普遍使用的荧光偏振拟合方程：

$$B=\{(L_T+K_d+R_T)-[(L_T+K_d+R_T)^2-4\times L_T\times R_T]^{1/2}\}/2$$

式中，L_T指总配体浓度，R_T指总受体浓度，K_d 指结合常数。在实验中，配体或受体浓度可以一个保持恒定，而改变另一个。

另外，中文文献中常使用的荧光偏振拟合方程为 $Y=FP_{min}+FP_{max}\times X/(X+K_d)$。

这里我们使用后一个方程进行数据拟合，拟合曲线如图 2.75 所示，得 $K_d=9.943\ \mu M$，$R^2=0.9866$。

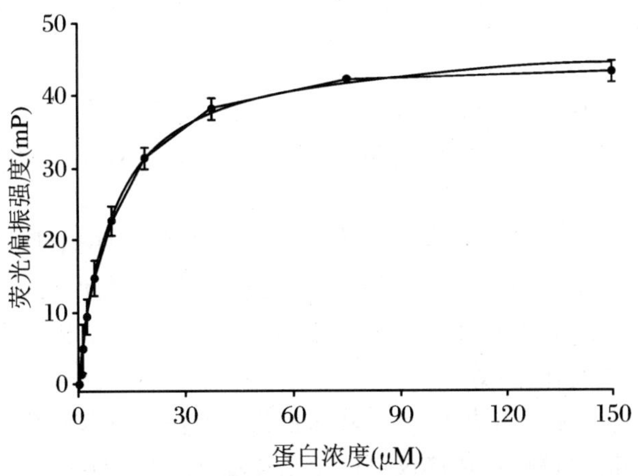

图 2.75　蛋白浓度与荧光偏振强度的关系图

关键步骤

① 荧光长时间曝光会发生荧光信号减弱的现象,在实验过程中应避免过度曝光。

② 单链 DNA 互补配对要缓慢退火,不能加热后直接放在冰上。

2.4.6.4 针对性建议

因 FP 实验较为灵敏,故建议在每次加样品之前检测 96 孔细胞培养板的背景偏振值,选择各孔之间差异较小的孔进行实验。

参 考 文 献

[1] Jin T, et al. Structures of the HIN Domain: DNA Complexes Reveal Ligand Binding and Activation Mechanisms of the AIM2 Inflammasome and IFI16 Receptor[J]. Immunity,2012(36):71-561.

2.4.7 等温滴定微量热

2.4.7.1 实验简介

等温滴定微量热(Isothermal Titration Calorimetry,ITC)是一种研究生物热力学与生物动力学的重要方法,它通过高灵敏度、高自动化的微量量热仪连续、准确地监测和记录一个反应过程的量热曲线,原位、在线和无损伤地同时提供热力学和动力学信息。通俗地讲就是将一种反应物滴到另一种反应物中,如果两者之间有相互作用,就会产热或吸热,热量的变化被检测到后,仪器会保持反应体系的温度与对照组的相同,从而测得该过程中热量的变化(注意是保持温度不变测量热量变化,而不是直接测量温度变化),热量的变化与时间、浓度整合在一起,产生一个反映 kcal/mol、ligand/sample 摩尔比等的滴定曲线。

微量热法操作简单,整个实验由计算机控制,使用者只需输入实验参数,如温度、注射次数、注射量等,计算机就可以完成整个实验,再由 Origin 软件分析 ITC 得到的数据。

1. ITC 的用途

获得生物分子相互作用的完整热力学参数,包括结合常数、结合位点数、摩尔结合焓、摩尔结合熵、摩尔恒压热容和动力学参数(如酶活力、酶促反应米氏常数和酶转换数)。

2. ITC 的应用范围

蛋白质-蛋白质相互作用(包括抗原-抗体相互作用和分子伴侣-底物相互作用);蛋白质折叠/去折叠;蛋白质-小分子相互作用;酶-抑制剂相互作用;酶促反应动力学;药物-DNA/RNA 相互作用;RNA 折叠;蛋白质-核酸相互作用;核酸-小分子相互作用;核酸-核酸相互作用;生物分子-细胞相互作用;等等。

横坐标为时间,纵坐标为热功率,每个峰面积为每次注射引起的热量总变化。如图 2.76 所示,通过滴定操作和热量测量,量热仪可以给出热量-摩尔比曲线:图像中曲线的突跃中点对应的化学计量比就是两种蛋白质相互作用的化学计量数 N,突跃中点处曲线的斜率就是两种蛋白质相互作用的结合常数 K_d。

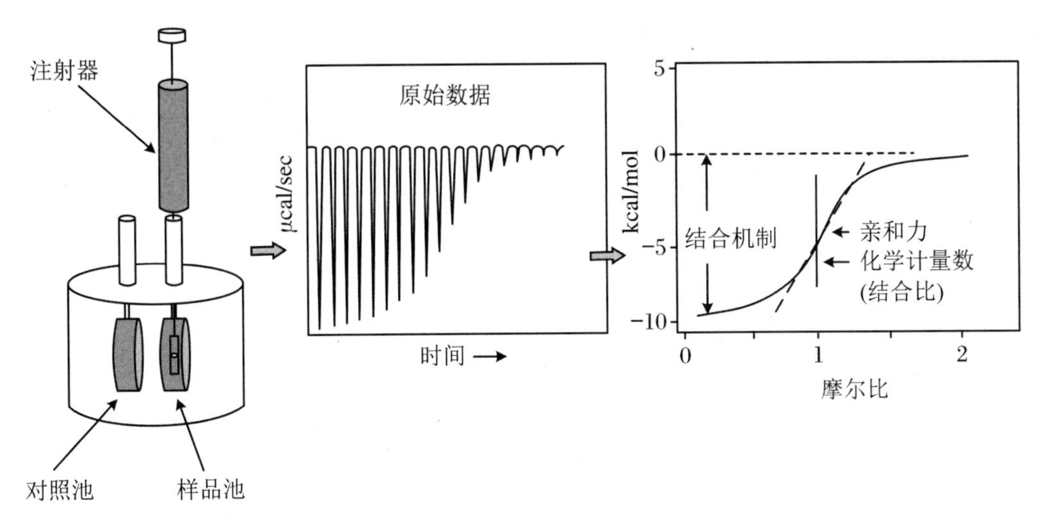

图 2.76　ITC 实验的基本原理图

2.4.7.2　实验材料

1．试剂

样品、缓冲液。

2．器械

1 mL 注射器若干、PCR 管若干、1.5 mL EP 管若干。

2.4.7.3　实验步骤

1．样品准备

(1) 保证滴定物与被滴定物间的缓冲液保持完全一致。(pH、盐浓度、DMSO 浓度)

在同一缓冲液中透析或者置换大分子和配体。

若配体(如小分子或者多肽)太小无法透析，则用蛋白透析液配制。

(2) 准确测量浓度。

用 A_{280} 准确测量蛋白浓度，尽量准确地称取配体。

(3) 适用于广泛的缓冲体系。

如需使用还原剂，最好使用 β-巯基乙醇，不能使用 DTT。

(4) 在样品准备完毕之后，要仔细测量 pH，如果两者差值大于 0.05，则其中的一个要重新用 HCl 或 NaOH 滴定到两者相差小于 0.05。同时，任何一种溶液都不能有沉淀，因此要离心。

(5) 两种溶液的最终溶度一定要精准，最好在样品完全准备好之后再次确定浓度(样品浓度对测得的参数影响很大)。

关键步骤

① 基于 ITC 的原理，两种反应溶液完全相同就显得尤为重要。

② 还原剂的存在可能会引起基线的漂移，如果蛋白易沉淀，可加巯基乙醇。

2．清洗机器

（1）样品池：0.2 g/mL SDS、ddH_2O、缓冲液。

（2）上样针：ddH_2O、缓冲液。

3．实验参数设定

实验参数设定如图 2.77 所示。

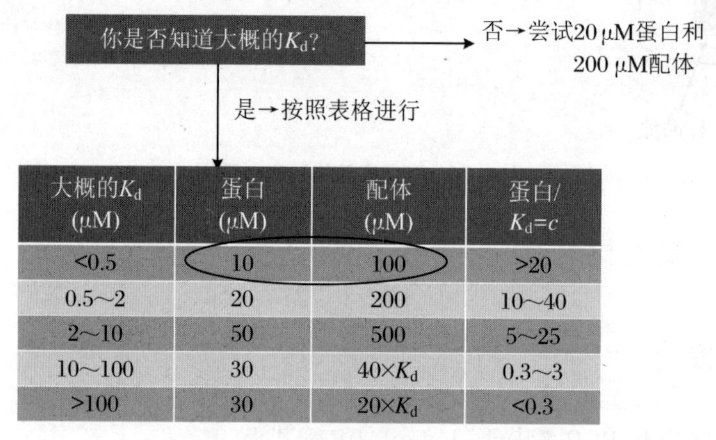

大概的K_d (μM)	蛋白 (μM)	配体 (μM)	蛋白/K_d=c
<0.5	10	100	>20
0.5～2	20	200	10～40
2～10	50	500	5～25
10～100	30	40×K_d	0.3～3
>100	30	20×K_d	<0.3

图 2.77　实验参数设定示意图

4．滴定

（1）加样体积。

样品池：300 μL。

上样针：100 μL。

测量 K_d 范围：10^2～10^{12} M^{-1}。

（2）滴定实验前恒温 30～60 min。

等温滴定量热实验所需时间一般为 1.5～4 h。

① 实验温度一般设置为室温，如果蛋白质在室温下不稳定则可设置为低温。

② 一般第一次滴定 0.4 μL，之后再次滴定 2 μL，共 19 次，每次相隔 120 s，第一次滴定的数据在处理时通常丢弃。

③ 对每个峰的面积进行积分，并以配体与蛋白质的摩尔比作为横坐标进行绘图。由此得出的等温线可用于拟合亲和力 K_d。结合等温线中心的摩尔比即为反应化学计量。

5．数据处理

（1）读取数据。打开 MicroCal LLC ITC200 软件，点击“Read data”，找到自己的 ITC 数据后双击。如图 2.78 所示。

（2）检查浓度输入正确数据。点击左侧“Data Control”中的“Concentration”，确认数据是否正确。如图 2.79 所示。

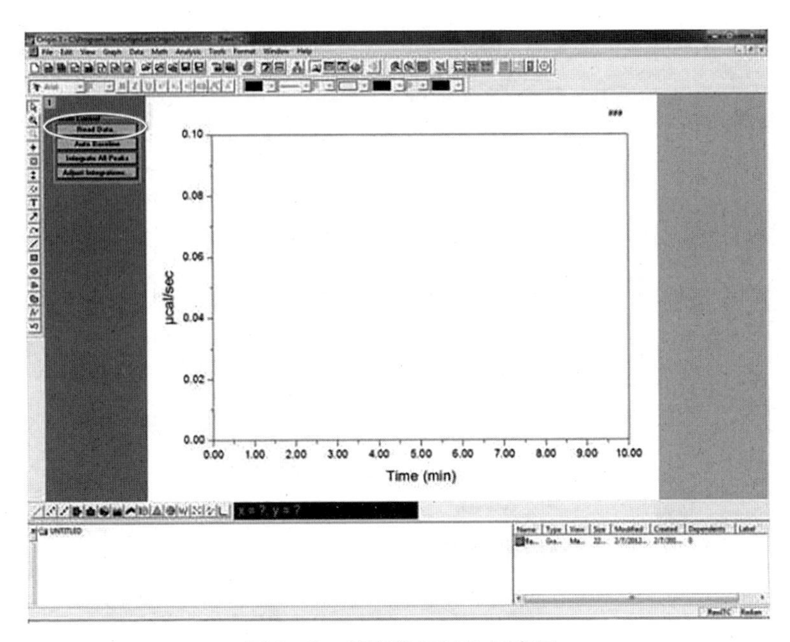

图 2.78　读取数据操作示意图

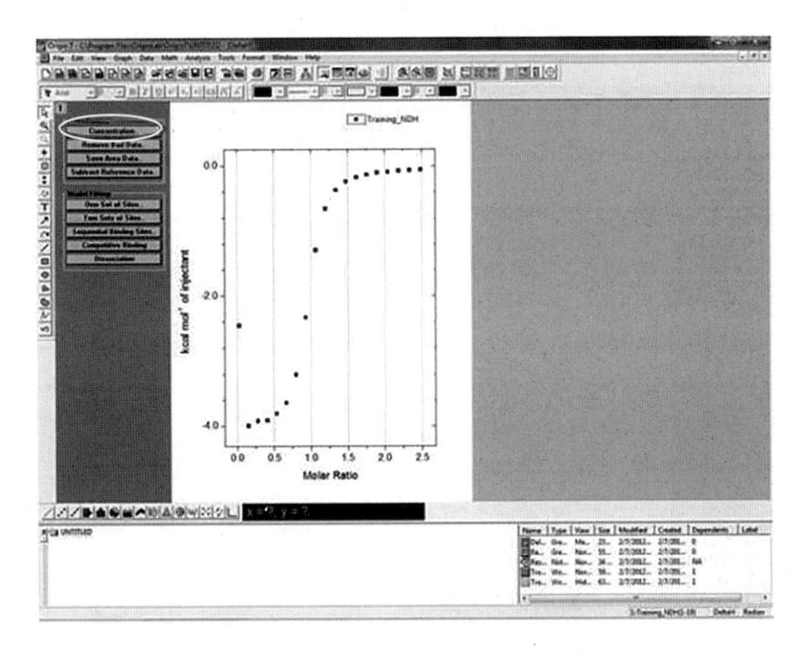

图 2.79　检查浓度输入正确数据示意图

(3) 调整 y 坐标。点击上侧“Math”栏中的“Y Translate”，双击图中的最后一个点，将其平移到 y 坐标 0 附近。如图 2.80 所示。

(4) 移除不好的数据。点击左侧“Data Control”中的“Remove Bad Data”，双击图中需

要删除的点。如图 2.81 所示。

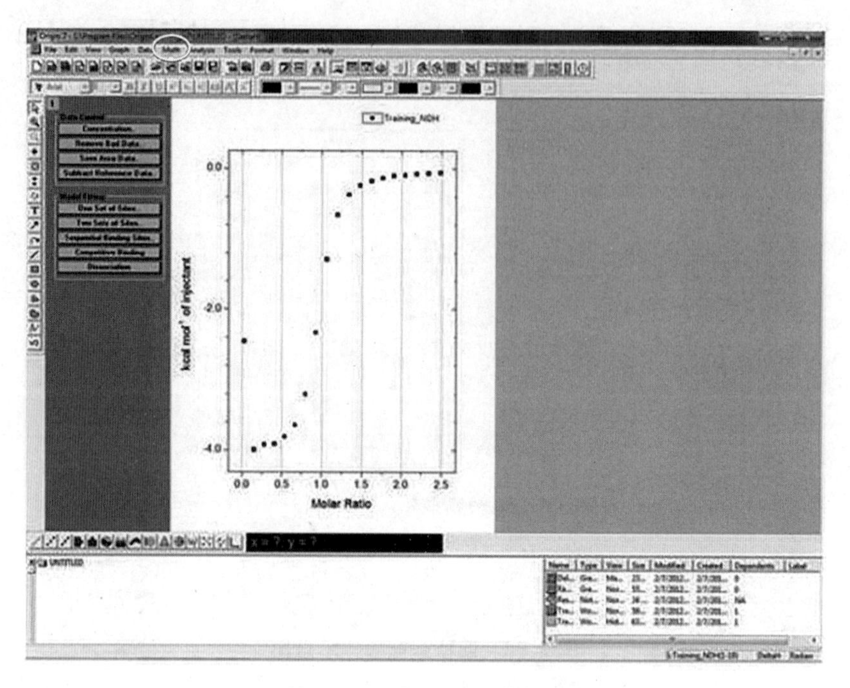

图 2.80　调整 y 坐标示意图

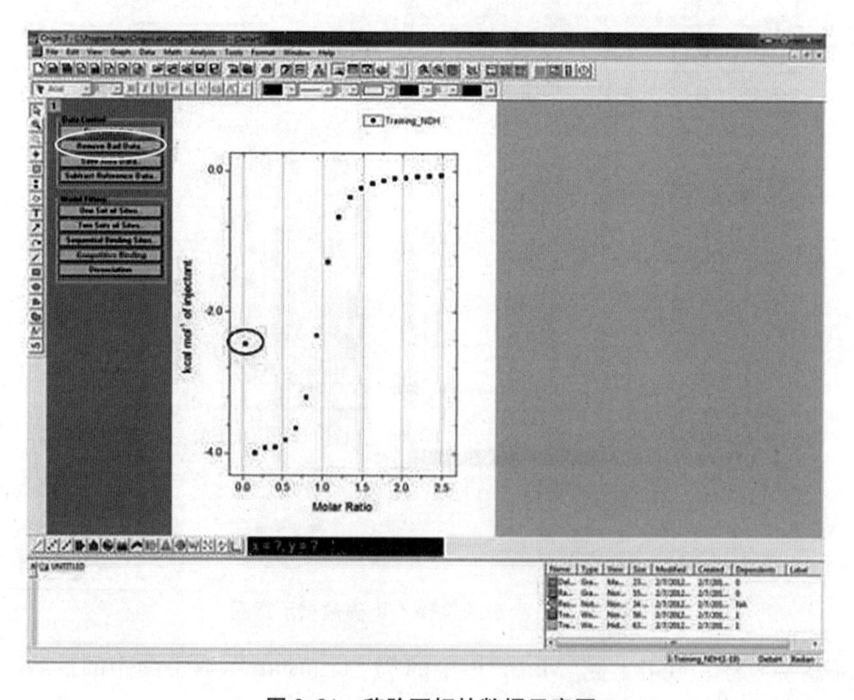

图 2.81　移除不好的数据示意图

(5) 拟合数据。点击“Model Fitting”中的“One Set of Sites”,点击“100 lter”2 次,点击“1 lter”多次至 Reduced Chi-sqr 数字基本不变,点击“Done”。

(6) 作图。将出现的数据图拷贝到上侧 ITC 栏中的 Final Figure 页面。如图 2.82 所示。

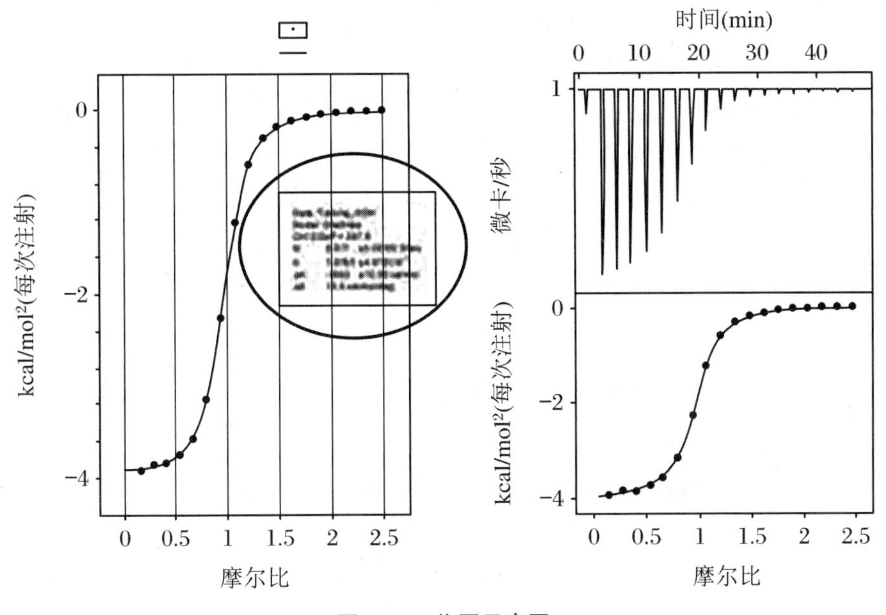

图 2.82　作图示意图

(7) 保存图。点击上侧“File”栏中的“Export Page”,选择需要的图片类型,并将其保存到合适的文件夹内。

2.4.7.4　针对性建议

(1) 如果对照组每次滴定引起的热量变化都很小且大小平均,在处理数据时可从样品组中直接减去。

(2) 如果对照组的热量变化也比较大,可能是由于两种缓冲液不匹配。如果两种缓冲液确实是匹配的,则可能是由于配基在上样针中发生了聚合。

(3) 原始的数据是横坐标为时间、纵坐标为热量变化的图,处理后为横坐标为摩尔比,纵坐标为 kcal/mol。

参　考　文　献

[1] Wiseman T, Williston S, Brandts J F, et al. Rapid Measurement of Binding Constants and Heats of Binding Using A New Titration Calorimeter[J]. Analytical Biochemistry, 1989(179): 131-137.

2.4.8 表面等离子共振

2.4.8.1 实验简介

表面等离子共振(Surface Plasmon Resonance,SPR)是一种光学现象,可被用来实时跟踪在天然状态下生物分子间的相互作用。这种方法对生物分子无任何损伤,且不需任何标记物。原理如下:当光在棱镜与金属膜表面上发生全反射现象时,会形成消逝波进入光疏介质中,而在介质(假设为金属介质)中又存在一定的等离子波,当两波相遇时可能会发生共振。当消逝波与表面的等离子波发生共振时,检测到的反射光强度会大幅度减弱,能量从光子转移到表面等离子,入射光的大部分能量被表面等离子波吸收,使反射光的能量急剧减少,这就是 SPR 的光学原理。如图 2.83 所示。

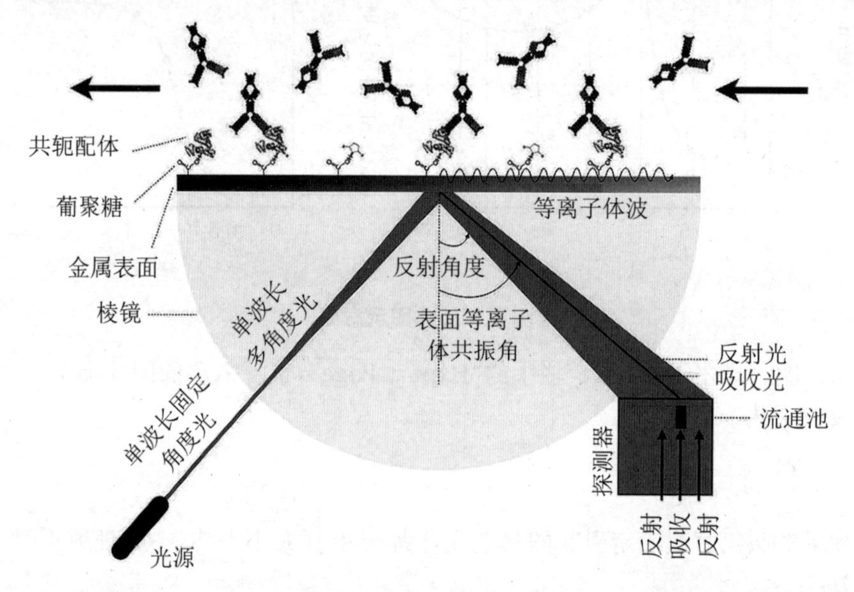

图 2.83 SPR 的光学原理

表面等离子共振广泛应用于研究结合特异性、抗体选择、抗体质控、疾病机制、药物发明、生物治疗、生物处理、生物标记物、配体垂钓、基因调控、细胞信号传导、亲和层析、结构-功能关系、小分子间相互作用等。

在实际应用中,先将一种生物分子(靶分子)键合在生物传感器表面,再将含有另一种能与靶分子产生相互作用的生物分子(分析物)的溶液注入并流经生物传感器表面。生物分子间的结合引起生物传感器表面质量增加,导致折射指数按同样的比例增强,这样生物分子间反应的变化即可被观察到。这种反应可用反应单位(RU)来衡量:1 RU = 1 pg 蛋白/mm^2 = 1×10^{-6} RIU(折射指数单位)。

分析物在被注入的过程中,由对流和扩散流经过相互作用的表面而与靶分子形成复合物,导致分析物浓度改变。微射流系统内纳升(nL)数量级流动通道的应用,使这种浓度的改变降至最低点，以确保高传质系数(Mass Transport Coefficient)。为保证分析物的传质性不被限制，键合在生物传感器表面的靶分子浓度必须较低。当分析物被注入时，分析物-靶分子复合物在生物传感器表面形成，导致反应增强。而当分析物被注入完毕后，分析物-靶分子复合物解离，导致反应减弱。通过结合式相互作用模型拟合这种反应曲线，动力学常数便可确定。而非特异性结合和总折射指数移相等效应则可通过参照曲线减除功能予以驱除。

在操作过程中，对于任何一对亲和分子，一个(靶分子)被固定在生物传感器(芯片)表面，另一个(分析物)被置于溶液中。当含有分析物的溶液流经靶分子固定的生物传感器表面时，亲和性复合物形成。

如果要得到亲和力数据，没有标签的蛋白一般用CM5芯片，带生物素(Biotin)的用SA，NTA一般用于定性分析。一张芯片有4个通道，可以偶联2个不同的样品。

2.4.8.2　实验材料

1．试剂

(1) 若使用氨基偶联的方法，靶分子不能置于含有Tris的缓冲液中，可以使用HEPES缓冲液。分析物可以使用Tris缓冲液。

(2) 用0.22 μm滤膜过滤的新鲜的HEPES缓冲液及Tris缓冲液。

(3) 靶分子需要1 mg/mL或以上，定量分析需要几十微升。

(4) 分析物需要1 mg/mL或以上，定量分析需要几百微升。

2．器械

几个EP管。

2.4.8.3　实验步骤

(1) 以氨基偶联为例，偶联于芯片上的蛋白通过氨基随机偶联，故蛋白不能处于Tris环境中，在制备蛋白样本时，应将缓冲液置换成无Tris的溶液，如HEPES缓冲液。

(2) 在进行实验的当天，用0.22 μm滤膜抽滤两种蛋白所在的缓冲液，即Tris缓冲液与HEPES缓冲液，各400 mL。

(3) 先将芯片取出放入机器，再使用非Tris的缓冲液填充2遍(置换系统中的缓冲液)。

(4) 每张芯片存在4个通道，一次使用2个通道，一个为空白对照通道，另一个为偶联蛋白实验通道。要确定哪个通道为空白对照通道，哪个为偶联蛋白实验通道。

(5) 上样偶联时确定最大不超过150个RU，通过蛋白质PI、MW、浓度等确定上样量为多少微升。

(6) 偶联后使用Tris缓冲液封闭多余位点。

(7) 再将系统中的缓冲液置换为Tris缓冲液，填充2遍。

(8) 确定流动相上样量，并进行实验。

(9) 实验结果分析如图2.84所示。

如图2.84所示，PD-L1抗原固定于芯片上，鲨鱼纳米抗体aL1-sh10-Fc为流动相，经过软件拟合,最终得到 K_d为 144 nM。

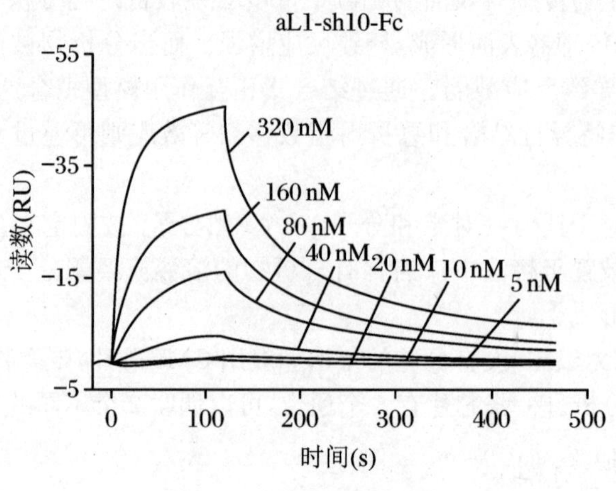

图 2.84 实验结果示意图

2.4.8.4 针对性建议

使用 CM5 芯片是利用氨基偶联的方式,所以一定要将蛋白缓冲液置换成无 Tris 缓冲液。

参考文献

[1] Homola J, Yee S S, Gauglitz G. Surface Plasmon Resonance Sensors[J]. Sensors and Actuators B: Chemical,1999(54):3-15.

[2] Schasfoort R, Tudos A J. Handbook of Surface Plasmon Resonance[J]. RSC Pub,2008(3):21.

[3] Petryayeva E, Krull U J. Localized Surface Plasmon Resonance: Nanostructures, Bioassays and Biosensing: A Review[J]. Analytica Chimica Acta,2011(706):8-24.

2.4.9 蛋白质交联

2.4.9.1 实验简介

蛋白质交联(Crosslink)是一种很常用的检测蛋白相互作用的技术,用来检测蛋白质在溶液中的互作。它有很多不同种类的交联剂(Crosslinker),实验室常用的交联剂是 DSS,其结构如图 2.85 所示。DSS 是一个水溶的同双功能 N-羟基琥珀酰亚胺酯(Homobifunctional N-hydroxysuccinimide Ester,NHS-ester)。

当两个蛋白有相互作用时,其距离会很近,NHS-ester 可以与蛋白的伯胺(如赖氨酸的残基末端)反应,从而在两个蛋白之间形成共价键后,两个蛋白在 SDS 环境下是不会分开的,因此我们可以通过梯度变性胶来检测复合物存在与否。

那么 DSS 的空间长度(11.4 Å)是否能满足共价键的形成呢?下面是有机体中主要的几

个共价键长度，见表 2.58。

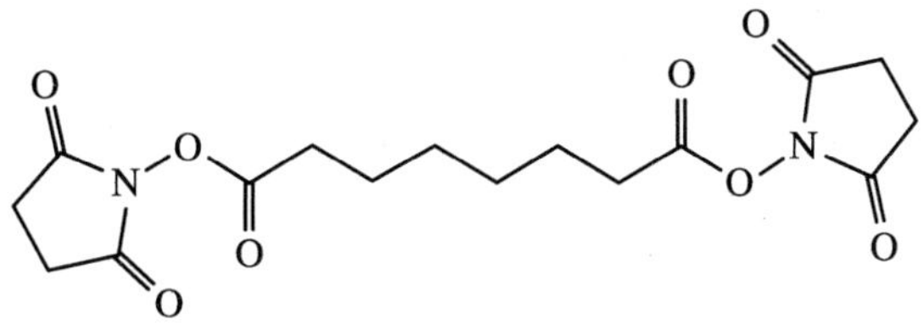

DSS
辛二酸二琥珀酰亚胺酯(Disuccinimidyl Suberate)
MW 368.34
空间长度(Spacer Arm) 11.4 Å

图 2.85　DSS 结构

表 2.58　有机体中主要的几个共价键长度

C-H	长度(pm)	C-C	长度(pm)	多重键	长度(pm)
sp^3-H	110	sp^3-sp^3	154	丙氧基苯	140
sp^2-H	109	sp^3-sp^2	150	烯烃	134
sp-H	108	sp^2-sp^2	147	烯烃	120
		sp^3-sp	146	丙二烯	130
		sp^2-sp	143		
		sp-sp	137		

DSS 与蛋白形成共价键是以 C-H 形式形成的，因此其空间长度 11.4 Å 足以作为桥梁。但需要注意的是 DSS 通过伯胺与蛋白质形成共价键，因此不能使用像 Tris 等含有胺的溶液，需要把蛋白透析到含有 HEPES 的缓冲液中。

交联剂不仅可以在溶液中检测两个蛋白的相互作用，也可以检测在细胞内甚至体内某几个蛋白的相互作用。在此我们主要介绍溶液中两个纯化好的蛋白之间的交联方法。

2.4.9.2　实验材料

1. 试剂

DMSO 交联缓冲液：pH 7.0～9.0 的无胺缓冲液。

终止液：1 M Tris-HCl(pH 7.5)(或 1 M 甘氨酸、1 M 赖氨酸溶液)。

2. 实验前准备

将蛋白质所处的溶液换成交联缓冲液。

3. 器械

蛋白质电泳仪、Scan-drop、照胶仪、金属浴。

2.4.9.3　实验步骤

(1) 摇菌(预计消耗时间为 2～4 h)。

(2) 取 2 mg DSS 用 DMSO 或 DMF 溶解到需要的浓度，具体见表 2.59。

表 2.59　2 mg DSS 用 DMSO 或 DMF 溶解到需要的浓度表

溶剂体积添加到 2 mg DSS（μL）	缓冲液体积添加到 2 mg BS^3（μL）	交联剂浓度（mM）
432	277	12.5
216	140	25
108	70	50
54	35	100

（3）准备样品。需要先测量样品的浓度，根据其分子量和需要的体积来计算摩尔。如果浓度大于 5 mg/mL，那么需要 10 倍摩尔的 DSS；如果浓度小于 5 mg/mL，那么需要 20～50 倍摩尔的 DSS。DSS 的终浓度需要控制在 0.25～5 mM。

（4）混匀后于室温下放置 0.5 h，或者在冰上放置 2 h。

（5）加入终止液，使终止液的终浓度在 20～50 mM。直接加入 SDS 上样缓冲液即可，因为其中已经含有 Tris。

（6）将其于室温下放置 15 min，在 100 ℃的金属浴中加热 10 min，跑梯度胶。

关键步骤

溶液中的蛋白质要很纯，不然跑胶后的条带会很乱。

现以 SARS-CoV-2 N 蛋白和 CARD9 蛋白 CARD 结构域为例，按照上述步骤进行实验（5 和 6 为阴性对照组）（图 2.86）。

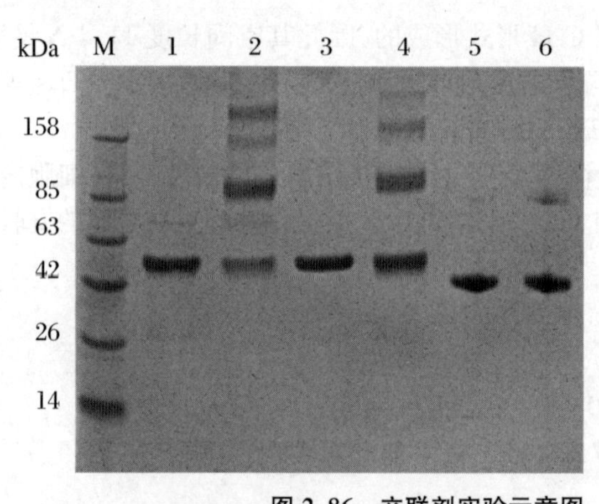

图 2.86　交联剂实验示意图

由图 2.86 可知，交联剂实验必须选好阴性对照，本例中阴性对照也有部分聚合，实验组聚合更加明显。所以交联剂更适合用于粗略的定性，作为辅助性结果，想要确证蛋白是否聚合，还需要其他更有说服力的实验作为支撑。

2.4.9.4　针对性建议

（1）带标签的蛋白，如 MBP 融合蛋白，需要用 MBP 来做阴性对照。

(2) 即使不带任何标签,也需要设置阴性对照和阳性对照。阴性对照可以使用 MBP 这种已知单体的蛋白,阳性对照可以选择已经证明有相互作用的蛋白,从而保证实验系统本身的可行性。

参 考 文 献

[1] Pertl-Obermeyer H, Obermeyer G. In Vivo Cross-linking to Analyze Transient Protein-protein Interactions[J]. Methods Molecular Biology,2020(2139):273-287.

[2] Radhakrishnan S, Celis E, Pease L R. B7-DC Cross-linking Restores Antigen Uptake and Augments Antigen-presenting Cell Function by Matured Dendritic Cells[J]. Proc. Natl. Acad. Sci. U S A, 2005,102(32):43-11438.

[3] Adam D, Kessler U, Kronke M. Cross-linking of the p55 Tumor Necrosis Factor Receptor Cytoplasmic Domain by A Dimeric Ligand Induces Nuclear Factor-kappa B and Mediates Cell Death[J]. Journal of Biological Chemistry,1995,270(29):7-17482.

2.4.10 非变性聚丙烯酰胺凝胶

2.4.10.1 实验简介

非变性聚丙烯酰胺凝胶(Native-PAGE)是指依据蛋白质所带电荷、分子量及形状的差异分离折叠的蛋白、蛋白-蛋白或蛋白-配体复合物,其原理如图 2.87 所示。主要用于检测蛋白间及蛋白与配体间的相互作用以及蛋白同种型或构象异构体。

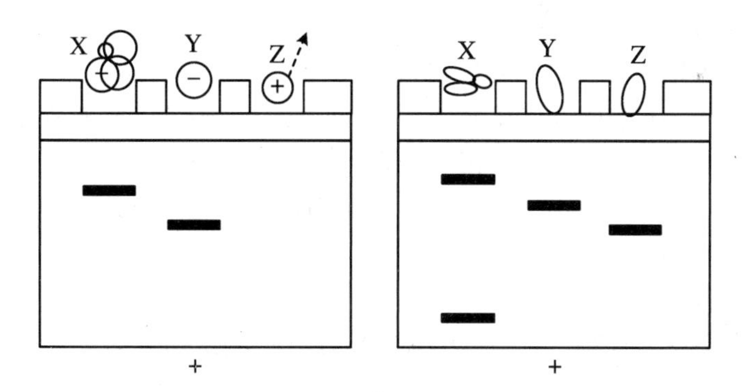

图 2.87 Native-PAGE 与 SDS-PAGE 电泳与蛋白所带电荷的关系

Native-PAGE 和变性 SDS-PAGE 电泳在操作上基本相同,只是 Native-PAGE 要求蛋白处在非还原、非变性环境中以维持蛋白的二级结构及天然的电荷密度。所以蛋白样品、凝胶及电泳缓冲液中均不能含有变性剂,如 SDS 等。进行非变性凝胶电泳前要依据蛋白等电点(PI)来分清靶蛋白是碱性蛋白还是酸性蛋白。分离酸性蛋白应用高 pH 凝胶系统,分离碱性蛋白应用低 pH 凝胶系统。酸性蛋白或微碱性蛋白采用 pH 为 8.3 的缓冲系统,蛋白带负电荷,向阳极移动;而碱性蛋白应在微酸性环境中电泳,蛋白带正电荷,需将阴极和阳极倒置。

2.4.10.2 实验材料

1. 试剂

分离酸性和碱性蛋白所需试剂见表2.60。

表2.60 分离酸性和碱性蛋白所需试剂表

分离酸性蛋白	分离碱性蛋白
0.3 g/mL 丙烯酰胺	0.3 g/mL 丙烯酰胺
A液:0.5 M Tris-HCl(pH 6.8)	A液:0.25 M Acetate-KOH(pH 6.8)
B液:1.5 M Tris-HCl(pH 8.8)或5×TBE	B液:1.5 M Acetate-KOH(pH 4.3)
0.1 g/mL APS	0.1 g/mL APS
ddH_2O	ddH_2O
TEMED	TEMED
溴酚蓝上样缓冲液(2×)	甲基绿上样缓冲液(5×)
电泳缓冲液:0.5×TBE或Tris-Gly(pH 8.3)	电泳缓冲液:β-丙氨酸-Ac(pH 4.5)

2. 器械

制胶架、电泳仪、电泳槽、离心机。

2.4.10.3 实验步骤

1. 分离酸性蛋白

(1) 配制工作液。

① 0.3 g/mL 丙烯酰胺、0.1 g/mL APS。

② A液[0.5 M Tris-HCl(pH 6.8)]:6 g Tris base(Tris碱)溶于80 mL水,浓HCl调pH为6.8,加水定容至100 mL,于室温下储存。

③ B液[1.5 M Tris-HCl(pH 8.8)]:18.2 g Tris base溶于80 mL水,浓HCl调pH为8.8,加水定容至100 mL,于室温下储存。

④ 10×电泳缓冲液。

⑤ Tris-Gly(pH 8.3):30.3 g Tris base、144.1 g甘氨酸,加水定容至1 L,不用调pH,于室温下储存。

⑥ 5×TBE:27 g Tris base、13.75 g硼酸、10 mL 0.5 M EDTA(pH 8.0),定容至500 mL,于室温下储存。

⑦ 溴酚蓝上样缓冲液(2×):125 μL 0.5 M Tris-HCl(pH 6.8)、360 μL甘油、0.5 mg溴酚蓝,加dH_2O至1 mL;或62.5 mM Tris-HCl(pH 6.8)、25%~36%甘油、0.01 g/mL溴酚蓝,于−20 ℃下储存。

(2) 凝胶制备。

① 气密性检测:装配凝胶架,并用自来水检测凝胶槽气密性,以无漏液为佳。倒掉胶板之间的水并用滤纸吸干备用。

② 配胶：1 mm 规格的制胶板可容纳 6 mL 凝胶/块，故配方以制备一块凝胶的量为例。单层非变性胶(仅分离胶)配方(12%)见表 2.61，双层非变性胶配方(12%)见表 2.62。

表 2.61　单层非变性胶(仅分离胶)配方(12%)

成分	总体积 10 mL	总体积 6 mL
0.3 g/mL 丙烯酰胺	4 mL	2.4 mL
5×TBE/B 液	2 mL/2.5 mL	1.2 mL/1.5 mL
0.1 g/mL APS	60 μL	36 μL
TEMED	15 μL	8 μL
ddH_2O	至 10 mL	至 6 mL

表 2.62　双层非变性胶配方(12%)

12%分离胶成分	总体积 10 mL	5%浓缩胶成分	总体积 4 mL
0.3 g/mL 丙烯酰胺	4 mL	0.3 g/mL 丙烯酰胺	670 μL
1.5 M Tris-HCl(pH 8.0)	2.5 mL	0.5 M Tris-HCl(pH 6.8)	1 mL
0.1 g/mL APS	50 μL	0.1 g/mL APS	30 μL
ddH_2O	3.445 mL	ddH_2O	3.3 mL
TEMED	5 μL	TEMED	5 μL

浓度与体积的换算公式见表 2.63。

表 2.63　浓度与体积的换算公式

x%分离胶	总体积 10 mL
0.3 g/mL 丙烯酰胺	$x/3$ mL (终浓度 1%)
1.5 M Tris-HCl(pH 8.8)	2.5 mL
0.1 g/mL APS	50 μL
ddH_2O	$(7.5-x/3)$ mL
TEMED	5 μL(若 $x<8\%$，取 10 μL)
最后加入 TEMED	

③ 灌胶：0.1 g/mL APS 和 TEMED 在灌胶前加入，轻轻摇匀并立即使用。用 1 mL 移液器或吸管吸取胶液并从注胶板内侧的一角将其灌注到注胶板之间。制备单层胶时，注满后立即加梳子。而制备双层胶时，先加注分离胶，液面距离胶板顶部 0.8～1 cm，用 1 mL ddH_2O 或异丙醇封闭，静置约 30 min，待胶凝固后倒掉并吸干胶面水或异丙醇，配制浓缩胶灌满胶板，加梳子静置 30～60 min 至胶体凝固。

④ 保存：将凝胶和玻璃板一起置于 7%乙酸溶液中密封储存 2～3 个月。

(3) 样品制备。

取蛋白样加入等体积的上样缓冲液(2×)混匀，不要加热，10000 g 离心 5 min，取上清上样(载样过多会使电泳条带变形)。

(4) 电泳。

预电泳(加样前电泳):0.5×TBE 电泳缓冲液或三甘氨酸缓冲液(pH 8.3),冰浴电泳30～60 min。再上样电泳约3 h,电泳电压为100～200 V。电压结束后回收电泳缓冲液重复使用。

关键步骤

电泳缓冲液的 pH 应约为 8.3。不调 pH,如果 pH 不在此范围内,要弃去重新配制。

(5) 脱染色。

按照常规 SDS-PAGE 胶方法进行染色脱色。

2. 分离碱性蛋白

(1) 配制工作液。

① A液:0.25 M 醋酸盐-KOH(pH 6.8)、48 mL 1 M KOH、2.9 mL HAc,加 ddH_2O 至200 mL,于室温下储存。

② B液:1.5 M 醋酸盐-KOH(pH 4.3)、48 mL 1 M KOH、17.2 mL HAc,加 ddH_2O 至200 mL,于室温下储存。

③ 甲基绿上样缓冲液(5×):333 μL 0.25 M 醋酸盐-KOH(pH 6.8)、483 μL 甘油、0.5 mg 甲基绿、172 μL dH_2O,至终体积为1 mL,于 −20 ℃下储存。

④ 10×电泳缓冲液:18.7 g β-丙氨酸、4.8 mL HAc,加水至600 mL,调 pH 为4.5[0.35 M β-丙氨酸、0.14 M HAc(pH 4.5)],于室温下储存。

(2) 凝胶制备。

凝胶制备见表2.64。

表2.64 凝胶制备表

12%分离胶成分	总体积 10 mL	5%浓缩胶成分	总体积 4 mL
0.3 g/mL 丙烯酰胺	4 mL	0.3 g/mL 丙烯酰胺	670 μL
1.5 M 醋酸盐-KOH(pH 4.3)	2.5 mL	0.25 M 醋酸盐-KOH(pH 6.8)	1 mL
0.1 g/mL APS	50 μL	0.1 g/mL APS	30 μL
ddH_2O	3.42 mL	ddH_2O	3.3 mL
TEMED	30 μL	TEMED	5 μL

关键步骤

pH 低于 6.0 时,TEMED 的催化效率会降低。需增加5倍的 TEMED 浓度在 pH 4.0～6.0 的凝胶中使之聚合。催化剂的溶度对于凝胶聚合非常重要!厚边现象和胶孔形状不完整往往是由它引起的。

(3) 样品制备。

取蛋白样加入1/4样品体积的甲基绿上样缓冲液(5×)混匀,不加热,10000 g×5 min,取上清上样。

（4）电泳。

预电泳（加样前电泳）：β-丙氨酸-Ac 电泳缓冲液，将正负电极倒置，冰浴电泳 30～60 min。再上样，电泳约 3 h。电泳电压不低于 100 V，不高于 200 V。电压结束后回收电泳缓冲液重复使用。

关键步骤

正负电极倒置不可少，脱染色的实验操作同酸性蛋白的分离。

3 种蛋白的 SDS-PAGE 与 Native-PAGE 电泳如图 2.88 所示。

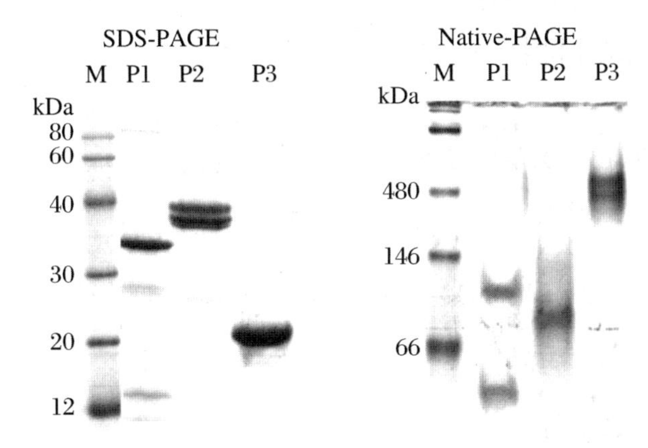

图 2.88　3 种蛋白的 SDS-PAGE 与 Native-PAGE 电泳图

2.4.10.4　针对性建议

（1）由于此过程中选用了几个 pH 环境，要根据蛋白自身的特性选择稳定蛋白的 pH 环境。如果该缓冲体系不适合（如带电性质导致蛋白不发生电泳迁移、蛋白沉淀，缓冲体系与检测系统不兼容），可选用其他缓冲体系。

（2）若蛋白条带出现“微笑”，即胶两端条带向上弯曲，则可能是由于功率条件过大，可降低电压。

（3）若蛋白垂直拖尾，可能是由于样品过量或样品发生了沉淀，可通过稀释并离心样品，减小电压或增加 SDS 比例。

参 考 文 献

[1]　Shi H Y, et al. Systematic Functional Comparative Analysis of Four Single-stranded DNA-binding Proteins and Their Affection on Viral RNA Metabolism[J]. Plos One, 2013(8): 256.

2.4.11 静态光散射

2.4.11.1 实验简介

静态光散射(SLS)是一项测量绝对分子量的技术,如瑞利理论所述,该技术利用一个分子散射的光强度与其分子量和尺寸之间的关系进行测量。简而言之,瑞利理论是指在特定光源条件下,较大分子与较小分子相比会散射更多的光,而散射的光强度与分子的分子量互成比例。通过测量多角度下的散射强度去计算均方根半径,即回旋半径 R_g。

2.4.11.2 实验材料

1. 试剂

超声或高压过的 ddH_2O、超声或高压过的缓冲液、总量大于或等于 1 mg 的样品(根据使用的上样环决定体积大小)。

2. 器械

500 μL 或 1 mL 上样环、1 mL 注射器、事先平衡的 24 mL 分子筛。

2.4.11.3 实验步骤

1. 清洗仪器管路及平衡

(1) 仪器系统中充满的是 20% 乙醇,故先用高压或超声后的无气泡 ddH_2O 以 0.2 mL/min 的流速开始清洗系统,当压力稳定后,可适当调高流速,一共清洗约 25 mL 即可。

(2) 使用缓冲液再次清洗系统,步骤依旧是从低流速开始,压力稳定后适当调高流速,清洗 25 mL。

(3) 连接柱子到纯化仪上,根据柱子的压力及要求确定流速,连接后平衡 2~4 h 即可,观察光散射仪上的基线时波动不要剧烈,LS 曲线在 10^{-4} 以下即可。

2. 上样检测

(1) 根据使用说明将 ASTAR7 软件打开选择好实验,并在该选项中更改流速为柱子限定流速 0.6 mL/min,如图 2.89 所示。

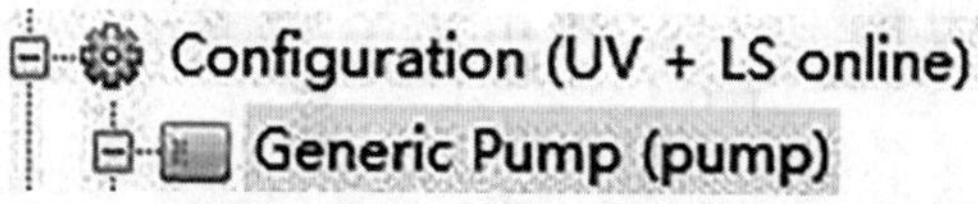

Configuration (UV + LS online)
Generic Pump (pump)

图 2.89 选择实验示意图

(2) 其后在 Procedures 下选择"Basic Collection",根据流速确定 Duration(min)[如 0.6 mL/min 的流速,24 mL 的柱子,则 Duration(min)设置为 40 min,可确定跑完 24 mL 的柱子],如图 2.90 所示。

(3) 完成设置后,在 ASTAR7 界面中点击菜单栏的"run",等待一个窗口弹出,询问是否开始实验,先不点击"确定",此时上样于上样环中,在 AKTA 界面切换 Manual load 为

Inject 后，切换到 ASTAR7 界面在弹窗中点击“确定”，即两边仪器同时开始工作。

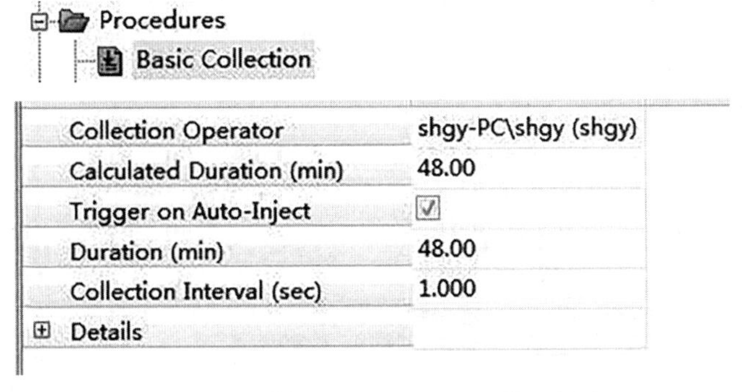

图 2.90　选择“Basic Collection”示意图

(4) 在实验完成后，卸下上样环，恢复仪器原样，按照仪器说明书，需要用高压或超声的 ddH_2O 清洗系统 4 h。

(5) 其后将系统中的溶液置换成 20%乙醇。

3. 数据处理

(1) 在 Procedures 中选择“Baseline”，再选择“LS5”，确定基线(Baseline)以后，选择“set all”，再选择“UV”确定基线。基线为无样品时的基准对照值。两条线分别确定基线后，点击“Apply”。如图 2.91 所示。

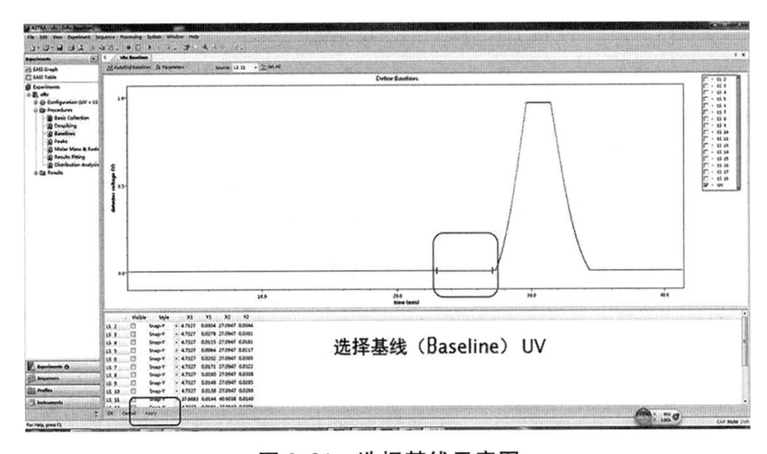

图 2.91　选择基线示意图

(2) 然后选择“Peaks”，确定所计算分子量的数据取哪些，如果样品存在 2 个峰，在第 2 个峰的开始位置点击鼠标左键即创建另外一个峰，选择好后点击“Apply”，同时需要更改蛋白样品的吸光系数，这会直接影响后续软件的计算结果。如图 2.92 所示。

(3) 在 Results fitting 中确定数据选取的质量，Mw 的曲线应该较为平稳，上下浮动不明显。如图 2.93 所示。

(4) 最后于 Results 中选择“Report(summary)”确定 Mw 及误差范围。如图 2.94 所示。

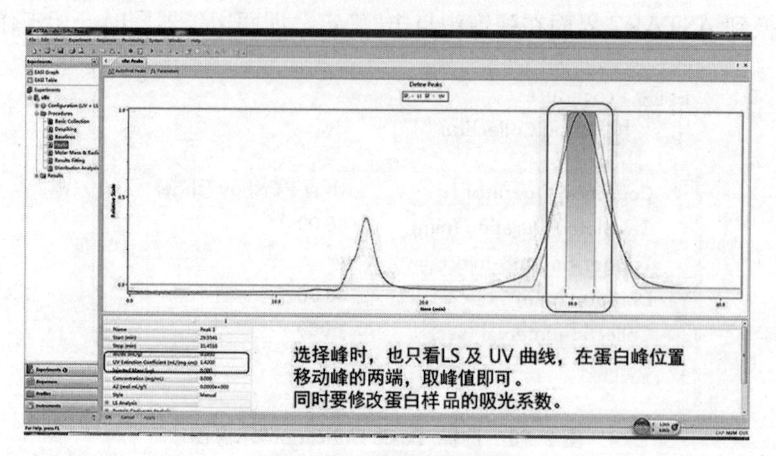

图 2.92　选择峰示意图

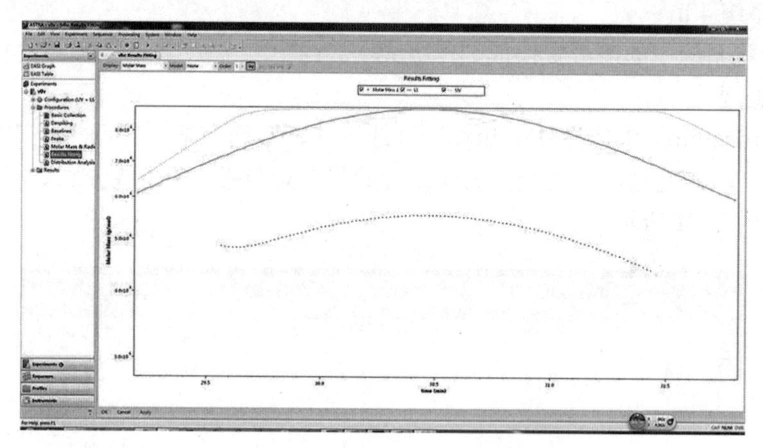

图 2.93　在 Results fitting 中确定数据选取的质量

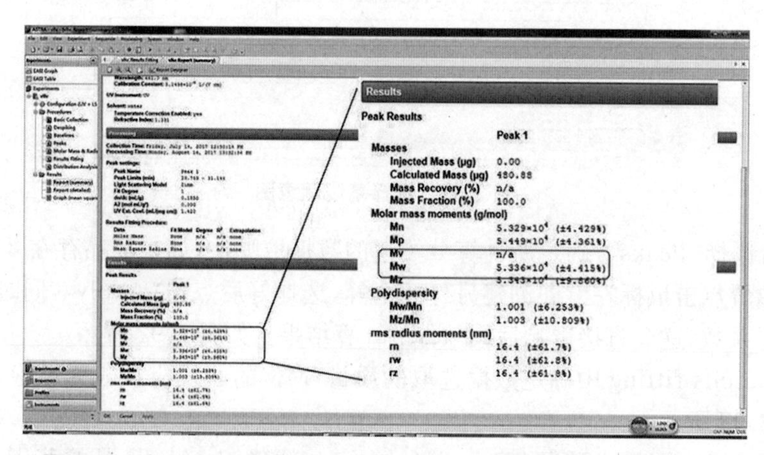

图 2.94　在 Results 中选择“Report(summary)”确定 Mw 及误差范围

(5) 数据导出,在 Peaks 界面图上单击右键,选择"Edit",再选择"Export",点击"确定",导出对应峰的 Mw 数据。而 UV 数据可以通过选择菜单栏中的"File"和"Export"得到,保存类型选择 CSV 导出数据。这两个数据可以通过 Excel 打开,再作图。如图 2.95 所示。

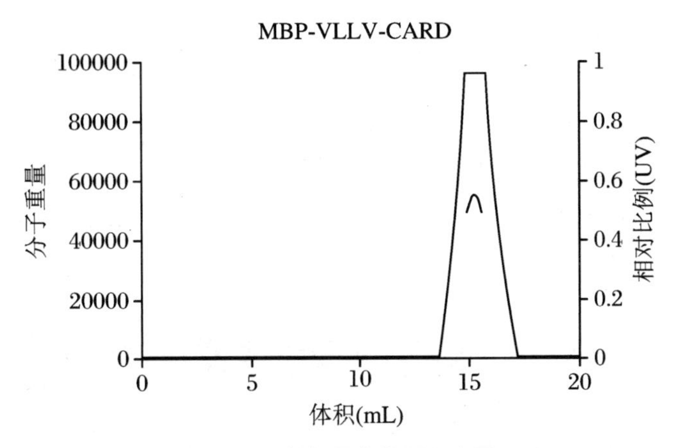

图 2.95　数据导出作图示意图

参 考 文 献

[1] Uversky V N, Longhi S. Dynamic and Static Light Scattering[M]. New York: John Wiley & Sons, Inc.,2010.

[2] Andersen K E, Hansen M B. Static Light Scattering[J]. Methods and Applications of Inversion, 2005(10):1-14.

2.4.12 凝胶阻滞实验

2.4.12.1 实验简介

电泳迁移率变动分析(Electrophoretic Mobility Shift Assay,EMSA),也称凝胶阻滞分析,是用于研究蛋白质和 DNA 或蛋白质和 RNA 相互作用的常用技术。

通常将纯化的蛋白和 DNA 或 RNA 混合孵育后在非变性的聚丙烯凝胶或琼脂糖凝胶上电泳,分离复合物和非结合的核酸分子。蛋白-核酸复合物比非结合的核酸分子移动得慢。核酸可以是双链或单链的。竞争实验中通过含蛋白结合序列的 DNA 或 RNA 片段和寡核苷酸片段(特异)及其他非相关片段(非特异)来确定 DNA 或 RNA 结合蛋白的特异性。当竞争的特异和非特异片段存在时,可依据复合物的特点和强度来确定特异结合。

2.4.12.2 实验材料

1. 试剂

(1) 10×TBE 缓冲液、TBE-PAGE Gel、蛋白和核酸分子。

(2) EMSA/Gel-Shift 结合缓冲液(5×):50 mM Tris-HCl(pH 8.0)、750 mM KCl、2.5 mM EDTA、0.5%TritonX-100、62.5%甘油、1 mM DTT(需新鲜配制)。

2. 器械

PAGE胶或琼脂糖凝胶电泳设备。

2.4.12.3 实验步骤

(1) EMSA结合反应。按照一定的摩尔比混合蛋白和核酸分子,一般在10～20 μL体系中包含5 μg蛋白,于室温或37 ℃下反应10～30 min。

(2) 电泳分析。在样品中加入电泳上样缓冲液。用0.5×TBE缓冲液作为电泳液低温电泳(图2.96)。

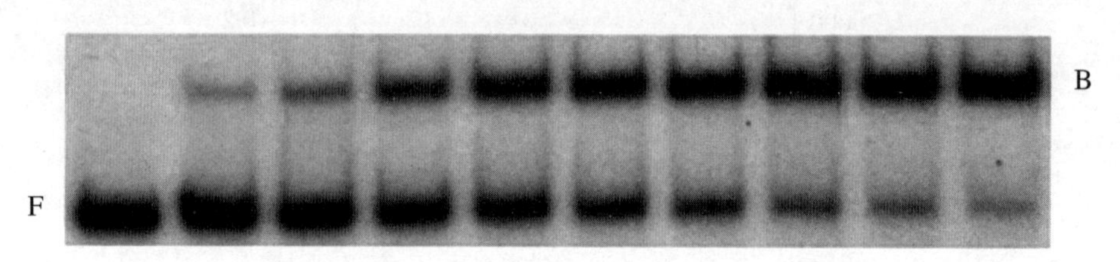

图2.96 10%PAGE检测CAP蛋白浓度增加,结合lac启动子的量也增加

2.4.12.4 针对性建议

影响凝胶迁移实验的因素包括蛋白和核酸的浓度、非特异性核酸的浓度、缓冲液的配方和pH、孵育时间和温度、是否有辅助因子(如锌、镉等金属离子或激素等)。

参 考 文 献

[1] Hellman L M, Fried M G. Electrophoretic Mobility Shift Assay (EMSA) for Detecting Protein-nucleic Acid Interactions[J]. Nature Protocols, 2007(2):1849-1861.

2.5 蛋白质生化实验技术

2.5.1 蛋白酶活性检测

2.5.1.1 实验简介

蛋白酶是水解蛋白质肽链的一类酶的总称,按其降解多肽的方式分为内肽酶和端肽酶两类。内肽酶可把大分子量的多肽链从中间切断,形成分子量较小的肽;端肽酶又分为羧肽酶和氨肽酶,它们分别从多肽的游离羧基末端或游离氨基末端逐一将肽链水解生成氨基酸。

按其活性中心和最适 pH，又可将蛋白酶分为丝氨酸蛋白酶、巯基蛋白酶、金属蛋白酶和天冬氨酸蛋白酶。按其反应的最适 pH，可分为酸性蛋白酶、中性蛋白酶和碱性蛋白酶。工业生产中应用的蛋白酶主要是内肽酶。

这里以检测寨卡病毒 NS2B-NS3 丝氨酸蛋白酶活性为例，希望能对其他蛋白酶的活性分析提供参考。丝氨酸蛋白酶活性分析的原理是它能特异性地剪切人工合成的含有其识别位点的荧光多肽(EDANS-Cleavage Site-Dabcyl)底物(图 2.97)。

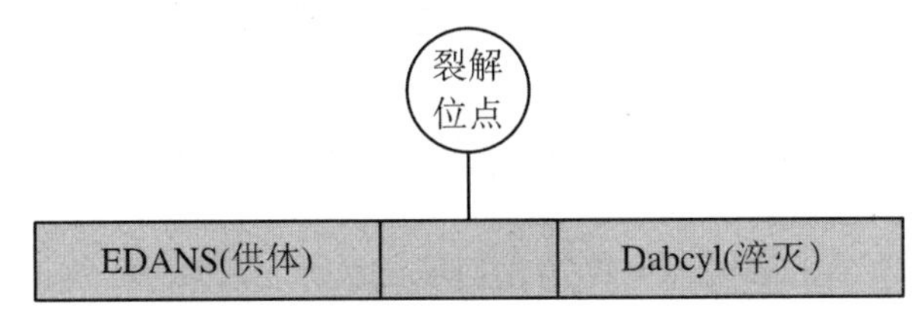

图 2.97 丝氨酸蛋白酶活性分析原理图

如图 2.97 所示，EDANS 的激发光波长是 336 nm，发射光波长是 490 nm，而 Dabcyl 的激发光波长是 472 nm。当底物未被剪切时，EDANS 和 Dabcyl 距离较近，后者吸收前者发射的光而被激发，在 490 nm 处检查不到供体的荧光，而当底物被剪切时，供体和受体距离较远，光不能被受体吸收，可以检测到供体发出的 490 nm 的荧光，据此检查蛋白酶活性。

酶活力单位可通过测定一定温度和 pH 条件下单位时间内底物消耗量或产物增加量来表示。由于该蛋白酶是一种米氏酶，所以这里以米氏常数(K_m)来表征蛋白酶的活力特征。

2.5.1.2 实验材料

1. 试剂

(1) 蛋白酶、荧光多肽底物、NaCl、甘油、去污剂 CHAPS。

(2) pH 5.0～11.0 的 1 M 缓冲液(MES pH 5.5～6.5、MOPS pH 6.5～7.5、Tris-HCl pH 7.5～9.0、CHES pH 9.0～10.0、CAPS pH 10.0～11.0)。

(3) 二价金属离子的氯盐(10 mM $MgCl_2$、$CaCl_2$、$ZnCl_2$、$MnCl_2$)。

(4) Gel 过滤缓冲液：100 mM NaCl、10 mM Tris-HCl(pH 8.0)。

(5) 基础酶切缓冲液：50 mM CHES(pH 9.5)、30% 甘油、1 mM CHAPS。

2. 器械

黑色 96 孔细胞培养板、12 孔排枪、离心机、酶标仪。

2.5.1.3 实验步骤

1. EDANS 标准曲线的绘制

不加酶时，底物 EDANS 的发射光被 Dabcyl 吸收，所以 EDANS 标准曲线需要通过检测不同浓度下 EDANS 试剂的发射光强度来绘制，纵坐标为荧光读数，横坐标为试剂浓度。

用水将 EDNAS 稀释至 1000 nM、500 nM、250 nM、125 nM、62.5 nM、31.25 nM、15.6 nM、7.8 nM、3.9 nM、0 nM。在黑色 96 孔细胞培养板上加入不同浓度的 EDNAS，用基础酶切缓冲液补至每孔 100 μL，每孔 3 组重复。轻轻振板 1 min，用酶标仪于室温下检测 336～490 nm 波长的荧光强度并绘制标准曲线。

2. 蛋白酶的酶反应曲线

在黑色 96 孔细胞培养板中加入基础酶切缓冲液、0.1 μM 蛋白酶，离心混匀，设置酶标仪运行参数，再用排枪向黑色 96 孔细胞培养板中加入 100 μM 荧光底物，使每孔 100 μL，每孔 3 组重复。轻轻振板 1 min，每隔 1 min 于室温下检测 336～490 nm 波长的荧光强度并绘制酶反应曲线。

结果反映了蛋白酶在当前反应体系下 30 min 内呈现一级反应的特征。可在一级反应时间内检测蛋白酶的其他特征。

蛋白酶反应曲线及蛋白浓度与底物消化速度的关系如图 2.98 所示。

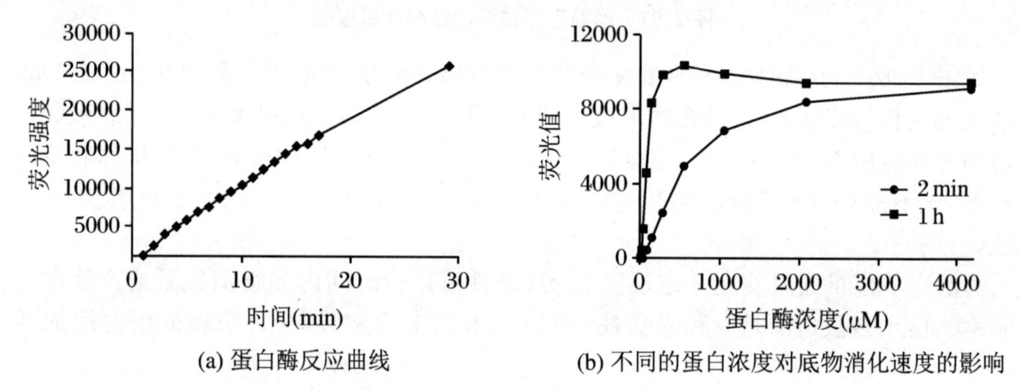

(a) 蛋白酶反应曲线　　(b) 不同的蛋白浓度对底物消化速度的影响

图 2.98　蛋白酶反应曲线及蛋白浓度与底物消化速度的关系

3. 酶浓度恒定，探究底物量

查阅相关文献，首先选定一个蛋白酶浓度区间进行实验。这里选择 50 nM 和 200 nM 蛋白酶作为恒定浓度，分别探究了其与底物浓度比例分别为 1∶200、1∶400、1∶800 和 1∶500、1∶1000 的酶活变化，如图 2.99 所示。

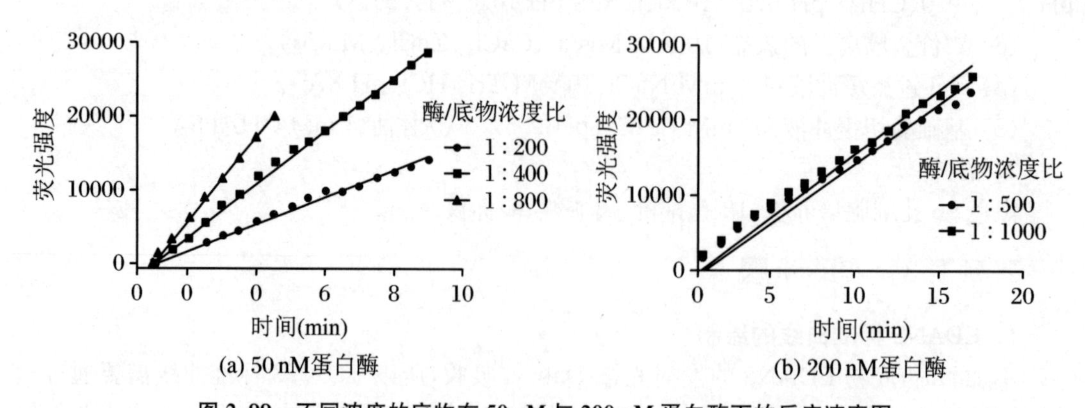

(a) 50 nM蛋白酶　　(b) 200 nM蛋白酶

图 2.99　不同浓度的底物在 50 nM 与 200 nM 蛋白酶下的反应速率图

在黑色 96 孔细胞培养板中加入基础酶切缓冲液、蛋白酶，离心混匀，设置酶标仪运行参数，再用排枪向黑色 96 孔细胞培养板中加入相应量的荧光底物，使每孔 100 μL，每孔 3 组重复。轻轻振板 1 min，每隔 0.5 min 于室温下检测 336～490 nm 波长的荧光强度并绘制酶反应曲线。

结果分析：50 nM 蛋白酶在底物未饱和情况下的水解速率和底物浓度呈正相关，而在 200 nM 蛋白酶时，底物的增加对蛋白酶反应速率的影响不大。所以可以认为，如果检测前 10 min 的蛋白酶消化水平，以蛋白酶浓度不高于 200 nM 为宜。如果实验需要，还可以在 50 nM 的基础上适当降低蛋白酶浓度。

关键步骤

① 蛋白酶用量不能过少，否则溶液中的不稳定因素占据上风会造成实验误差。

② 底物浓度恒定，探究蛋白酶的量。

③ 为节约底物，探究底物浓度恒定时蛋白酶用量是合理的。在黑色 96 孔细胞培养板中加入基础酶切缓冲液和不同终浓度的蛋白酶，离心混匀，设置酶标仪运行参数，再用排枪向黑色 96 孔细胞培养板中加入 5 μM 终浓度的底物，使每孔 100 μL，每孔 3 组重复。轻轻振板 2 min，于室温下测定反应 0 min、2 min 和 1 h 时 336～490 nm 波长的荧光强度，探究底物消化的最佳酶浓度及反应时间。

结论：蛋白酶活性发挥需要时间。

对比两个时间点的荧光曲线可以找到在某个蛋白浓度下，在一定反应时间内所对应的荧光强度及荧光强度变化，即酶反应时间和快慢。为节约蛋白酶，理想的实验条件是在可控的短时间内具有较低的蛋白酶浓度及较为显著的荧光强度。

4. 蛋白酶反应条件的优化

分别检测 pH、金属离子、盐离子浓度及甘油浓度对蛋白酶活性的影响。反应中终浓度，蛋白酶为 0.05 μM，底物为 25 μM，酶：底物 = 1：500，反应体积为 100 μL。

pH 对蛋白酶活性的影响（图 2.100）：

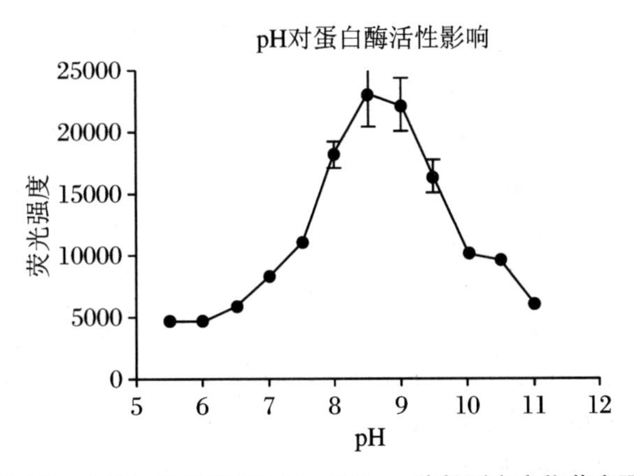

图 2.100　不同 pH 下使用 336～490 nm 波长测定底物荧光强度

配制 pH 5.5～11.0 的 1 M 缓冲液各 50 mL，pH 分别为 5.5、6.0、6.5、7.0、7.5、8.0、8.5、9.0、9.5、10.0、10.5、11.0。在黑色 96 孔细胞培养板中加入各种 pH 条件下的基础酶切缓冲液和蛋白酶，离心混匀，设置酶标仪运行参数，再用排枪向黑色 96 孔细胞培养板中加入荧光底物。轻轻振板 2 min，于室温下测定反应 30 min 时 336～490 nm 波长的荧光强度，比较不同 pH 条件下的酶反应变化。

结论：Tris pH 8.5 是该酶的最优 pH 条件。

关键步骤

有些有颜色的缓冲液本身荧光背景较高，建议实验时改用无色透明的缓冲液。

5. 金属离子对蛋白酶活性的影响

在黑色 96 孔细胞培养板中分别加入终浓度为 0.1 mmol/L、0.5 mmol/L、1 mmol/L 的 $MgCl_2$、$CaCl_2$、$ZnCl_2$、$MnCl_2$，再加入蛋白酶和基础酶切缓冲液，离心混匀，设置酶标仪运行参数，再用排枪向黑色 96 孔细胞培养板中加入荧光底物。轻轻振板 2 min，于室温下测定反应 30 min 时 336～490 nm 波长的荧光强度，比较不同浓度的不同金属离子对蛋白酶活性的影响，如图 2.101 所示。

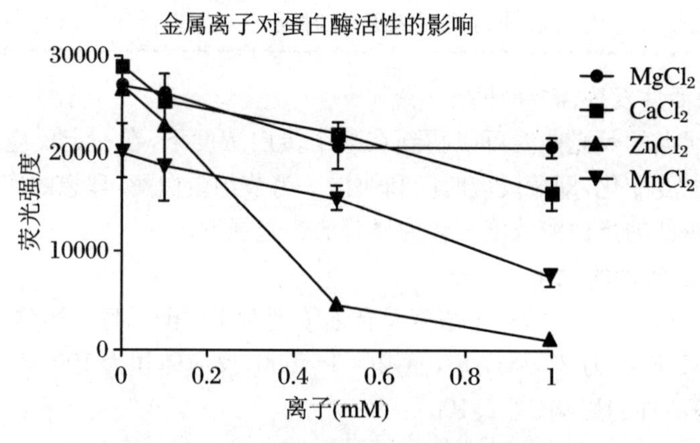

图 2.101　不同金属离子下的底物荧光强度

结论：不同的金属离子表现出不同程度的蛋白酶抑制作用，浓度越高抑制越明显。

6. 盐离子浓度对蛋白酶活性的影响

在黑色 96 孔细胞培养板中分别加入终浓度为 0 mM、50 mM、100 mM、200 mM、400 mM 和 800 mM 的 NaCl，再加入蛋白酶，离心混匀，设置酶标仪运行参数，再用排枪向黑色 96 孔细胞培养板中加入荧光底物。轻轻振板 2 min，于室温下测定反应 30 min 时 336～490 nm 波长的荧光强度，比较离子强度对蛋白酶反应的影响，如图 2.102 所示。

结论：盐离子抑制蛋白酶活性，浓度越高抑制越明显。

7. 甘油浓度对蛋白酶活性的影响

在黑色 96 孔细胞培养板中分别加入终浓度为 0%、5%、10%、15%、20%、25%、30%、35%、40%、45%的甘油，再加入蛋白酶，离心混匀，设置酶标仪运行参数，再用排枪向黑色 96

孔细胞培养板中加入荧光底物。轻轻振板2 min，于室温下测定反应30 min时336～490 nm波长的荧光强度，分析蛋白酶活性的变化，如图2.103所示。

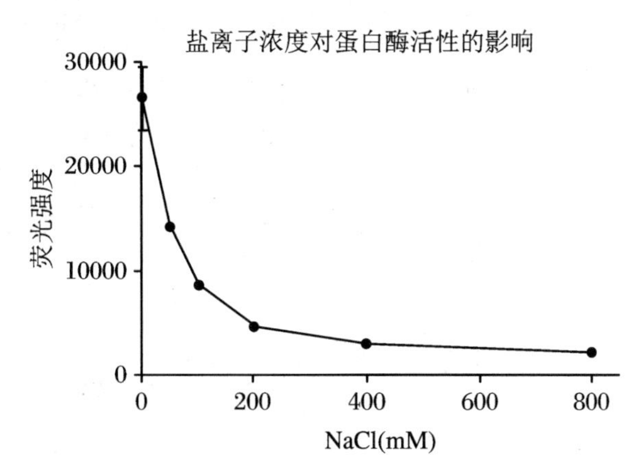

图2.102　不同NaCl浓度下底物荧光强度图

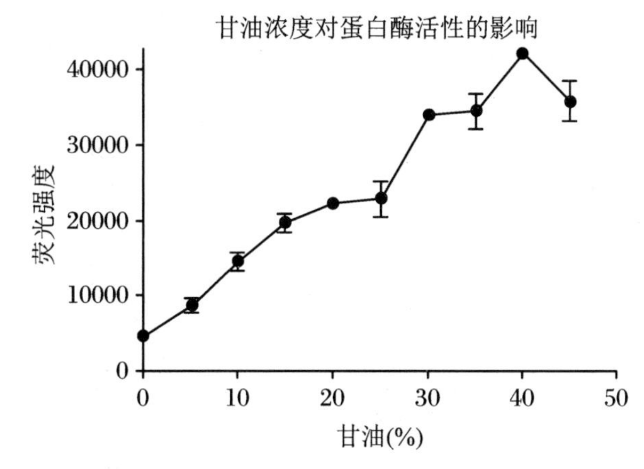

图2.103　加入不同浓度的甘油时底物荧光强度图

结论：低浓度的甘油可促进蛋白酶活性，当甘油为40%时，酶活性最大。45%甘油表现出蛋白酶抑制作用。

总结：最佳酶切缓冲液是50 mM Tris(pH 8.5)、40%甘油、1 mM CHAPS。

8. 蛋白酶米氏常数(K_m)和最大反应速度(V_{max})的测定

往黑色96孔细胞培养板中加入最佳酶切缓冲液和10 nM终浓度的酶，离心混匀，设置酶标仪运行参数，再用排枪向黑色96孔细胞培养板中加入不同终浓度的底物：0 μM、1 μM、2×2^n μM($n=0\sim6$)。轻轻振板2 min，于室温下测定反应2 min时336～490 nm波长的荧光强度。计算反应初速度，根据米氏方程求得蛋白酶的K_m和V_{max}。

关键步骤

米氏方程 $v_0=\frac{V_{max}[S]}{K_m+[S]}$，又称米海利斯-曼恬(Michaelis-Menten)方程，是在假定存在一个稳态反应条件下推导出来的，其中 K_m 称为米氏常数，V_{max} 是酶被底物饱和时的反应速度，[S]为底物浓度。使用双倒数作图法时要注意选择数据尺度，不要使数据点太靠近原点。

米氏图及双倒数图数据结果见表 2.65，米氏方程曲线法求 K_m 及双倒数法求 K_m 如图 2.104 所示。

表 2.65　米氏图及双倒数图数据结果

结果	米氏图	双倒数图
V_{max}(FU/s)	32.25	20.03～116.9
K_m(μM)	35.51	13.45
$R2$	0.987	0.9964

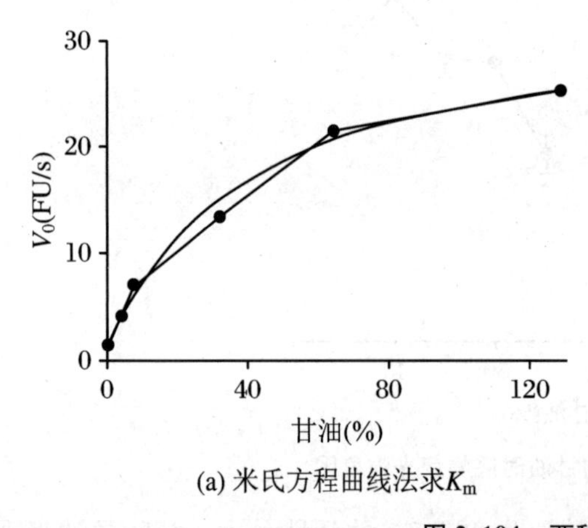

(a) 米氏方程曲线法求K_m

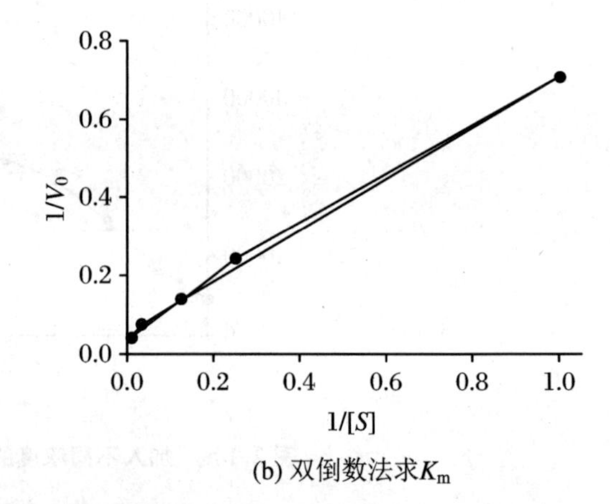

(b) 双倒数法求K_m

图 2.104　两种求 K_m 的图解法

结论：同一组数据经米氏方程作图法和双倒数作图法得出的米氏常数(K_m)和最大反应速度(V_{max})的差异较大。由于双倒数图的横轴截距为 $-1/K_m$，纵轴截距为 $1/V_{max}$，低浓度的实验点过度集中在零点，取其倒数后误差较大，对 K_m 和 V_{max} 的准确性影响较大。此情况的解决办法为测定不同浓度蛋白酶的 K_m。由于酶和底物的性质及反应环境不变，K_m 也理应不变。这里认为蛋白酶的 $K_m=35.51$ μM，$V_{max}=32.25$ FU/s(每秒的荧光单位变化)。

2.5.1.4　针对性建议

不同蛋白的酶特性不同，此文仅供参考。

2.5.2　ATP 酶活检测

2.5.2.1　实验简介

ATPase/GTPase 酶活检测是用来测定具有 ATP/GTP 酶活性的相应酶的活性的方法。此类酶能催化 ATP 或 GTP 分解成 ADP 或 GDP 和游离磷酸盐。原理为孔雀绿染料通过与游离磷酸相互作用产生激发光为 620 nm 的产物，且荧光强度与产物比例呈正比。该方法迅速、灵敏度高。

2.5.2.2　实验材料

1. 试剂

96 孔细胞培养板、带偏振光模块的酶标仪、锡箔纸、ddH_2O、ATPase/GTPase 酶活检测试剂盒。

2. 器械

水平离心机。

3. 试剂盒的配制

(1) 30 mL 终止液的配制：0.035 g 孔雀绿、0.32 g 钼酸铵、4.5 mL 浓盐酸、25.5 mL ddH_2O。

(2) 先加 0.32 g 钼酸铵、4.5 mL 浓盐酸、25.5 mL ddH_2O，于室温下搅拌至完全溶解后加入 0.035 g 孔雀绿，搅拌 1 h 即可使用。该终止液可在 1 个月内稳定保存，最好是现配现用，确保使用的水不含游离的磷酸根。

(3) 检测缓冲液的配制：40 mM Tris、80 mM NaCl、8 mM MgAc2、1 mM EDTA (pH 7.5)。

2.5.2.3　实验步骤

(1) 基于 ATPase/GTPase 酶活检测的原理，一定不能使用磷酸盐缓冲液（其他常见缓冲液兼容）且要确保各试剂及蛋白缓冲液中不含游离的磷酸盐，最好进行预测定。方法如下：加 200 μL 缓冲液到 40 μL 样品溶液中，620 nm 处的空白吸收值应小于 0.3。如果吸光度数偏高，可能表示磷酸盐污染（如洗涤剂）。

(2) 磷酸盐标准曲线的制定：用于比色检测的磷酸盐标准品为 500 μL 50 μM 磷酸盐标准溶液。将 0 μL、10 μL、20 μL、25 μL、30 μL 和 40 μL 的 50 μM 磷酸盐标准溶液加入 96 孔细胞培养板中，相当于 0（空白）pmol/孔、500 pmol/孔、1000 pmol/孔、1250 pmol/孔、1500 pmol/孔和 2000 pmol/孔（0 μM、12.5 μM、25 μM、31.25 μM、37.5 μM 和 50 μM）的磷酸盐标准溶液。往每个孔中加入超纯水使总体积达到 40 μL。加 200 μL 缓冲液测定 620 nm 处的吸收值。

(3) 蛋白样品使用之前要离心去除杂质，如果样品是组织或细胞，则要用 200 μL 预冷的缓冲液稀释。最好进行不同蛋白浓度的预测定以确保 620 nm 的度数在标准曲线范围内,加入 1～10 μL 样品(预实验测定)至 96 孔细胞培养板的重复孔中(3 组重复)。使用缓冲液将样品最终体积置为 10 μL。将 10 μL 缓冲液作为阴性对照。

(4) 向每个实验样品、背景空白和阴性对照孔中加 30 μL 反应混合物(Reaction Mixes),但标准孔中不加。

(5) 在室温下孵育反应一段时间(如 30 min),最佳时间可能需要通过实验确定。向每个孔中加入 200 μL 缓冲液,并在室温下再温育 30 min 以终止酶反应并产生比色产物。为保证时间的统一,最好使用排枪。

(6) 读取所有样品、标准品空白和对照的 600～660 nm 处的吸光度[620 nm 处为最大吸光度(A_{620})]。通过从样品孔(A_{620})样品的 A_{620} 中减去对照孔(A_{620})对照的 A_{620},计算样品的吸光度值(A_{620})的变化。根据标准曲线得到实验组的磷酸盐浓度(图 2.105)。

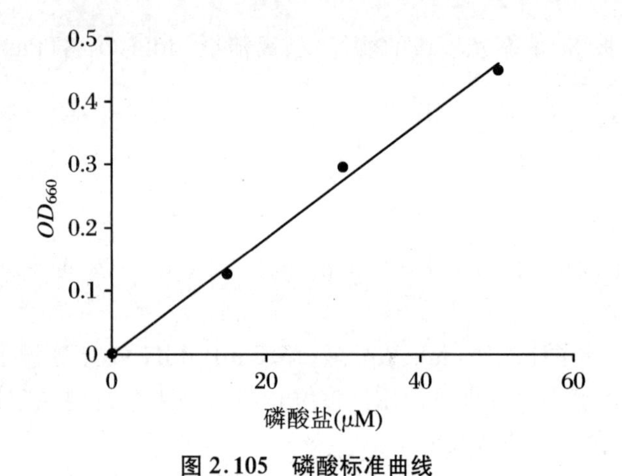

图 2.105　磷酸标准曲线

2.5.2.4　针对性建议

(1) 每次测定时,必须设置一条新的标准曲线。

(2) 注意 NTP 溶剂本身可能含有游离磷酸盐。

参考文献

[1] Lebel D, Poirier G G, Beaudoin A R. A Convenient Method for the ATPase Assay[J]. Analytical Biochemistry, 1978(85): 86-89.

2.5.3　解旋酶活性检测

2.5.3.1　实验简介

解旋酶(Helicase)是生物分子代谢过程中关键的大分子物质之一,它广泛存在于低等生物到高等生物(病毒到人类)多种生物体中。经过多年的研究,人们发现解旋酶具有多种重要的生物功能，在细胞内它们参与DNA复制、修复、转录重组以及RNA接拼、核糖体组装、蛋白质翻译、端粒稳定、基因组稳定性等重要分子活动。

解旋酶的解链活性检测可利用FRET(荧光共振能量转移)原理分析。在其中一条链的5′端标记上荧光基团Cy3，另一条链的3′末端BHQ2作为猝灭基团。当解旋酶不存在时，DNA双螺旋结构稳定，由于荧光共振能量转移作用，此时体系荧光较弱。加入解旋酶后，酶对双螺旋DNA有解旋作用，使得双链DNA解离，导致末端标记的荧光基团与另一条链的淬灭基团远离，从而使体系的荧光增强。由于存在过量的第三条中和链，能够互补结合淬灭链，从而阻止其淬灭荧光链，如图2.106所示。

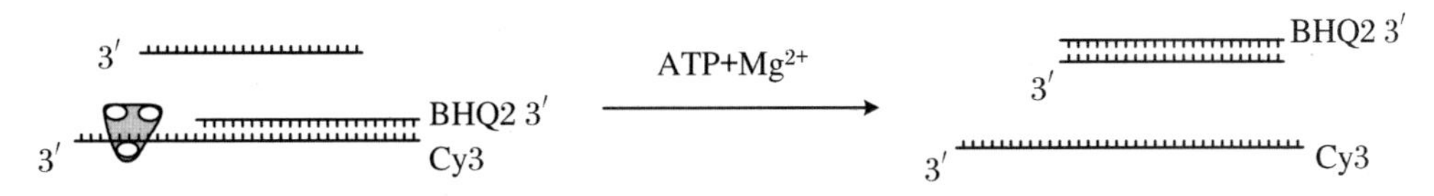

图2.106 Helicase的解链活性检测原理分析

2.5.3.2 实验材料

1. 试剂

所需试剂及其浓度见表2.66。

表2.66 试剂及其浓度表

试剂	浓度
蛋白:解旋酶	100 nM
DNA substrate (Cy3/BHQ2)	50 nM
“trap” DNA寡核苷酸	500 nM
$MgCl_2$	1 mM
ATP	1 mM
缓冲液	25 mM MES(pH 6.5)、25%甘油、0.1%吐温20、1 mM DTT

2. 器械

酶标仪、96孔细胞培养板(黑色不透明)、EP管、PCR仪。

2.5.3.3 实验步骤

(1) 将等量的DNA单链放入退火缓冲液[10 mM $MgCl_2$、50 mM Tris(pH 7.5)]中。DNA浓度越高越好，最好大于200 μM。90 ℃、3 min，50 ℃、3 min，20 ℃、5 min即可退火，并置于冰上。

(2) 在含有1 mM ATP、1 mM $MgCl_2$、50 nM荧光标记dsDNA(5′ Cy3/3′ BHQ2)和500 nM与BHQ2链互补的捕获链的反应缓冲液[25%甘油、0.1%吐温20、1 mM DTT、25 mM MES(pH 6.5)]中，加入不同浓度的解旋酶，混匀，于室温下反应20 min，用荧光光谱仪进行扫描检测。

(3) DNA 杂交后，550 nm 波长激发 Cy3 基团产生的 570 nm 波长荧光被 BHQ2 基团吸收，因此对于双链 DNA，检测不到 570 nm 波长荧光光谱。当解链作用发生后，dsDNA 分开，由于 FRET 作用减小，550 nm 波长激发 Cy3 基团，在 570 nm 波长处产生的荧光信号便逐渐增强。将同等浓度的 5′ Cy3 单链在 570 nm 波长的荧光信号定义为 100%双链完全解开强度(F_{max})。将双链在 550 nm 波长的荧光信号 F_s 定义为起始解旋值。解旋率(%) = $(F - F_s)/(F_{max} - F_s)$，其中 F 为加解旋酶检测到 570 nm 波长的荧光信号强度。

ATP 浓度对寨卡病毒 NS3-helicase 解旋 DNA 的影响如图 2.107 所示。

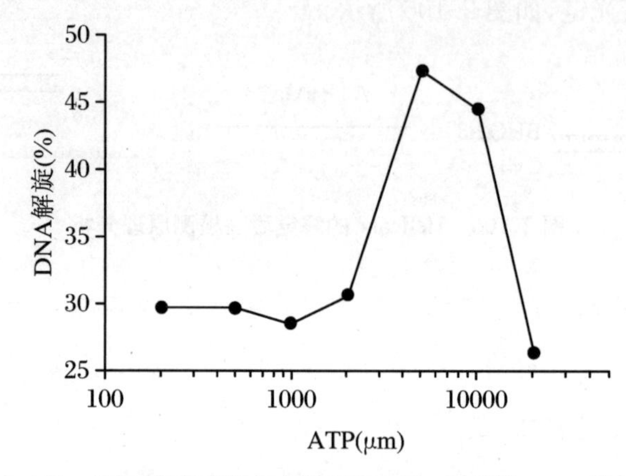

图 2.107 ATP 浓度对寨卡病毒 NS3-helicase 解旋 DNA 的影响

2.5.3.4 针对性建议

荧光长时间曝光会产生荧光信号减弱的现象，在实验过程中应避免过度曝光。

参 考 文 献

[1] Gorbalenya A E, Koonin E V. Helicases: Amino Acid Sequence Comparisons and Structure-function Relationships[J]. Current Opinion in Structural Biology, 1993(3): 419-429.

2.5.4 体外转录实验

2.5.4.1 实验简介

体外转录是一种简单的方法，可以以模板为导向，以微克至毫克的量，合成从短寡核苷酸到几千个碱基的任何序列的 RNA 分子。它基于模板的工程改造，该模板在目标序列的上游，包括噬菌体启动子序列(如来自 T7 噬菌体)，然后使用相应的 RNA 聚合酶进行转录。体外转录本用于分析技术(如杂交分析)、结构研究(用于 NMR 和 X 射线晶体学)、生化和遗传研究(如作为反义试剂)以及功能分子(核酶和适体)。

T7 RNA 聚合酶以 dsDNA 为模板转录产生 ssRNA。其Ⅰ型 T7 启动子序列为 5′-GAAATTAATACGACT CACTATAG-3′。转录从下划线的 G 开始(RNA 产物第一个碱基为G)，T7启动子下游第二位和第三位最好为G，使用互补链为模板。T7启动子会在RNA产物3′末端加上一个或几个随机碱基。如果不理解，请看以下序列(下划线为T7启动子序列)：

<u>GAAATTAATACGACTCACTATAG</u> XXXXXXXXXXXXX

CTTTAATTATGCTGAGTGATATC YYYYYYYYYYYYY　产物为GXXXXXXX(加几个随机碱基)

为避免RNA产物3′端随机加碱基，可将模板链5′端的两个碱基2′羟基进行甲基化修饰，则RNA产物3′末端没有随机碱基。

Ⅱ型T7启动子序列为5′-TAATACGACTCACTATTA-3′，复制从A开始，第二位和第三位最好为G。

TAATACGACTCACTATTA XXXXXXXXXXXXX

ATTATGCTGAGTGATAAT YYYYYYYYYYYYY　产物为AXXXXXXX(加几个随机碱基)

2.5.4.2　实验材料

试剂：DEPC水、苯酚、氯仿、乙酸钠、无水乙醇、EDTA、NTPs、10×转录缓冲液、尿素、丙烯酰胺、过硫酸铵、TEMED、0.5×TBE缓冲液、0.5×TB缓冲液、2×RNA天然上样缓冲液、亚精胺、DNase I、NaCl。

2.5.4.3　实验步骤

1. 线性化模板的准备

(1) 用等体积的苯酚/氯仿1∶1混合液提取DNA，必要时重复。

(2) 用等体积的氯仿提取2次除去残留的苯酚。通过加入1/10体积的3 M乙酸钠(pH 5.2)和2倍体积的乙醇沉淀DNA，在-20 ℃下孵育至少30 min。

(3) 在微量离心机中以最快的速度将DNA沉淀15 min，小心取出上清液。加入500 μL 70%乙醇冲洗沉淀并以最高速度离心15 min，小心取出上清液。于空气中干燥颗粒，并以0.5～1 μg/μL的浓度重悬于无核酸酶的水中。

(4) 含有正确方向的T7 RNA聚合酶启动子的PCR产物可以被转录。在20 μL体外转录反应中可以使用0.1～0.5 μg PCR片段。

关键步骤

① 底物DNA可以使用完全双链或带有双链T7启动子序列的单链寡核苷酸。但一般而言，单链模板产率相对较低。底物最好为线性(否则易滚环复制，模板双链DNA最好留下5′突出端)。

② T7启动子对盐很敏感，DNA模板应该不含盐，虽然PCR混合物可以直接使用，但纯化的PCR产物可以获得更高的产量。确保DNA模板用酚/氯仿提取，用乙醇沉淀，溶于RNase free ddH_2O中。

2. 小体系摸索条件

体外转录 RNA 要对转录体系进行优化，找到最高效率的转录体系。镁离子对于 RNA 的产率及产物的专一性影响很大，另外 RNA 体外转录所用模板和 T7 RNA 聚合酶的量有时也对 RNA 的产率有影响。镁离子浓度是必须要进行优化的，所以在进行大体积体外转录 RNA 前先进行 50 μL 体系的小量转录，优化镁离子浓度。

室温配制以下转录体系(表 2.67)，要确保整个过程和体系中不含 DNase 和 RNase。

表 2.67 室温配制转录体系参数表

成分	终浓度
DEPC 水	
T7 RNA 聚合酶	0.1 mg/mL
RNA 酶抑制剂(可选)	
DNA 模板	1 μg
Mg^{2+}	
NTPs	5 nM
10×转录缓冲液	10 μL
DTT(可选)	10 mM
总计	50 μL

(1) 在对镁离子浓度进行优化时，一般设计 20 mM、25 mM、30 mM、35 mM、40 mM、45 mM、50 mM 共 7 个梯度。

(2) 于 37 ℃下孵育 1～2 h(PCR 仪)，对于小于 300 bp 的需孵育 2～16 h。于 70 ℃下加热 10 min 或终浓度为 20 mM EDTA(pH 8.0)时可终止反应。

(3) 反应结束后 14000 rpm 离心去除焦磷酸镁沉淀或加 EDTA 溶解焦磷酸镁沉淀，随后进行 Urea-PAGE 或 Native-PAGE 凝胶电泳，分析体外转录产量及 RNA 条带和构象的专一性，并分析判断体外转录最优的镁离子浓度。

关键步骤

在 T7 RNA 聚合酶转录 RNA 的反应过程中会产生大量焦磷酸镁沉淀，可由此现象判断 RNA 转录是否成功。

3. 凝胶电泳分析检测转录效果，尿素变性 PAGE 胶或 Native-PAGE 胶配制

根据 RNA 的长度需选用不同浓度的聚丙烯酰胺配制的 PAGE 胶以达到最好的分辨效果，有利于后续分析。RNA PAGE 胶使用的聚丙烯酰胺为 0.4 g/mL 丙烯酰胺：双丙烯酰胺(19：1)储存液。

一块尿素变性 PAGE 胶的总体积为 6 mL(选用尿素作为变性剂，浓度为 7 M/L)，配方见表 2.68。

一块 Native-PAGE 胶的总体积也为 6 mL，配方见表 2.69。

表 2.68　尿素变性 PAGE 胶配方表

组分	PAGE 胶丙烯酰胺浓度(%)			
	8	10	12	20
尿素(g)	2.5	2.5	2.5	2.5
丙烯酰胺(mL)	1.2	1.5	1.8	3
10×TBE 缓冲液(mL)	0.6	0.6	0.6	0.6
DEPC 水(mL)	2.2	1.9	1.6	0.4
过硫酸铵(μL)	50	50	50	50
TEMED(μL)	5	5	5	5

表 2.69　Native-PAGE 胶配方表

组分	PAGE 胶丙烯酰胺浓度(%)			
	8	10	12	20
丙烯酰胺(mL)	1.2	1.5	1.8	3
10×TBE 缓冲液(mL)	0.6	0.6	0.6	0.6
DEPC 水(mL)	4.2	3.9	3.6	2.4
过硫酸铵(μL)	50	50	50	50
TEMED(μL)	5	5	5	5

配制尿素变性 PAGE 胶或 Native-PAGE 胶时，由于 RNA 胶为一层，故捡漏显得尤为重要。

(1) 样品准备。转录完成的 RNA 样品，离心或加 EDTA 去除焦磷酸镁沉淀后稀释 50～100 倍(DEPC 水)，移液器取样 10 μL 于新的 RNase free EP 管中，加入等体积的 2×RNA 变性上样缓冲液，在 95 ℃的水浴锅或金属浴中加热变性 5 min，立即置于冰上孵育 5 min，即可上样。对于 Native-PAGE 凝胶电泳的样品，操作与变性 PAGE 凝胶电泳样品一致，上样缓冲液为 2×RNA Native 上样缓冲液。

(2) 相应的电泳缓冲液。尿素变性 PAGE 胶电泳缓冲液为 0.5×TBE 缓冲液，Native-PAGE 电泳缓冲液为 0.5×TB 缓冲液。上样前恒压 100～120 V 预电泳 30 min，去除未聚合的丙烯酰胺及其他带电荷杂质。电泳过程中会产生热量，对于变性 PAGE 凝胶电泳来说，产热有利于 RNA 处于单链状态，但对于主要用于分析 RNA 构象的 Native-PAGE 来说，热量会导致 RNA 构象变化，从而影响电泳结果分析，所以在跑 Native-PAGE 胶时，尽量使用低电压，在低温环境下进行。

(3) 预电泳 30 min 结束后即可上样。每泳道上样 10 μL，选用低分子量范围的 DNA 分子量标准，虽然为 DNA 分子量标准，但可以大致估计 RNA 条带大小，特别是在跑 10% PAGE 胶时，其 DNA 分子量标准条带与相对应长度 RNA 条带基本一致，如果需要精确了解 RNA 条带的大小，则需用 RNA 分子量标准。

(4) 上样完成后继续恒压电泳，溴酚蓝指示剂条带的大小约为 10 nt，根据目的 RNA 条带的大小待溴酚蓝指示剂跑到合适位置时停止电泳。小心剥离 PAGE 胶置于培养皿中加入

20 mL 二级水。加入 20 μL 1000×GelRed(凝胶红),摇床振荡孵育 3 min,用二级水清洗去除未结合的 RNA 和非特异性结合胶的凝胶红,于凝胶成像仪下观察拍照保存。RNA 显示也可用 0.001 g/mL 甲苯胺蓝,其操作过程与蛋白胶染色、脱色类似,于室温下振荡孵育 5 min,用水清洗几次,加过量水振荡孵育脱色或微波炉加热脱色。

注:转录需在无 RNase 的条件下进行。

反应体系在室温下配制,因为在 4 ℃下有亚精胺存在时 DNA 会发生沉淀。

4. RNA 大量转录

(1) 确定好最优镁离子浓度后,即可扩大反应体系进行大量转录,以 10 mL 转录体积为例。向 RNase free 的 50 mL 锥形管中依次加入表 2.70 中的试剂(pre-miR-1003 镁离子最优浓度为 30 mM)。

表 2.70 向 RNase free 的 50 mL 锥形管中依次加入的试剂表

试剂	母液浓度	终浓度	体积(mL)
10×转录缓冲液			1
DTT	100 mM	10 mM	1
DNTPs	50 mM	5 mM	1
PCR 产物	1.2 μM	0.3 μM	2.5
$MgCl_2$	500 mM	30 mM	0.6
T7 RNA 聚合酶	3 mg/mL	0.12 mg/mL	0.4
DEPC 水	最多至 10 mL		

混匀,于 37 ℃的水浴锅中反应 4 h。

(2) 反应结束后,加入 200 U RNase free 的 DNase I 于 37 ℃下反应 30 min 消化 DNA 模板(也可省略)。

(3) DNase I 酶储存溶液:50 mM Tris-醋酸盐(pH 7.5)、10 mM $CaCl_2$、50%甘油。

(4) 反应缓冲液(10×):100 mM Tris-HCl(pH 7.5,25 ℃)、25 mM $MgCl_2$、1 mM $CaCl_2$。

(5) 将反应体系置于 70 ℃水浴锅中 30 min,使 T7 RNA 聚合酶失活(如果 3′端连接有 HDV,则置于 65 ℃水浴锅 30 min,在失活 T7 RNA 聚合酶的同时提高 HDV 自切效率;如果 5′端连接有锤头核糖体 RNA,则置于 55 ℃水浴锅中 20 min)。

(6) 待 T7 RNA 聚合酶失活后加入 1/10 体积的 0.5 M EDTA 溶解焦磷酸镁沉淀。加入 1/10 体积的 5 M NaCl,高盐状态有利于后续的 RNA 乙醇沉淀。加入 3 倍上述总体积的无水乙醇(RNase free 预冷)于 −20 ℃下过夜沉淀 RNA。

(7) 用离心机于 4 ℃下 14000 rpm 离心 30 min,去上清液,用 70%RNase free 乙醇缓慢清洗沉淀表面(去除沉淀表面吸附的高盐),敞口至乙醇挥发。加入 1~2 mL DEPC 水溶解沉淀。加入等体积的 2×RNA 变性上样缓冲液,于 90 ℃以上的水浴锅中加热变性 RNA 5 min,随后冰浴 10 min 等待上样。

(8) 配制变性 PAGE 胶,纯化 RNA。

(9) 组装好胶板并用真空硅脂密封四周(注意密封完全)。不同浓度的 PAGE 胶配方见表 2.71。

表 2.71　不同浓度的 PAGE 胶配方表

组分	PAGE 胶丙烯酰胺浓度(%)			
	10	12	16	20
尿素(g)	176.6	176.6	176.6	176.6
丙烯酰胺(mL)	105	126	168	210
10×TBE 缓冲液(mL)	42	42	42	42
DEPC 水(mL)	138	117	75	33
过硫酸铵(μL)	2	2	2	2
TEMED(μL)	200	200	200	200

(10) 尿素在溶解过程中吸热,加热以促进其溶解。灌制 PAGE 胶时应注意避免混入气泡。

(11) 待 PAGE 胶凝固后,加入 0.5×TBE 缓冲液,预电泳 30 min,随后上样继续进行电泳(6 h)。当溴酚蓝指示剂到合适位置时,停止电泳,剥离胶板,用保鲜膜封闭 PAGE 胶,于黑暗中用手提紫外灯(波长 245 nm)观察 RNA 条带。

(12) 切下 RNA 条带,转入 Elutrap 电泳仪 200 V 6 h 或 120 V 过夜电洗脱(0.5×TBE 缓冲液)。亦可以用碎胶浸泡法提取 PAGE 胶中的 RNA,将 RNA 条带研碎加入 0.3 M NaAC(pH 5.3),用 2 mM EDTA 浸泡,并用滤膜滤除 PAGE 胶颗粒收集上清液。

(13) 收集 Elutrap 电泳仪洗脱的 RNA,不断加入 2 M NaCl,用浓缩管浓缩(高盐能去除结合在 RNA 上的小分子),加 DEPC 水浓缩去除高盐。在 RNA 低浓度的情况下取出,于 95 ℃下变性 10 min,再自然冷却或液氮冷却(变复性实验需确保 RNA 构象均一,冷却方法需摸索最适条件)。将 RNA 透析(浓缩)至后续实验缓冲液,浓缩至合适浓度后于 −80 ℃冰箱中保存。

2.5.4.4　所用试剂

以下所有缓冲液都必须用 DEPC 水配制灭菌或滤膜过滤:

(1) 1.2×RNA 变性上样缓冲液:95%去离子甲酰胺、0.2% 500 mM EDTA(pH 8.0)、0.0002 g/mL 溴酚蓝。

(2) 2×RNA Native 上样缓冲液:80%甘油、0.0002 g/mL 溴酚蓝(可加可不加)。

(3) 1×RNA 转录缓冲液:1 mM DTT(或者多一点,10 mM)、40 mM Tris-HCl(pH 7.9)、6 mM $MgCl_2$、2 mM 亚精胺(pH 7.9)、0.5 mM ATP、0.5 mM UTP、0.5 mM GTP、0.5 mM CTP(有的包括 10 mM NaCl、0.05%吐温 20)。

(4) 1×T7 RNA 聚合酶储存缓冲液:50%甘油、1 mM EDTA(有的用 0.1 mM)、100 mM NaCl(或 150 mM)、0.1% TritonX-100、50 mM Tris-HCl(pH 7.9)、20 mM β-ME(巯基乙醇)(pH 7.9)、0.1 mg/mL BSA(有的含有 1 mM 或 10 mM DTT)。

(5) 10×TBE 缓冲液:108 g Tris、55 g 硼酸、0.5 M EDTA、40 mL(pH 8.0),用蒸馏水定容至 1000 mL,再将 10×TBE 稀释 20 倍成 0.5×TBE 就可在电泳时使用(即工作液浓度)。

(6) 0.5 M EDTA(pH 8.0)。

(7) 18.61 g EDTA 先加一定量的 ddH_2O,用 NaOH 调 pH 至 8.0,再用 ddH_2O 定容至 100 mL,灭菌。

(8) NTPs、DTT、Tris 用 DEPC 水溶解。

(9) EDTA、$MgCl_2$、$CaCl_2$ 用 DEPC 水配然后灭菌。

参考文献

[1] Beckert B, Masquida B. Synthesis of RNA by in Vitro Transcription[J]. Methods in Molecular Biology,2011(703):29-41.

第3章　细胞生物学实验技术

3.1　细胞系的冻存与复苏

3.1.1　实验简介

细胞系的冻存是将生长较好的传代细胞悬浮在加有冷冻保护剂的溶液中，然后以 -1～-2 ℃/min 的冷冻速率降低温度，当温度低于 -25 ℃时可加速冷冻，当温度低于 -80 ℃后可直接放入液氮，并在此温度下对其长期保存的过程。而复苏就是以一定的复温速率将冻存的细胞系恢复到常温的过程。我们的实验原则是慢冻快融，这样可最大限度地保持细胞活力、保留细胞特性。如果冷冻过程得当，一般生物样品在液氮中可保存10年以上，在 -80 ℃的冰箱中可保存半年左右。

3.1.2　实验材料

1. 试剂

二甲基亚砜(DMSO)、胎牛血清(FBS)、培养基、1×PBS、Trypsin 胰蛋白酶消化液。

2. 实验前准备

(1) 常用细胞冻存液配制：培养基：胎牛血清：DMSO的比为5∶4∶1。以配制1 mL冻存液为例，加入500 μL新鲜培养基、400 μL胎牛血清、100 μL DMSO，最好现配现用，也可配好后放在4℃下保存一周，对于一些培养条件苛刻的细胞可适当加大胎牛血清的比例。

(2) 10%DMSO冻存液：以配制1 mL为例，于900 μL培养基中加入100 μL DMSO，混匀。

(3) 10%DMSO血清冻存液：以配制1 mL为例，于900 μL胎牛血清中加入100 μL DMSO，混匀。

(4) 1×PBS：8 g NaCl、0.2 g KCl、3.63 g $Na_2HPO_4 \cdot 12H_2O$、0.24 g KH_2PO_4 溶于900 mL超纯水中，用盐酸调pH至7.4，加水定容至1 L，高温灭菌后于常温下保存。

(5) 消化液：称取0.25 g胰蛋白酶和0.02 g EDTA加入1×PBS，使其终体积为100 mL (pH 7.4)，用0.22 μm滤膜过滤除菌分装，于4℃下保存(可购买现成的Trypsin分装使用，该胰蛋白酶浓度较高,建议用裸培养基稀释10倍后再用)。

3. 器械

冻存管、离心机、细胞培养箱、4 ℃冰箱、-20 ℃冰箱、-80 ℃冰箱、冻存盒、液氮冻存罐。

3.1.3 实验步骤

1. 细胞冻存

(1) 提前半小时拿出冻存盒,将胎牛血清、胰酶消化液于常温下放置。

(2) 从细胞培养箱中拿出处于对数生长期的细胞(10 cm大皿长至80%~90%),弃去上清液加入无菌生理盐水洗涤,弃上清液并重复洗涤1遍。

(3) 加入1 mL胰酶消化液(覆盖培养皿表面),将大皿放于培养箱中孵育1 min,轻轻拍打培养皿,肉眼可见有片状细胞层掉落,加入6 mL完全培养基,迅速吹打培养皿底,将细胞移入离心管中,130 g离心2 min。

(4) 弃上清液,用冻存液吹打细胞(长满的大皿需要5~10 mL冻存液,使浓度达到3×10^6~6×10^6/mL)再移至冻存管中(一个冻存管1 mL),做好标记,包括细胞名称、冻存日期及姓名。

(5) 将冻存管放于冻存盒中,将冻存盒放入-80 ℃冰箱中过夜,次日取出冻存管,移入液氮容器内。

(6) 消化时间不宜过长,最长时间不超过5 min,不同细胞类型所需的时间不一样,如293T贴壁不牢,则不需要用胰酶消化,但Hela细胞需要用胰酶消化。

2. 细胞复苏

(1) 提前准备37 ℃的Millipore(密理博)水。

(2) 从液氮中取出冻存管,迅速放在37 ℃中水浴至融化,其间需要不断摇动助融。

(3) 将上述溶液以130 g离心2 min,弃上清液,用1 mL完全培养基轻轻吹打并移至60 mm培养皿中,再补加完全培养基至5 mL,混合均匀后放入培养箱。

(4) 次日,更换新鲜的培养液。

3.1.4 针对性建议

(1) 冻存时细胞状态需要良好,否则复苏时存活率低;一般使用10%DMSO全血清的冻存液,细胞状态较好。

(2) 冻存时讲究慢冻,将冻存盒放入冰箱的时间要控制好,不要忘记转移至液氮内。

(3) 冻存时细胞浓度应控制在3×10^6~6×10^6/mL,太多或太少的细胞量都不利于细胞存活。

参 考 文 献

[1] Stacey G N, Masters J R. Cryopreservation and Banking of Mammalian Cell Lines[J]. Nature Protocols,2008(3):1981-1989.

3.2　细胞系的培养与传代

3.2.1　实验简介

细胞在培养瓶中长成致密单层后，已基本饱和，为能使细胞继续生长、细胞数量增加，须进行传代再培养。传代培养是一种将细胞种保存下去的方法，同时也是利用培养细胞进行各种实验的必经过程。悬浮型细胞直接分瓶就可以，而贴壁细胞则需经消化后才能分瓶。

3.2.2　实验材料

1. 试剂

培养基（RPMI 1640、DMEM、SIM SF、Union-293 等）、胎牛血清、双抗青链霉素、胰蛋白酶消化液、生理盐水。

2. 实验前准备

完全培养基：90%液体培养基＋10%胎牛血清＋1%双抗青链霉素。

胰蛋白酶消化液：可使用直接购买的 Trypsin 分装冻存。

3. 器械

EP 管、15 mL 离心管、移液枪、离心机、细胞培养箱。

3.2.3　实验步骤

1. 贴壁细胞传代与培养

(1) 于倒置显微镜下观察细胞形态，确定细胞是否需要传代，并将培养基预热至 37 ℃，胰酶消化液于室温下放置。

(2) 用真空泵抽去培养皿中的上清液，加入生理盐水洗涤 2 遍，去除悬浮的死细胞及培养基，然后加入 1 mL 胰酶消化液（覆盖培养皿表面即可），轻轻摇晃后放于细胞培养箱中 1 min（可酌情增加时长，随时肉眼观察细胞的脱落情况），也可放在倒置显微镜下观察，当细胞收回突起变圆即可，或晃动培养皿细胞呈大片脱落即可。

(3) 加入 2 mL 培养基并迅速吹打培养皿底，将细胞吹散均匀后移入离心管中，用完全培养基补加至 10 mL，并以 130 g 离心 2 min。

(4) 弃上清液，加入 1 mL 完全培养基吹打均匀，取适量的细胞加入新的培养基中，摇晃均匀。

(5) 放于培养箱中培养，可以每天观察，其间如果细胞培养基营养不够或变黄，则可更换成新鲜的培养基。

关键步骤

控制好消化时间，有些细胞贴壁较紧，需确保吹打均匀，否则细胞会聚团，不能呈现单个细胞贴壁，影响实验。重悬后的细胞可以取1/5放入新的培养基中，此步可根据实际情况操作。

2. 悬浮细胞传代与培养

(1) 于倒置显微镜下观察细胞形态，确定细胞是否需要传代，并将完全培养基预热至37℃。

(2) 向细胞中加入适量的新鲜培养基摇晃均匀，使细胞在合适浓度即可，必要时分瓶培养。

3.2.4 针对性建议

常用于蛋白表达的有哺乳动物细胞 HEK 293T、HEK 293F 和昆虫细胞 Sf9、Hi5，其中 HEK 293T 细胞使用 90%DMEM+10%胎牛血清+1%双抗青链霉素，是贴壁细胞，可直接从培养皿底部吹打下来，所以传代时不需要使用胰酶消化。HEK 293F、Sf9、Hi5 是悬浮细胞，传代时直接分瓶，HEK 293F 使用 Union 293+1%双抗青链霉素，Sf9、Hi5 使用 SIM SF+1%双抗青链霉素，每次传代前都需要计数，细胞密度大概在 2×10^6 个/mL 时可以传代，传代后细胞密度为 $0.5\times10^6\sim1\times10^6$ 个/mL。

细胞培养条件会根据不同的细胞要求不同，以下是总结的条件：

(1) HEK 293T：人肾上皮细胞；10%FBS DMEM 培养，可直接从培养皿底部吹下来，不需要用胰酶消化。

(2) BHK-21：幼地鼠肾细胞；10%FBS DMEM 培养，胰酶消化传代。

(3) NK92：人 NK 细胞系(悬浮细胞系)；12.5%FBS+12.5%马血清 α-MEM、100 U/mL IL-2。

(4) MCF-7：人乳腺癌细胞；10%FBS DMEM 培养，用生理盐水冲洗 2 次，胰酶消化传代。

(5) L-929：小鼠成纤维细胞；1∶3 传代，扩大培养取上清液。于 10%FBS 1640 培养基中培养，长满后取走上清液，换新鲜培养基，过 2～3 天可以取用，一共可以取 2 批。

(6) HT-29：结肠癌细胞；10%FBS DMEM 培养，用生理盐水冲洗 2 次，胰酶消化传代。

(7) DC2.4：小鼠树突状细胞；10%FBS DMEM 培养，胰酶消化传代。

(8) HeLa：人宫颈癌细胞；10%FBS DMEM 培养，用生理盐水冲洗 2 次，胰酶消化传代。取 1/5 总量长 3 天就能长满大皿。

(9) THP-1：人单核细胞系；10%FBS 1640 培养基培养，3 天 1 代，细胞长过了会影响状态，小瓶留 2 mL 传代，大瓶留 7 mL 传代。

(10) HepG2：人肝癌细胞系；10%FBS DMEM 培养，用生理盐水冲洗 2 次，胰酶消化传代。

(11) L-O2：人正常肝细胞；10% FBS DMEM 培养，用生理盐水冲洗 2 次，胰酶消化传代。

(12) Huh 7：人肝癌细胞系；10% FBS DMEM 培养，用生理盐水冲洗 2 次，胰酶消化传代。

(13) Hepa1-6：小鼠肝癌细胞系；10% FBS DMEM 培养，用生理盐水冲洗 2 次，胰酶消化传代。

(14) NCTC 1149：小鼠肝脏细胞系；10%马血清 DMEM 培养，用生理盐水冲洗 2 次，胰酶消化传代。

参考文献

[1] Masters J R, Stacey G N. Changing Medium and Passaging Cell Lines[J]. Nature Protocols, 2007 (2): 2276-2284.

3.3 细胞系转染

3.3.1 实验简介

转染是将外源性基因导入细胞内的一种专门技术。转染大致可分为物理介导、化学介导和生物介导3类途径。电穿孔法、显微注射和基因枪是通过物理方法将基因导入细胞的范例；化学介导方法中脂质体转染方法较为常用；生物介导方法现在比较多见的为各种病毒介导的转染技术。理想的细胞转染方法应该具有转染效率高、细胞毒性小等优点。病毒介导的转染技术，是目前转染效率最高的方法，同时具有细胞毒性很低的优势。但是，病毒转染方法的准备程序复杂，将在敲低细胞系构建时详述，本章以介绍脂质体转染为主。脂质体是利用脂质膜包裹 DNA，借助脂质膜将 DNA 导入细胞膜内。DNA 并没有预先包埋在脂质体中，而是带负电的 DNA 自动结合到带正电的阳离子脂质体上，形成 DNA-阳离子脂质体复合物，从而吸附到带负电的细胞膜表面，经过内吞被导入细胞。

3.3.2 实验材料

1. 试剂

Lipo6000(Beyotime)、完全培养基、Opti-MEM 培养基(裸培养基)、不含双抗的完全培养基、目的质粒。

2. 实验前准备

去内毒素质粒小抽试剂盒。

3. 器械

EP管、离心机、CO_2细胞培养箱、细胞培养板、定时器。

3.3.3 实验步骤

(1) 根据实验要求选择合适的细胞培养板,在这里我们以6孔细胞培养板为例,其他细胞培养板体积与DNA用量见表3.1。

表3.1 不同体积细胞中试剂和DNA推荐用量

	96孔	48孔	24孔	12孔	6孔	6 cm板	10 cm板
Lipo6000	0.2 μL	0.5 μL	1 μL	2 μL	5 μL	10 μL	30 μL
裸培养基	5 μL	12.5 μL	25 μL	50 μL	125 μL	250 μL	750 μL
DNA	100 ng	250 ng	500 ng	1 μg	2.5 μg	5 μg	15 μg
每孔加入混合物量	10 μL	25 μL	50 μL	100 μL	250 μL	500 μL	1500 μL

(2) 将稀释好的Lipo6000和DNA分别于室温下静置5 min,随后混匀并于室温下静置20 min。准备好2个无菌的EP管,将Lipo6000和质粒分别用裸培养基稀释,于室温下放置5 min,混匀后再于室温下放置20 min。注意不要涡旋混匀。

(3) 4～6 h后更换培养液。

(4) 转染前一天将传代的细胞传到细胞培养板的每个孔中,使每孔的细胞数达到60%～70%。

(5) 转染之前1～2 h更换无双抗已预热的完全培养基,继续放入培养箱中培养。

(6) 将混匀好的混合物加到孔板的细胞悬液中,培养4～6 h,更换成完全培养基。

(7) 转染24～48 h后可检测各项指标,如通过WB、ELISA、流式细胞数、IF等。

关键步骤

① 细胞分板时需控制好细胞密度,这需要根据不同细胞的特性,最好根据经验总结一下最适细胞密度。

② 如果需要爬片,建议不要用太高的细胞密度,否则在固定时成片地脱片。

③ 如果转染后的细胞状态极差,可适当改变Lipo和质粒的量,过多的Lipo或质粒均会对细胞产生毒性。

④ 转染时可以增加一组阳性对照,转入表达荧光蛋白的质粒,根据细胞是否发荧光来判断转染效果。

3.3.4 针对性建议

(1) 如果转染后细胞状态很差,转染后更换培养基时可以用5%双抗的培养基来替代完全培养基。

（2）不同的细胞系转染效率不同，需自行摸索浓度和时间。

（3）对于 NIH3T3、CHO、HEK293T 等细胞系，推荐在转染后 6 h 更换培养液。

（4）本实验使用碧云天公司的 Lipo6000，转染时不受培养液中的血清和抗生素的影响，因此使用不含双抗但含有血清的细胞培养基；若使用 Invitrogen 公司的 Lipo2000 转染试剂，对血清比较敏感，因此需要使用不含双抗生素和血清的培养基进行转染，或直接用 OPTI-MEM。

参考文献

[1] Sakurai F, et al. Effect of DNA/Liposome Mixing Ratio on the Physicochemical Characteristics, Cellular Uptake and Intracellular Trafficking of Plasmid DNA/Cationic Liposome Complexes and Subsequent Gene Expression[J]. Journal of Controlled Release, 2000(66): 255-269.

[2] Oliveira R R, et al. Effectiveness of Liposomes to Transfect Livestock Fibroblasts[J]. Genetics and Molecular Research: GMR, 2005(4): 96-185.

3.4　用 PEI 于贴壁细胞瞬转

3.4.1　实验简介

真核细胞表达具有先天优势，但是大规模质粒转染存在成本、效率、毒性等挑战，在一定程度上阻碍了真核表达体系用于大规模蛋白表达。其中一种有效的方案就是采用 Polyethylenimine（PEI），又名聚乙烯亚胺，其作为转染试剂，具有多方面的优势。PEI 这种阳离子聚合物能够与带有负电的 DNA 分子结合，形成大小合适的复合物，适合与细胞膜相互作用，进入细胞。

3.4.2　实验材料

试剂：细胞系、培养基、血清、抗生素、PEI。

3.4.3　实验步骤

下面以 HEK293F 细胞的转染为例：

（1）配制 PEI 溶液（1 mg/mL，pH 7.0）：将 PEI 粉溶解于适量的蒸馏水中（将水加热至 90 ℃有利于 PEI 的溶解）。待溶液冷却至室温后，用盐酸将 pH 调至 7.0。用 0.22 μm 滤膜过滤灭菌，存放于 −20 ℃或 −80 ℃中，使用时可存放于 4 ℃中。

（2）转染前的细胞密度应达到 2×10^6 个/mL。

(3) 以 1 L 的细胞为例：

① 取 50 mL DMEM 培养基(不含血清)，加入 4 mg PEI 溶液(4 mL×1 mg/mL)，混合均匀，于室温下静置 5 min。

② 取 50 mL DMEM 培养基(不含血清)，加入 1 mg 质粒 DNA，混合均匀，于室温下静置 5 min。(DNA 的质量非常重要：OD_{260}/OD_{280}应为 1.8)

③ 将含质粒 DNA 的 DMEM 加入含 PEI 的 DMEM 中，混合均匀。

④ 于室温下孵育 DNA/PEI 混合物 20 min。

⑤ 将 DNA/PEI 混合物加到细胞中，然后摇匀。摇匀细胞悬液，使其形成漩涡，然后将 DNA/PEI 混合物倒入漩涡中。

(4) 培养细胞 4～5 天，收集上清液或细胞进行蛋白纯化。

关键步骤

① 转染混合物中不应含血清。

② 对于不同的细胞和不同的目的蛋白，PEI 和 DNA 的最佳用量及表达天数需根据具体情况进行进一步优化。

参考文献

[1] Li J Z, Wang Q Q, Yu H. Gene Transfer by the New Type Nonviral Vector Polyethylenimine[J]. Chinese Journal of Biomedical Engineering, 2006(25): 7-481.

[2] Arena T A, Harms P D, Wong A W. High Throughput Transfection of HEK293 Cells for Transient Protein Production[J]. Methods in Molecular Biology, 2018(1850): 179-187.

[3] Fang Q, Shen B. Optimization of Polyethylenimine-mediated Transient Transfection Using Response Surface Methodology Design[J]. Electronic Journal of Biotechnology, 2010(13): 10-11.

3.5 细胞系基因敲低技术

3.5.1 实验简介

目前实验室常用的基因敲低技术有 3 种，分别是 shRNA、siRNA 和 CRISPR/Cas 系统；shRNA 和 siRNA 都是在 RNA 水平上降低蛋白的表达，CRISPR/Cas 是在 DNA 水平上降低蛋白的表达；shRNA 与 siRNA 的加工方式相同，在细胞核表达后被 Drosha 加工，然后由 Exportin-5 蛋白转运到细胞质中，在细胞质中它们与 Dicer 结合去除环状序列。在与 RISC 结合并去掉其中一条 RNA 链后，它们识别 mRNA 占有互补序列，导致 mRNA 降解。CRISPR/Cas 系统是细菌和古细菌在长期演化过程中形成的一种适应性免疫防御，它可以将入侵的噬菌体和外源质粒 DNA 片段整合到规律成簇的间隔短回文重复序列 Crisper 中，随后被内切酶切割形成 crRNA，通过碱基互补配对形成 PAM 互补区，指导 Cas9 内切酶来对 DNA 进行定点切割，从而达到在 DNA 水平上降低蛋白表达的目的。

3.5.2　实验材料

1. 试剂

慢病毒包装质粒、LB、氨苄青霉素、Amp 板子、小抽试剂盒、完全培养基、减血清培养基(Opti-MEM)、Lipo2000、嘌呤霉素、细胞培养皿(10 cm)、24 孔细胞培养板、12 孔细胞培养板、6 孔细胞培养板、9 孔细胞培养板、0.45 μm 滤膜。

2. 实验前准备

(1) LB：已经灭菌的新鲜 LB(无抗)。

(2) 氨苄青霉素(1000×)：用 ddH_2O 配制成终浓度为 100 mg/mL 的溶液，用 0.22 μm 滤膜过滤后分装。

(3) 嘌呤霉素：根据需要的浓度自行配制。

3. 器械

EP 管、冻存管、离心机、细胞培养箱、－80 ℃冰箱。

3.5.3　实验步骤

1. shRNA 敲低细胞系

(1) 细胞嘌呤霉素浓度确定实验：

① 将 24 孔细胞培养板内的细胞以 5×10^4～8×10^4 个/孔的密度铺板，铺足够量的孔以进行后续的梯度实验。细胞需孵育过夜。

② 准备筛选培养基：含不同浓度嘌呤霉素的新鲜培养基(如 0～15 μg/mL，至少 5 个梯度)。

③ 细胞孵育过夜后加入筛选培养基，孵育细胞。

④ 约 2～3 天更换新鲜的筛选培养基。

⑤ 每日监测细胞，观察细胞存活比例。嘌呤霉素的最佳作用时间一般为 1～4 天。

⑥ 最小的抗生素使用浓度就是指从抗生素筛选开始 1～4 天内杀死所用细胞的最低筛选浓度。

(2) 在 shRNA 库中查找有没有所需基因的 shRNA，一般会有 4～5 条，将 shRNA 信息复制另存到 Excel 表格中。

(3) 拿到 shRNA 后加入 LB 摇菌小抽后继续转化后中抽，得到浓度较高的质粒。

(4) 第一天晚上接种 293T 于 6 孔细胞培养板，每孔接种 70%～80%(1×10^6 个)，并加入 2 mL 培养基，每种 shRNA 对应一孔。

(5) 第二天早上转染质粒：2 μg shRNA、1 μg VSV-G、2 μg Gag、2 μg Rev、18 μL Lipo2000。

(6) 第三天早上弃上清液，加入 1 mL 完全培养基。

(7) 第四天吸出含病毒的培养基上清液，4000 rpm 离心 5 min，吸上清液用 0.45 μm 滤膜过滤后放入无菌的 EP 管中，于 −80 ℃下保存(可保存 6 个月)，也可马上使用。

(8) 第三天的时候可同时将目的细胞接种于 12 孔细胞培养板，细胞密度大约为 5×10^5 个/mL。

(9) 第四天将 12 孔细胞培养板中的培养基上清液去除，加入 1 mL 病毒上清液，感染6 h 后补加 1 mL 新鲜培养基。

(10) 第五天更换筛选培养基，第七天换液(利用含有嘌呤霉素的培养基筛选)，等细胞长满后将细胞移至 6 孔细胞培养板，继续加入嘌呤霉素维持，此为瞬敲细胞系。

(11) 稳敲细胞系(筛选时嘌呤霉素浓度不变)是将瞬敲得到的细胞稀释成 10 个/mL，转移至 96 孔细胞培养板中培养，每孔 100 μL(大约每孔 1 个细胞)。

(12) 18～24 h 后，观察每孔的细胞数，将只有 1 个细胞的孔做上标记。

(13) 观察做标记的孔形成的克隆数，只形成 1 个克隆的被认为是单克隆。

(14) 持续观察确认孔中的克隆数，当 96 孔细胞培养板中的单克隆达到较高密度时，转移至 12 孔细胞培养板培养。

(15) 细胞在 12 孔细胞培养板中达到较高密度时，转移至 6 孔细胞培养板中继续培养，同时取少量细胞鉴定效果(蛋白质印迹或 QPCR)。

(16) 确认表达后，将单克隆转移至 10 cm 培养皿中培养，一般需要 2～4 周细胞才能达到较高的密度。

(17) 冻存细胞(冻存液不含抗生素)。

(18) 稳转细胞系建立以后，可降低抗生素浓度(如降成原来的一半)。

注意：不同的细胞种类对于接板时细胞数以及抗生素的浓度的选择不同，需要自己摸索或请教同学、老师。

2．siRNA 敲低细胞系

注意：以下步骤所有的量和浓度都以孔为基础。

(1) 转染前一天，接种适当数量的细胞至细胞培养板中，使转染时的细胞密度能够达到 30%～50%(不同细胞的生长速度不一样，因此接种细胞的数量需要根据细胞培养的经验)，请使用无抗生素的培养基。

(2) 对于每个转染样品，按照如下操作准备 siRNA-Lipo2000 混合物：

① 稀释转染试剂 Lipo2000：使用前将 Lipo2000 转染试剂轻轻摇匀，然后取 2 μL，用 100 μL 不含血清的 Opti-MEM 稀释，轻轻混合，于室温下孵育 5 min。

② 稀释 siRNA：用 100 μL Opti-MEM 稀释 40 pmol siRNA，轻轻混合。(对于 stock 浓度为 20 μM 的 siRNA，加 2 μL 即可)

③ 将稀释好的 Lipo2000 经过 5 min 孵育后，与上述步骤②中稀释好的 siRNA 轻轻混合，于室温下培养 20 min 形成 siRNA-Lipo2000 混合物，溶液可能会浑浊，不过不会影响转染效率。

④ 将 siRNA-Lipo2000 混合物加入含有细胞及培养液的细胞培养板中，轻轻摇晃，使之

混合。

(3) 将细胞培养板置于 37 ℃的 CO_2 培养箱中培养至检测时间(24～96 h)。沉默效率的检测时间一般建议为 24～72 h。

关键步骤

转染操作完成，经过在 37 ℃下培养 4～6 h 后，可以将孔里含有 siRNA-Lipo2000 混合液的培养基移去，更换新鲜的培养基，这样也不会影响转染效率。注意：如果转染时使用的是不含血清的培养基(即血清在饥饿的条件下进行转染)，4～6 h 后必须换成完全培养基(含血清、抗生素)，以确保细胞生长。

3. CRISPR/Cas9 敲低细胞系

预计消耗时间为 2 个星期(间断性实验)。

(1) 通过软件设计基因的 sgRNA 并送到专业的公司合成。

(2) 拿到的 sgRNA(上游、下游)需要复性体系：2 μL sgRNA(F 100 μM)、2 μL sgRNA(R 100 μM)、2 μL NEB 缓冲液 2(sigma)、14 μL ddH_2O，于 95 ℃下放置 5 min，然后自然冷却至室温。

(3) Cas9 载体质粒酶切体系：5 μg Cas9 载体质粒、3 μg BsmBI 内切酶、3 μL FastAP、6 μL 缓冲液，用 ddH_2O 补至 60 μL，于 37 ℃下放置 30 min，然后用 0.8%核酸胶跑胶，可以看到 2 条条带，分子量大的那条胶回收。

(4) Cas9 质粒酶切后，回收产物和复性的 sgRNA 连接，使用 T4 DNA 连接酶，用量和步骤见 T4 DNA 连接酶说明书，连接产物转化，挑点摇菌，鉴定后测序、抽质粒。

(5) 得到的质粒与 shRNA 敲低方式相同。

关键步骤

酶切需要彻底，并且需要设计出具有敲除效果的 sgRNA。

3.5.4　针对性建议

(1) 细胞系敲低时细胞状态不稳定，会在感染时大面积死亡，所以无论是 293T 还是目的细胞的状态都需要非常好。

(2) 对于抗生素浓度及病毒滴度，最好能事先做一下预实验确定。

(3) 重复检测具有敲低效果的细胞系时，需要马上冻存保种，避免重新筛选，这一点很重要。

(4) 慢病毒包装得到的病毒最好现用，放于 −80 ℃冰箱中的病毒上清液应避免反复冻融。

参 考 文 献

[1]　Koper-Emde D, Herrmann L, Sandrock B, et al. RNA Interference by Small Hairpin RNAs Syn-

thesised under Control of the Human 7SK RNA Promoter[J]. Biol. Chem.,2004(385):4-791.
[2] Czauderna F, et al. Inducible shRNA Expression for Application in A Prostate Cancer Mouse Model [J]. Nucleic Acids Research,2003(31):e127.
[3] Mason D M, et al. High-throughput Antibody Engineering in Mammalian Cells by CRISPR/Cas9-mediated Homology-directed Mutagenesis[J]. Nucleic Acids Research,2018(46):7436-7449.

3.6 NF-κB 启动子活性检测

3.6.1 实验简介

转录因子可以结合目的序列的启动子区域,从而激活下游分子的转录。目前市场上已有很多种商品化的与启动子活性检测相关的质粒,其中常用的为 NF-κB 启动子。pNF-κB 质粒中已包含了 5 个拷贝的启动子序列,而下游为萤火虫荧光素酶(Firefly Luciferase)基因,因此一旦 NF-κB 被启动,即可在细胞中表达萤火虫荧光素酶。与 pNF-κB 同时转染的还有 pRenilla 质粒,它可以持续性表达海肾荧光素酶(Renilla Luciferase),因此可作为内参。

我们可以使用双荧光素酶报告基因检测试剂盒,分别检测萤火虫荧光素酶和海肾荧光素酶的表达量。先以荧光素(Luciferin)为底物检测萤火虫荧光素酶,后以腔肠素(Coelenterazine)检测海肾荧光素酶,并且在后续加入海肾荧光素酶底物时,同时加入抑制萤火虫荧光素酶催化发光的物质,使后续检测只能检测到海肾荧光素酶的活性,实现双荧光素酶报告基因的检测。

萤火虫荧光素酶是一种分子量约为 61 kDa 的蛋白,在 ATP、镁离子和氧气存在的条件下,可以催化荧光素氧化成氧化荧光素,在荧光素氧化的过程中,会发出生物荧光(Bioluminescence)。海肾荧光素酶是一种分子量约为 36 kDa 的蛋白,在氧气存在的条件下,可以催化腔肠素氧化成腔肠酰胺,在腔肠素氧化的过程中也会发生生物荧光。生物荧光可以通过化学发光仪(Luminometer)或液闪测定仪进行测定。反应原理如下:

$$\text{荧光素} + \text{ATP} + O_2 \xrightarrow[Mg^{2+}]{\text{萤火虫荧光素酶}} \text{氧化荧光素} + \text{AMP} + \text{PPi} + CO_2 + \text{光}$$

$$\text{腔肠素} + O_2 \xrightarrow{\text{海肾荧光素酶}} \text{腔肠酰胺} + CO_2 + \text{光}$$

萤火虫荧光素酶催化荧光素发光的最强发光波长为 560 nm,海肾荧光素酶催化腔肠素发光的最强发光波长为 465 nm。

3.6.2 实验材料

1. 试剂

pNF-κB、pRenilla、过表达质粒(如果需要的话)、转染相关试剂、双荧光素酶报告基因检测试剂盒、黑底96孔细胞培养板(平底)。

2. 实验前准备

(1) 海肾荧光素酶检测底物(100×)用海肾荧光素酶检测缓冲液稀释100倍至工作浓度。

(2) 如果之前样品处于冷冻状态,则需要提前融化至常温。

(3) 将所有试剂从冰箱中拿出来解冻,并融化至常温,因为温度对酶的活性有很大的影响。

3. 器械

制冷离心机、细胞培养箱、台式小摇床、化学发光检测仪。

3.6.3 实验步骤

(1) 细胞转染(预计消耗时间为3天)。

细胞转染详见本书细胞转染部分。

关键步骤

以24孔细胞培养板为例,首先要设置阴性对照组,即分别加入500 ng pGL3和10 ng pRenilla,再加入500 ng WT的过表达质粒;然后设置实验组,即分别加入500 ng pNF-κB和10 ng pRenilla,再加入500 ng要过表达的质粒。

(2) 双荧光素酶报告基因检测(预计消耗时间为1 h)。

(3) 弃细胞培养上清液,加入细胞裂解液,加入的体积见表3.2。

表3.2　加入细胞裂解液的体积表

器皿类型	96孔细胞培养板	48孔细胞培养板	24孔细胞培养板	12孔细胞培养板	6孔细胞培养板
裂解液(μL/孔)	100	150	200	300	500

(4) 在台式小摇床上孵育10 min,并以10000～15000 g离心3～5 min,取上清液用于测定。

(5) 稀释海肾荧光素酶检测底物至工作浓度,萤火虫荧光素酶检测底物融化至常温。

(6) 每个样品检测时,取样品20～100 μL(如果样品量足够,加入100 μL;如果样品量不足,可适当减少用量,但同一批样品的使用量宜保持一致)至黑底96孔细胞培养板中。

(7) 每孔加入100 μL萤火虫荧光素酶检测试剂,混匀后用化学发光仪检测*RLU*(Relative Light Unit)。以pGL3代替pNF-κB的那一组作为空白对照。

(8) 加入100 μL海肾荧光素酶检测工作液,混匀后测定*RLU*。

(9) 以海肾荧光素酶为内参的情况下,用萤火虫荧光素酶测定得到的*RLU*除以海肾荧光素酶测定得到的*RLU*,根据得到的比值来比较不同样品间目的报告基因的激活程度。

3.6.4 数据处理与结果

检测 CARD9 不同截短型激活 NF-κB 信号通路。

(1) 酶标仪检测后获得的数据如图 3.1 所示。上方为萤火虫荧光素酶测定值,下方为海肾荧光素酶测定值。图 3.1 为对应不同实验组的萤火虫荧光素酶测定值和海肾荧光素酶测定值。

	A	B	C	D	E	F	G	H	I	J	K	L	M	N
1		1	2	3	4	5	6	7	8	9	10	11	12	
2	A	55311	54688	55587	60	51	47	8879	7529	7337	58717	65533	77169	firefly:Lum
3	B	7468	6807	6270										firefly:Lum
4	C													firefly:Lum
5	D													firefly:Lum
6	E													firefly:Lum
7	F													firefly:Lum
8	G													firefly:Lum
9	H													firefly:Lum
10														
11		1	2	3	4	5	6	7	8	9	10	11	12	
12	A	2891	2713	2890	4810	4535	3484	2900	2339	3147	3391	3659	4057	renilla:Lum
13	B	3493	2616	3220										renilla:Lum
14	C													renilla:Lum
15	D													renilla:Lum
16	E													renilla:Lum
17	F													renilla:Lum
18	G													renilla:Lum
19	H													renilla:Lum
20														
21		Positive control			Negative control			WT			CARD			
22		19.13213	20.15776	19.23426	0.012474	0.011246	0.01349	3.061724	3.218897	2.331427	17.31554	17.91008	19.0212	
23														
24		CTD												
25		2.13799	2.602064	1.947205										
26														

图 3.1 不同实验组萤火虫荧光素酶测定值和海肾荧光素酶测定值

(2) 将求得的比值输入 Prism 中作图(图 3.2～图 3.4)。

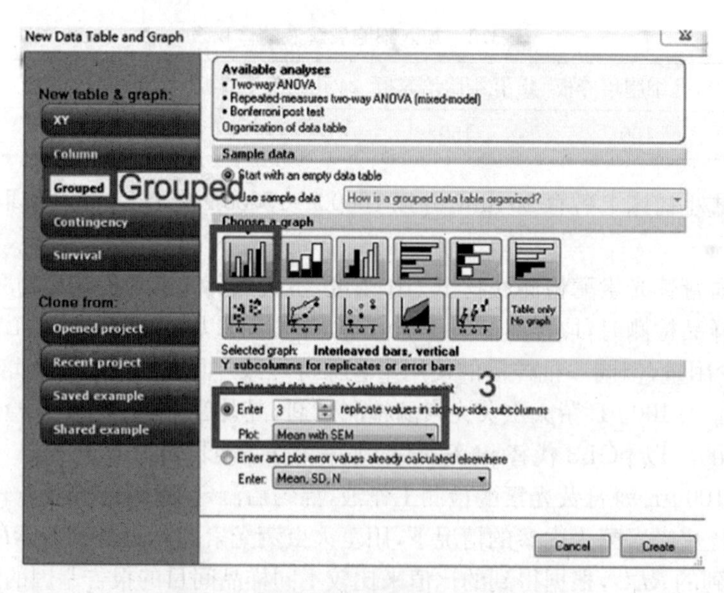

图 3.2 将求得的比值输入 Prism 中

Table format: Grouped	A			B			C			D			E	
	Negative control			Positive control			CARD9-CARD			CARD9-fl			CARD9-CTD	
	A:Y1	A:Y2	A:Y3	B:Y1	B:Y2	B:Y3	C:Y1	C:Y2	C:Y3	D:Y1	D:Y2	D:Y3	E:Y1	E:Y2
1 Title	0.012474	0.011246	0.013490	19.132130	20.157760	19.234260	17.315540	17.910080	19.021200	3.061724	3.218897	2.331427	2.137990	2.602064
2 Title														
3 Title														

图 3.3　将比值列为 Excel 表

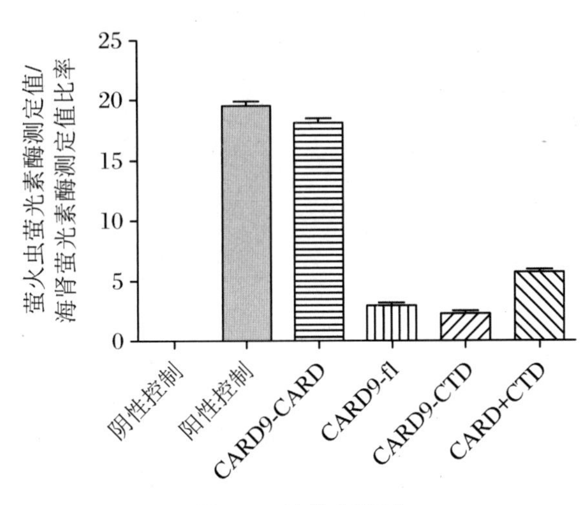

图 3.4　比值条形图

(3) 利用 Excel 求 *P*(如 CARD 与 fl 比较)(图 3.5)。

(4) 在 Prism 中作图完成(图 3.6)。

3.6.5　针对性建议

(1) 细胞裂解液可以先冻存,待以后再测定。冻存样品需要融解,至室温后再进行测定。

(2) 加入海肾荧光素酶检测工作液后,对于上一步骤中的萤火虫荧光素酶的抑制可达到 99%以上,但总会残留微量活性,因此在转染时把海肾荧光素酶的表达量控制在其 *RLU* 读数高于萤火虫荧光素酶 *RLU* 读数的 10%。

(3) 检测时宜先把样品加好,并用排枪同步加入检测试剂。

(4) 样品和测定试剂混合后,必须等待 1～2 s,再进行测定。测定时间通常为 10 s,根据情况也可以修改,但同一批样品宜使用相同的测定时间。

(5) 海肾荧光素酶检测底物(100×)配制在无水乙醇中,由于无水乙醇容易挥发,有时会在初次使用时发现体积明显小于 100 μL 的情况,此时用无水乙醇补加至 100 μL 即可。

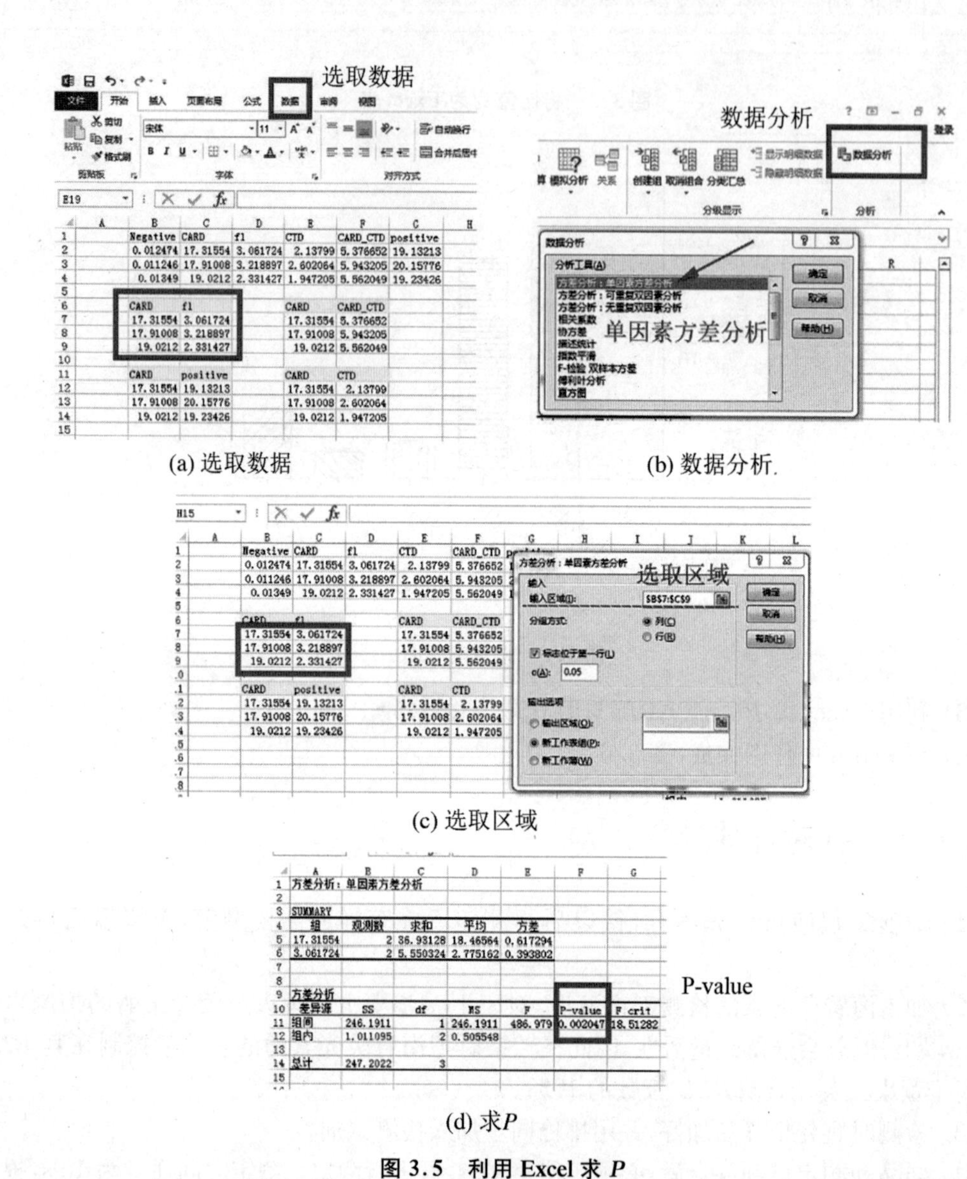

(a) 选取数据　　(b) 数据分析

(c) 选取区域

(d) 求P

图 3.5　利用 Excel 求 P

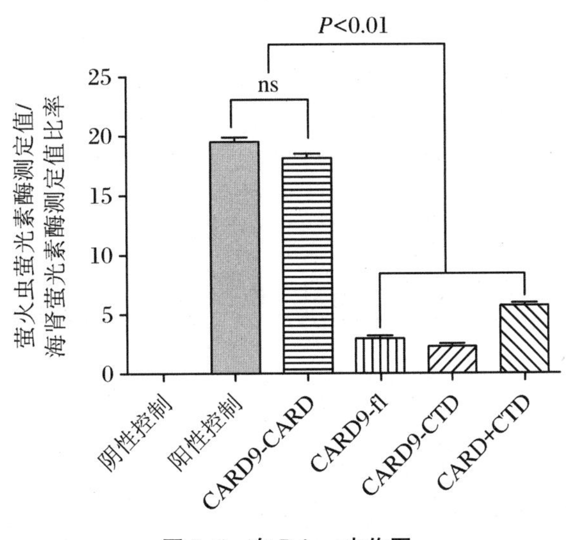

图 3.6　在 Prism 中作图

参 考 文 献

[1]　Vroegindewey M M, et al. The Temporal Pattern of Immune and Inflammatory Proteins Prior to A Recurrent Coronary Event in Post-acute Coronary Syndrome Patients[J]. Biomarkers, 2019(24): 199-205.

3.7　哺乳动物双杂交

3.7.1　实验简介

哺乳动物双杂交系统(Mammalian Two-hybrid System)是一种用在哺乳动物细胞中基于转录因子模块结构的遗传学方法来分析蛋白质与蛋白质相互作用的基因系统。在某些转录因子中发现的模块化结构域构成了双杂交系统的基础,这些结构域包括与特定 DNA 序列结合的 DNA 结合结构域和与基础转录因子相互作用的转录激活结构域。

DNA 结合结构域和转录激活结构域结合能够促进聚合酶Ⅱ复合物与 TATA 盒的结合,并增加转录水平。在哺乳动物双杂交系统中,编码蛋白质 X 与 DNA 结合结构域相互连接,编码蛋白质 Y 与转录激活结构域相互连接,两者分别由分开的质粒转染表达,当蛋白质 X 与蛋白质 Y 进行相互作用时,就可以导致下游的萤火虫荧光素酶报告基因转录,从而通过检测荧光素酶的表达量来确认蛋白质 X 和蛋白质 Y 是否有相互作用。哺乳动物双杂交系统相比于酵母双杂交系统的优点是更类似于在人体内的相互作用。哺乳动物双杂交原理如图 3.7 所示。

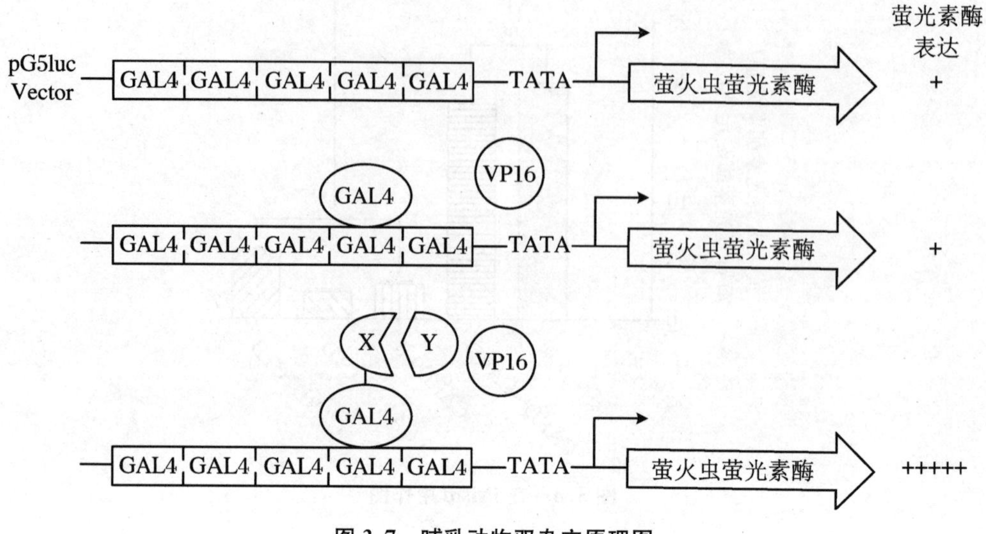

图 3.7　哺乳动物双杂交原理图

3.7.2　实验材料

1. 试剂

裂解缓冲液[100 mM KCl、5 mM $MgCl_2$、0.3%NP40、20 mM Tris(pH 7.5)]、蛋白酶抑制剂、PMSF、PBS、胰酶、Lipo6000、完全培养基、不含双抗的完全培养基、细胞培养板、双荧光素酶报告基因检测试剂盒。

2. 器械

Thermo 落地式离心机(使用前预冷至 4 ℃)、CO_2 培养箱、旋转台(放于 4 ℃的冰箱中)。

3.7.3　实验步骤

(1) 根据实验要求选择合适的细胞培养板,细胞培养板体积与 DNA 用量见细胞转染部分内容。

(2) 转染前一天将传代的细胞传到细胞培养板的每个孔中,使每孔的细胞数达到 60%~70%。

(3) 转染前 1~2 h 更换无双抗已预热的完全培养基,继续放入培养箱中培养。

(4) 准备好 2 个无菌的 EP 管,将 Lipo6000 和质粒分别用裸培养基稀释,于室温下放置 5 min,混匀后再于室温下放置 20 min。注意不要涡旋混匀。

(5) 将混匀好的混合物加到孔板中的细胞悬液中,培养 4~6 h,更换成完全培养基。

(6) 转染 24~48 h 后,对于贴壁细胞,在吸尽细胞培养液后,参照表 3.3 加入适量的报告基因细胞裂解液;对于悬浮细胞,在离心去上清液后,参照表 3.3 加入适量的报告基因细胞裂解液。

表3.3 在不同器皿中加入报告基因细胞裂解液

器皿类型	96孔细胞培养板	48孔细胞培养板	24孔细胞培养板	12孔细胞培养板	6孔细胞培养板
报告基因细胞裂解液(μL/孔)	100	150	200	300	500

(7) 充分裂解后,10000～15000 g离心3～5 min,取上清液用于测定。

(8) 融解萤火虫荧光素酶检测试剂和海肾荧光素酶检测缓冲液,并达到室温。将海肾荧光素酶检测底物(100×)置于冰浴或冰盒上备用。

(9) 按照每个样品需100 μL的量,取适量的海肾荧光素酶检测缓冲液,按照1∶100的比例加入海肾荧光素酶检测底物(100×)配制成海肾荧光素酶检测工作液。如往1 mL海肾荧光素酶检测缓冲液中加入10 μL海肾荧光素酶检测底物(100×),充分混匀后即可配制成约1 μL海肾荧光素酶检测工作液。

(10) 按仪器操作说明书开启化学发光仪或具有检测化学发光功能的多功能酶标仪,将测定间隔设为2 s,测定时间设为10 s。

(11) 在每个样品测定时,取样品20～100 μL(如果样品量足够,加入100 μL;如果样品量不足,可适当减少用量,但同一批样品的使用量宜保持一致)。

(12) 加入100 μL萤火虫荧光素酶检测试剂,用枪打匀或用其他适当的方式混匀后测定*RLU*。以报告基因细胞裂解液为空白对照。

(13) 在完成上述测定萤火虫荧光素酶的步骤后,加入100 μL海肾荧光素酶检测工作液,用枪打匀或用其他适当的方式混匀后测定*RLU*。

(14) 在以海肾荧光素酶为内参的情况下,用萤火虫荧光素酶测定得到的*RLU*除以海肾荧光素酶测定得到的*RLU*,根据得到的比值来比较不同样品间目的报告基因的激活程度。如果以萤火虫荧光素酶为内参,也可进行类似的计算。

3.7.4 针对性建议

(1) 加入海肾荧光素酶检测工作液后,对于上一步骤中的萤火虫荧光素酶的抑制可以达到99%以上,但总会残留微量活性。因此宜在转染时把海肾荧光素酶的表达量控制在其*RLU*读数高于萤火虫荧光素酶*RLU*读数的10%。海肾荧光素酶的读数高于萤火虫荧光素酶的读数是完全可以的,通常不会有明显的负面影响。

(2) 为取得最佳测定效果,当用单管的化学发光仪测定时,样品和测定试剂混合后到测定前的时间应尽量控制在相同的时间内,如30 s内;使用具有化学发光测定功能的多功能荧光酶标仪时,宜先把样品全部加好,然后统一加入萤火虫荧光素酶检测试剂。

(3) 由于温度对酶的反应有影响,所以在测定时样品和试剂均需达到室温后再进行测定。

(4) 为保证荧光素酶检测试剂的稳定性,可以采取适当分装后避光保存的方法,以避免反复冻融和长时间暴露于室温下。经测试,反复冻融 3 次,对测定结果无明显影响。

(5) 样品和测定试剂混合后,必须等待 1~2 s,再进行测定。测定时间通常为 10 s,根据情况也可测定更长或更短的时间,但同一批样品宜使用相同的测定时间。

(6) 海肾荧光素酶检测工作液宜在配制后立即使用,如不能立即使用,于 -20 ℃下可以保存一周。随着保存时间的延长检测效果会不断下降,因此不可配制成工作液后长期保存。

参考文献

[1] Sadowski I, Ma J, Triezenberg S, et al. GAL4-VP16 Is An Unusually Potent Transcriptional Activator[J]. Nature,1988(335):4-563.

[2] Fearon E R, et al. Karyoplasmic Interaction Selection Strategy: A General Strategy to Detect Protein-protein Interactions in Mammalian Cells[J]. Proc. Natl. Acad. Sci. U S A,1992(89):62-7958.

[3] Dang C V, et al. Intracellular Leucine Zipper Interactions Suggest c-Myc Hetero-oligomerization [J]. Molecular and Cellular Biochemistry,1991(11):62-954.

第 4 章　结构生物学实验技术

4.1　圆　二　色　谱

4.1.1　实验简介

圆二色光谱（简称 CD）是应用最为广泛的测定蛋白质二级结构的方法，是研究稀溶液中蛋白质构象的一种快速、简单、较准确的方法。它可以在溶液状态下测定，较接近其生理状态，而且测定方法快速简便，对构象变化反应灵敏。样品对左、右圆偏振光（及正常的光）的吸收程度不同，会产生椭圆偏振光。在理解圆偏振光之前，首先要介绍自然光、平面偏振光、圆偏振光等概念。

1. 自然光

光的一个固有特征是其振动平面与传播方向垂直，在自然光中，虽然每一束光的振动平面都与传播方向垂直，但不同束光之间的振动平面却无关联，可视为平均分配且垂直于传播方向的整个平面内，且平均来说，任一方向上都具有相同的振幅，这种横振动对称于传播方向的光称为自然光，即可将自然光看作圆柱形的光（图 4.1）。

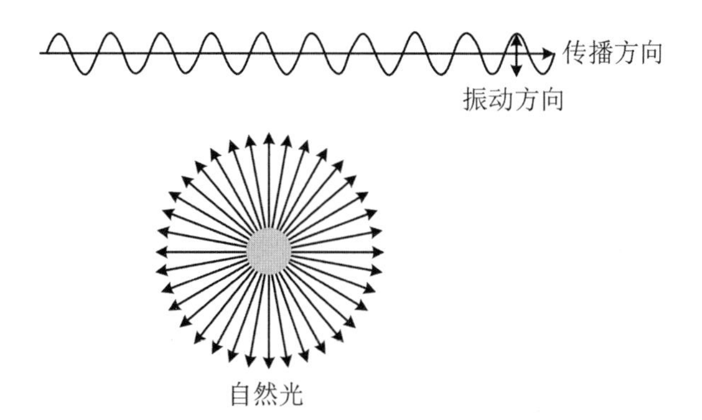

图 4.1　自然光的传播方向及振动方向演示图

2. 平面偏振光

如果在光的传播方向上，光的振动平面在确定的平面内，那么这种光称为平面偏振光或线偏振光(图 4.2)。

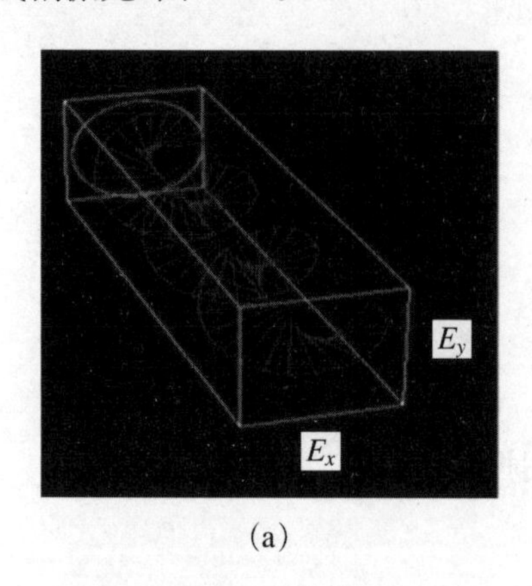

(a)

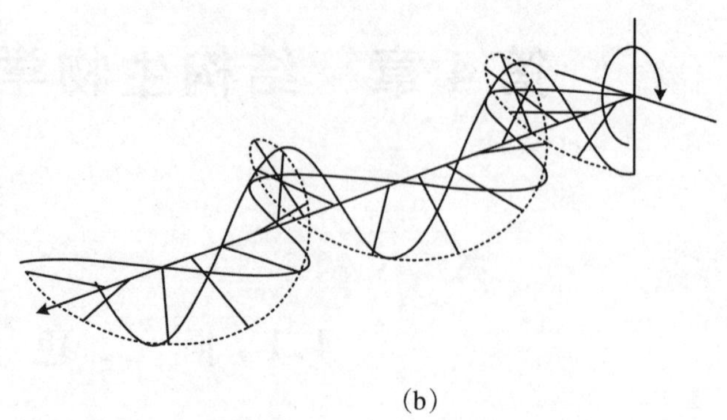

(b)

图 4.2　偏振光示意图

3. 圆偏振光

如果光的振动平面随时间进行有规则的改变,即振动平面轨迹在垂直于传播方向的平面上呈圆形或椭圆形,则可称其为圆偏振光或椭圆偏振光,可将其视为像弹簧一样的光,根据方向又可分为左、右旋圆偏振光。因为光遵循矢量合成原理,所以圆偏振光可视为传播方向相同、振动方向相互垂直且相位差恒定为 1/2 的平面偏振光叠加后合成的光矢量有规则变化的圆偏振光。圆偏振光的电矢量大小保持不变,而方向随时间变化,即螺旋前进[图 4.2(b)]。图中实线为两束相互垂直,但相位差为 1/2 的平面偏振光,虚线为合成的圆偏振光。不同光矢量合成效果见表 4.1。

表 4.1　不同光矢量合成效果

类型	频率	振幅	相位	合成效果
平面偏振光	相同	相同	差 1/2	圆偏振光
左、右旋圆偏振光	相同	相同	相同	平面偏振光
左、右旋圆偏振光	相同	相同	不同	平面偏振光
左、右旋圆偏振光	相同	不同	—	椭圆偏振光

4. 圆二色性基本原理

蛋白质或多肽中的光活性基团有肽键、芳香基团、二硫键。当平面偏振光通过这些基团时,其对左、右旋圆偏振光的吸收不同,造成左、右旋圆偏振光的振幅不同,合成的圆偏振光变为椭圆偏振光。这就是蛋白质的圆二色性。在蛋白质分子中,肽链的不同部分可分别形成 α-螺旋、β-折叠、β-转角等特定的立体结构,这些立体结构都是不对称的。蛋白质的肽键在紫外 185～240 nm 处有光吸收,因此它在这一波长范围内有圆二色性。几种不同的蛋白质立体结构所表现的椭圆值波长的变化曲线——圆二色谱是不同的。如图 4.3 所示,α-螺旋的谱是双负峰形的,β-折叠的谱是单负峰形的,无规卷曲在波长很短的地方出现单峰。蛋白质的圆二色谱是它们所含各种立体结构组分的圆二色谱的代数加和曲线。因此用这一波长范围的圆二色谱可研究蛋白质中各种立体结构的含量。

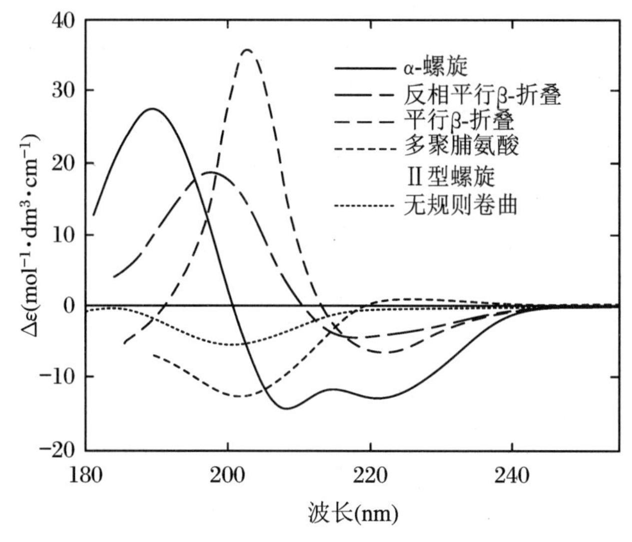

图 4.3　圆二色谱结果示意图

5. 利用圆二色谱验证蛋白质的稳定性

通常实验中需要验证蛋白质与小分子结合或蛋白质本身的稳定性，利用圆二色谱测定蛋白质(与小分子结合)的变温曲线，我们可以通过计算其 T_m 确定其稳定性。

4.1.2　实验材料

1. 试剂

石英杯清洗剂(仪器中心提供)。

2. 实验前准备

磷酸盐缓冲液、150 mM NaCl。

3. 器械

Chirascan 圆二色光谱仪、1 mm 厚的石英比色皿。

4.1.3　实验步骤

(1) 准备蛋白样品，浓度为 0.3～0.5 mg/mL，蛋白所在缓冲液为磷酸盐缓冲液。

(2) 圆二色光谱仪开机后需要充氮气约 30 min，再打开疝气灯。设置扫描波长范围为 180～260 nm，重复 2 次。

(3) 先检测仪器的稳定性，直接扫描空气，得到一个范围在 0.1 左右的直线为正常，在检测蛋白圆二色谱曲线前分别检测对应的缓冲液曲线(应该是一条直线)。

(4) 检测样品二级结构折叠情况：吸取 200 μL 蛋白样品至规格为 1 mm 厚的比色皿中，透光观察避免气泡，温度为 20 ℃，扫描后可得到曲线。

(5) 检测蛋白质热变性：需要开启冷循环控制器。吸取 200 μL 蛋白样品至规格为 1 mm 厚的比色皿中，透光观察避免气泡，将温度探测针插入样品中，温度范围为 20～95 ℃，每隔 5 ℃检测 1 次，每次检测重复 2 次。根据蛋白初始二级结构光谱曲线取 220 nm 或 222 nm 处的数据用 GraphPad Prism 5 作图，拟合并计算 T_m。

4.1.4 数据处理与结果

验证柯氏动弯杆菌 CAMP-NTD 的二级结构及其热稳定性。

(1) NTD 的圆二色光谱：经如上实验步骤获得实验数据，导入 Prism 中作曲线图，得到如图 4.4 所示的结果，为规则的 α-螺旋。

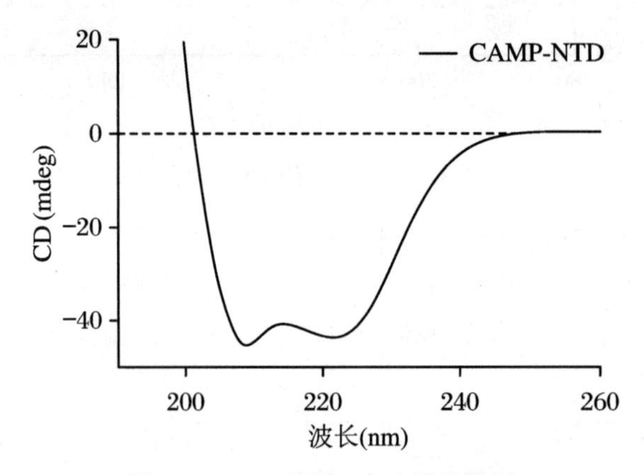

图 4.4　NTD 的圆二色光谱曲线图

(2) NTD 的热变性曲线：选取 Excel 表中 222 nm 处的数值(为不同温度在 222 nm 处扫描得到的数值)导入 Prism 中作曲线图，得到如图 4.5 所示的结果。

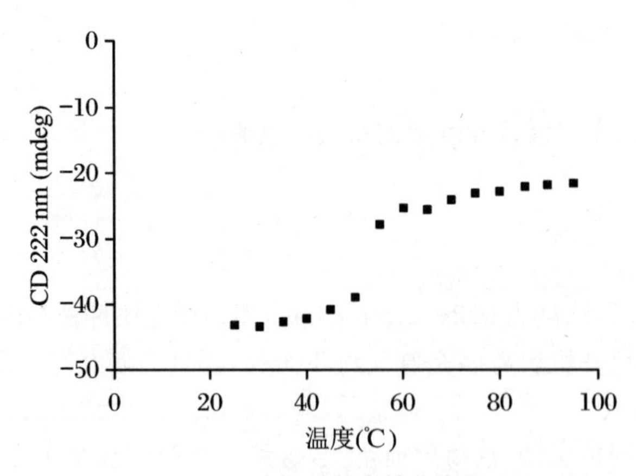

图 4.5　NTD 的热变性曲线图

(3) T_m 的计算(图 4.6)。

(4) Fit 后的结果(图 4.7)。

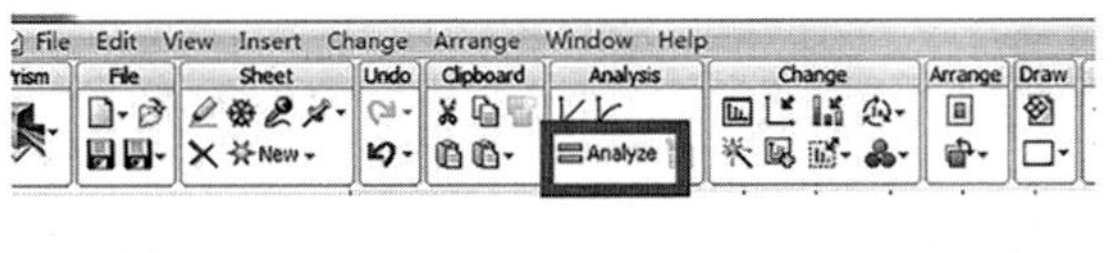

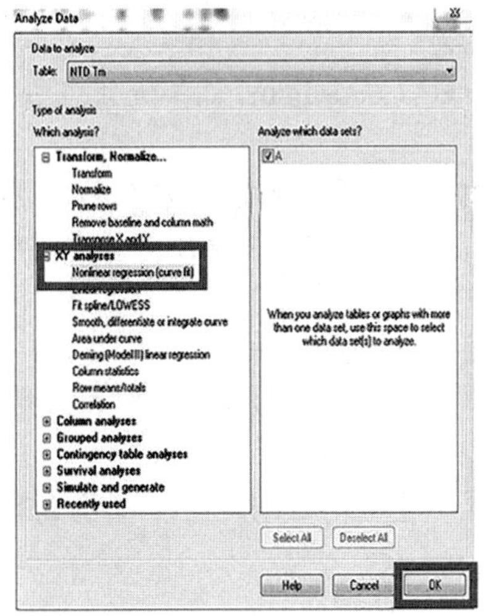

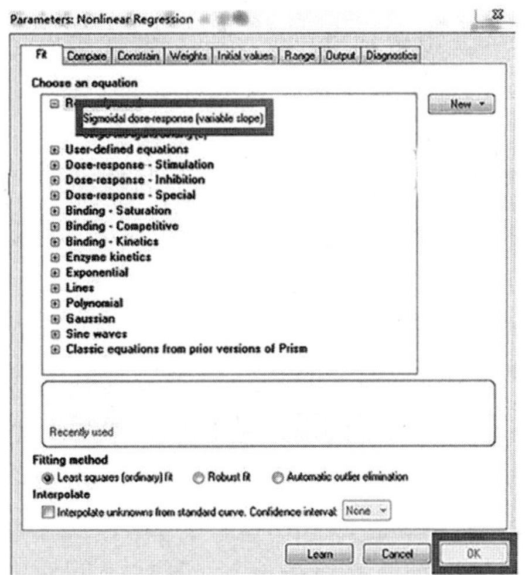

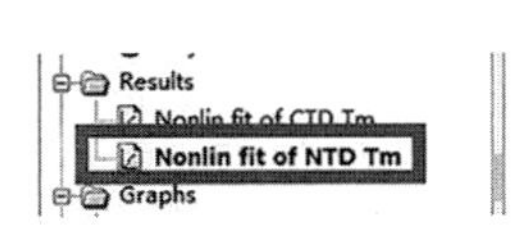

	Nonlin fit	A Data Set-A Y
1	Sigmoidal dose-response (variable slope)	
2	Best-fit values	
3	Bottom	-42.63
4	Top	-22.93
5	LogEC50	52.82
6	HillSlope	0.1622
7	EC50	
8	Std. Error	
9	Bottom	0.6026
10	Top	0.4615
11	LogEC50	0.6354
12	HillSlope	0.03229

图 4.6　T_m 的计算

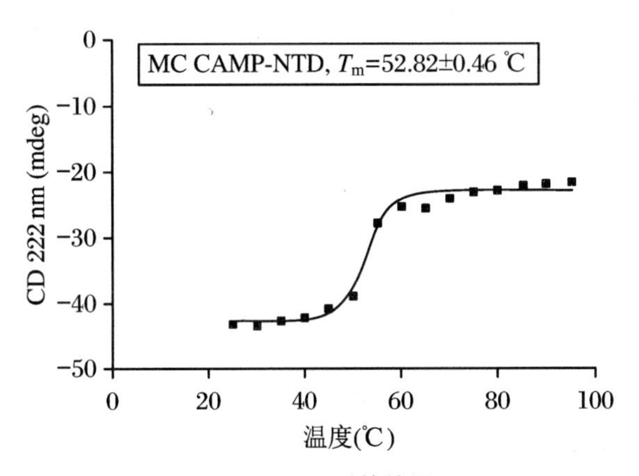

图 4.7　Fit 后的结果

4.1.5 针对性建议

(1) 样品必须保持一定的纯度,不含光吸收的杂质,溶剂必须在测定波长时没有吸收干扰;样品能完全溶解在溶剂中,形成均一、透明的溶液。

(2) 氮气流量的控制。实验中途要时刻关注氮气是否充足,如不充足需及时更换氮气瓶。

(3) 缓冲液、溶剂的要求与池子的选择。缓冲液和溶剂在配制溶液前要做单独的检查,看是否在测定波长范围内有吸收干扰,是否形成沉淀和胶状;在蛋白质测量中,经常选择透明性极好的磷酸盐作为缓冲体系。

(4) 样品浓度一般为 0.05～0.5 mg/mL,浓度太高、噪音太大会影响结果。

(5) 样品不同,测定的圆二色光谱范围不同,对池子大小(光径)的选择和浓度的要求也不同;蛋白质 CD 光谱测量一般在相对较稀的溶液中进行。

(6) 保持石英杯干净透亮,通常完成蛋白热变性检测后,石英杯内部会有蛋白质黏物,需要先用清洗剂浸泡 30 min,再用清水冲洗干净。

(7) 用去垢剂洗完石英杯后,需要用 70%乙醇进一步清洗。

参 考 文 献

[1] 刘振佳,陈晓光,司伊康. 圆二色谱测定技术在小分子化合物与 DNA 相互作用研究中的应用[J]. 药学学报,2010(45):1478-1484.

4.2 小 角 散 射

4.2.1 实验简介

X 光散射技术是常用的非破坏性分析技术,可用于揭示物质结构、化学组成及物理性质。它以观测 X 射线穿过样品后的散射强度为基础,根据散射角度、极化度和入射 X 光波长对实验结果进行分析。

散射包括弹性散射和非弹性散射。弹性散射包括小角 X 射线散射(SAXS)、广角 X 射线散射(WAXS);非弹性散射包括康普顿散射、共振非弹性 X 射线散射及 X 射线拉曼散射。SAXS 主要测量散射角 2θ 接近 0°时经过样品后的 X 射线散射强度,而 WAXS 测量散射角 2θ 大于 5°时经过样品后的 X 射线散射强度。

在原理上,散射振幅等于电子密度的傅里叶变换乘以一个与角度相关的因子。假设样品由很多相同的颗粒组成,每个颗粒里面的电子密度以 $\rho(r)$表示,最大维度为 $D_{\max}$,那么总的散射强度可以写成球坐标形式:

$$I(s) = 4\pi\int_0^{D_{max}} r^2 \gamma(r) \frac{\sin sr}{sr} dr$$

式中，$\gamma(r)$是密度的自相关函数的球形平均值(同一个长度，不同方向的平均)。$I(s)$的极限即 Guinier 公式，也就是 $\ln[I(s)]$ vs. s_2，这个极限公式在 $s<\frac{1.3}{R_g}$的范围内适用，R_g 为回旋半径。

1. SAXS 的优点

对样品的要求很低，溶液样品即可，对分子量和浓度没有要求。由于 SAXS 在溶液中进行，因此可更好地反映生物大分子的真实状态，对原位研究动态过程提供了可能性。

2. SAXS 的缺点

得到的信息量很少，要得到三维结构的信息很困难，只能得到一些比较粗略且分辨率低的信息，如生物大分子的大小、形状、某些关键的片段、各个组分之间的空间关系等。对于 SAXS 来说，分子越大实验越容易，这一点与晶体学正好相反。

3. SAXS 数据分析先用 RAW 软件

可以从 http://www.macchess.cornell.edu/MacCHESS/RAW_install.html 上免费下载软件并根据说明进行安装。进行数据缩减之后，一般用 ATSAS 软件包，里面包括很多小软件，可根据不同的需要选择合适的软件。求解大体形状时，可以用 gnom、damin、gasbor 等软件；如果是重建柔性区域，则可以用 credo、corel、crysol 等软件；如果是复合物结构重建，则需要用 massha、sasref、crysol 等软件。

每一种软件都可以在 https://www.embl-hamburg.de/biosaxs/software.html 上获得对应的指南。

4.2.2 实验材料

1. 试剂

(1) 60 μL 高纯度蛋白样品(浓度为 1～10 mg/mL，分子量小，浓度需要高一些；分子量大，浓度需要低一些)，如果是胞内蛋白，可以加 2～10 mM DTT 作为辐射损伤的保护剂。

(2) 10 mL 严格对应的缓冲剂。

2. 器械

同步辐射加速器 19U2 线站。

4.2.3 实验步骤

1. 数据缩减

(1) 将蛋白在 1～10 mg/mL 内用对应的缓冲液稀释 3 种梯度，并放在 19U2 线站内的样品托盘上。

(2) 在 19U2 线站的软件上设置样品名称、收集顺序及保存路径。

关键步骤

这里需要注意的是，该软件是在Linux操作系统下工作的，因此在样品名称中不得出现空格和“/”等符号，如果一定要分割，则用下划线符号。另外，如果是在新的文件夹中开始收集，则在Next tube No.上填写“1”；如果是在原来的路径中继续收集，则千万不要更改，不然同一个序号的数据后者会覆盖前者，这就意味着之前收集的数据需要重新收集。

(3) 打开光源并点击“Run”，开始收集数据，在19U2线站的ALBRA软件上检查检测器(Detector)收集的散射光图片是否正常。如果是圆形的光斑，那就是正常的；如果边缘上有刺头，则说明光路有问题，需要找线站的工作人员重新调整光路。

(4) 将收集好的数据传到19U2线站中的另一台Windows系统的电脑上，此电脑上已经安装好了RAW、ATSAS等分析软件。每一次收集数据之前，线站的工作人员会帮我们调整好光路和设置，并保存一个cfg文件，打开RAW，先将路径调整至cfg文件所在的位置，并双击该文件，这样才可以导入当天的参数。

(5) 然后将文件过滤成tif文件，每一个样品我们一般收集20个数据，选择某一个样品的20个数据，点击“Plot”，此时旁边的窗口会显示20条曲线，并且在正常情况下它们会几乎重叠在一起，如果没有，将不重叠的那些数据删除，选择剩余的数据后点击“average”。平均出来的数据我们需要自行保存。

(6) 一般每一个样品前后都会测对应的缓冲液，因此可以选择前面或后面紧挨着的数据作为该样品的背景并扣除。将样品和缓冲液都进行平均后，在缓冲液数据旁边点亮“★”，并选择样品，点击“Substract”。此时得到的数据是将背景扣除后的样品纯粹的信息。同样，Substract后的数据也需要保存，一般文献中提供的原始数据都是从Substract开始展示的，并且后面的一系列分析也都是基于这个原始数据来进行的。因此这一步要做好，不然后面的分析都不可信。

(7) Substract后的数据可以用记事本打开，里面的数据可以用Prism重新绘图。

2. 数据分析

(1) 打开ATSAS软件中的“SAS Data Analysis”，将通过数据缩减(Data Reduction)得到的Substract数据拖到界面中。

(2) 一般比较3种浓度梯度的信号强度，保证在s小的地方信号没有过度，在s大的地方信号尽可能少波动。如果数据从头到尾都是信号很强的状态，那么这种数据则不太真实。如果3种浓度梯度信号中没有一个能满足这个条件，那么可以将高浓度的尾部和低浓度的头部进行合并(Merge)，方法是通过软件中“Processing”下的“Scale”将高低浓度的数据进行拟合，使两个数据在某一点有重叠，再点击“Merge”，这时软件会自动生成一个新的数据，而这个数据可以用来进行后面的分析。

(3) 初步分析，一般需要看样品的回旋半径是否是浓度依赖的，以及D_{max}是否是浓度依赖的，见表4.2。

回旋半径和蛋白的等电点一样是样品的固有属性，原则上它不可能随着样品浓度的变

表 4.2　研究蛋白质的实验和计算结构参数

蛋白质	MM (kDa)	使用的 PDB	Abs $I(0)/c$ (10^{-2} cm^2 · mg^{-1})	R_g (nm)	MM$_1$ (kDa)	MM$_2$ (kDa)	MM$_3$ (kDa)	Δ_1 (%)	Δ_2 (%)	Δ_3 (%)
核糖核酸酶 A	13.7	1FS3	1±0.05	1.58±0.04	10.3	13.9	10	−24.6	1.4	−27
溶菌酶	14.3	1LYZ	1.03±0.06	1.43±0.04	11.2	14.3	11.1	−21.9	0	−22.7
糜蛋白酶原 A	25	2CGA	1.85±0.03	1.85±0.01	22.9	25.7	23.4	−8.3	2.6	−6.4
碳酸酐酶	29	1V9E	2.39±0.15	2.08±0.03	30.8	33.1	29.4	6.4	14.2	1.5
卵白蛋白	45	1OVA	3.21±0.08	2.66±0.04	41.9	44.6	46	−6.8	−1	2.2
牛血清白蛋白	66	1N5U	4.84±0.13	2.99±0.08	60.4	67.1	62.2	−8.5	1.7	−5.7
乙醇脱氢酶	150	1JVB	6.24±0.26	3.27±0.03	85.3	86.4	92.6	−43.1	−42.4	−38.3
醛缩酶	158	1ZAH	11.16±0.7	3.51±0.13	144	155	150	−8.7	−2.2	−5.2
葡萄糖异构酶	173	1OAD	11.58±0.24	3.25±0.07	137	160	—	−20.6	−7.2	—
β-淀粉酶	200	1FA2	13.53±1.32	4.22±0.04	174	187	—	−12.9	−6.3	—
过氧化氢酶	232	4BLC	15.85±0.4	3.84±0.13	187	220	197	−19.5	−5.4	−15.2
载铁蛋白	440	1IER	25.91±2.56	7.05±0.21	324	359	345	−26.3	−18.4	−21.6
甲状腺球蛋白	669	—	53.01±1.88	7.56±0.19	622	734	—	−7	9.7	—
平均								16.5	8.7	14.6

化而变化。D_{max}是样品的最大直径，如果溶液中的样品是一个均匀的介质，那么它不会是浓度依赖的。如果 D_{max}随着浓度变高而变大，那么极有可能是样品有很强的聚集能力，这种情况下我们只能用低浓度的数据。而回旋半径和分子量是呈正比的，分子量越大回旋半径越大。回旋半径可以通过软件中的"Radius of gyration"（回旋半径）来进行计算，这里用到的是 Guinier 公式，因此需要满足 $s \cdot R_g < 1.3$，并且需要让实际的样品曲线尽量和拟合后的线性曲线重叠。同时也要保证曲线的上下分布是均匀的，避免多数在上面或者下面。

（4）下面是 D_{max}的计算，点击"Distance Distribution"，会出现如图 4.8 所示的界面。我们需要关注的是 $p(r)$ vs. r 曲线的尾部需要平缓地往下走，如果很陡则需要人为地在范围（Range）内改变包括的点的数目来变化。上面的质量（Quality）是表征这套数据的质量的标准，当然这个数值越高越好，但我们更多地还是要看圆圈中的图形。点的数目不需要太多，如果是好的数据则可以留很多点，但如果 s 很大的地方噪声很大，则可以只留 400～500 个点，即 s 在 0.2 左右的数据也是可以的。点击"Finish"后会提醒保存数据，保存后可以用记事本打开，将里面的数据用 Prism 重新画图。

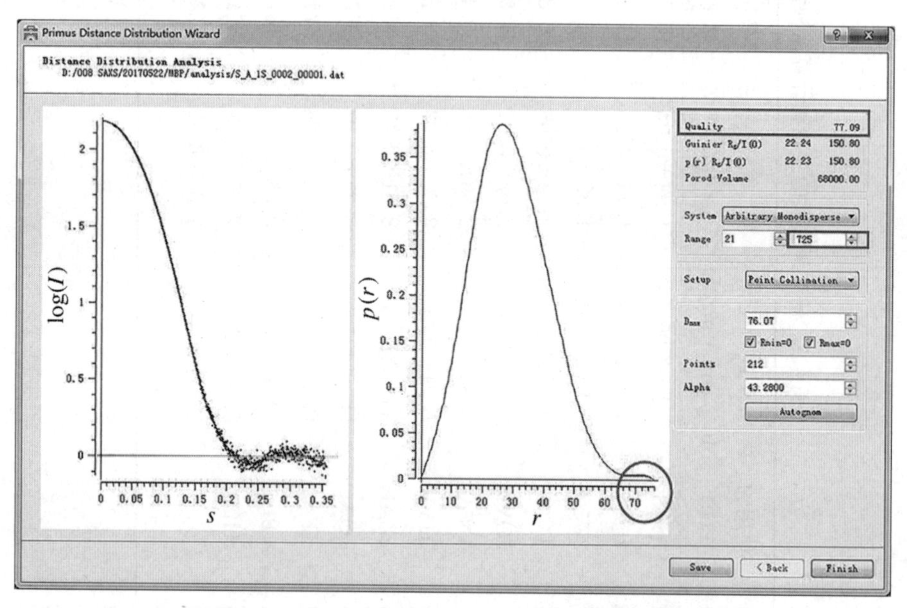

图 4.8　点击"Distance Distribution"出现的界面

3．建模

（1）在做完初级分析后，后面完全是根据实验目的来选择特定的软件，在 SAS 数据分析中已经整合了 Dammif、Crysol、Oligomer、Bodies 等常用软件，其他软件全部都可以在 ATSAS 软件包中找到。不同的软件在 Embl-hamburg 网站上都能找到相应的指南，因此这里以 Dammif 软件为例来介绍如何建模（图 4.9）。

（2）点击"Dammif"，选择"Manual"，在计算 R_g 时选择合适的点，在 D_{max}上参考上述"数据分析"中的步骤（4），也可以在前面把数据记下来，直接在这里输入，点击"Next"，直到出现最后的界面。如果知道该样品的对称性,那么可以选择,如果不知道,则默认是P1对称性。在等距(Anisometry)上可以选择是球形还是长棍形,在尺度(Angular Scale)上可以选择是纳米(Nanometer)级别还是埃(Angstrom)级别,默认都是“Unknown”。在“Mode”上可以选择“Fast”或者“Slow”,区别是在计算时间上“Fast”更快,并且模型中球的数量更少,但轮廓更明显;如果是“Slow”模式,那么计算时间很长,模型中球的数量更多,轮廓不明显。在“Repetition”上可以选择计算的轮数,可以自定义计算几轮,每一轮计算产生一个模型,最后通过“Damaver”和“Dammin”进行“Refine”后可以通过RMS比较来选择最优值。

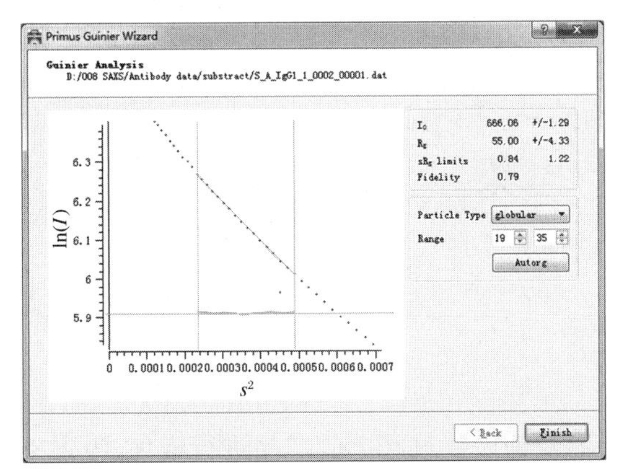

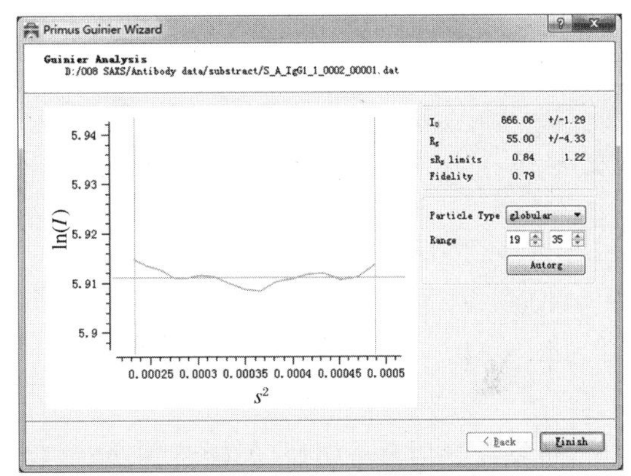

图4.9 以Dammif软件为例建模

4.2.4 针对性建议

(1) 首先要明确实验目的,小角散射不像晶体衍射那样能从原子层次上进行解释,不同的实验目的所需用到的软件是不一样的,如果只是为了凑数据,那么还是建议大家把更多的心思放在长晶体上,不要觉得小角散射是个捷径。大部分情况下,小分子(<80 kDa)且单体蛋白不适合做小角散射,虽然蛋白分子量越大越好,但也不能是聚集体。如果是有规则的多聚体,那么可以用WAXS。

(2) 其次,小角散射一般是辅助型实验,比较适合与晶体结构或NMR联用。如果只是单纯的SAXS数据,因其分辨率很低,故无法得到具体的结果,但有一点需要强调的是,它是检测蛋白在溶液中的构象的很方便的手段,这是因为同是溶液样品,NMR只能用在很小的样品中,而SAXS在这一点上则没有什么限制。

(3) 如果只需确定蛋白的形状,则可省去前面的数据,不需要取太多数据。

参 考 文 献

[1] Konarev P V, Volkov V V, Sokolova A V, et al. PRIMUS: A Windows PC-based System for Small-angle Scattering Data Analysis[J]. Journal of Applied Crystallography,2003(36):1277-1282.

[2] Nielsen S, et al. BioXTAS RAW, A Software Program for High-throughput Automated Small-angle X-ray Scattering Data Reduction and Preliminary Analysis[J]. J. Appl. Cryst.,2009(42):959-964.

[3] Franke D, Svergun D I. DAMMIF, A Program for Rapid Ab-initio Shape Determination in Small-angle Scattering[J]. Journal of Applied Crystallography,2009(42):342-346.

[4] Andrew W, Martino B, Stefan B, et al. SWISS-MODEL: Homology Modelling of Protein Structures and Complexes[J]. Nucleic Acids Research,2018(46):296-303.

[5] Petoukhov M V, Franke D, Shkumatov A V, et al. New Developments in the ATSAS Program Package for Small-angle Scattering Data Analysis[J]. Journal of Applied Crystallography,2012(45):342-350.

[6] Semenyuk A V, Svergun D I. GNOM: A Program Package for Small-angle Scattering Data Processing[J]. Journal of Applied Crystallography,1991(24):537-540.

4.3 负　染

4.3.1 实验简介

负染就是用重金属盐(如磷钨酸、醋酸双氧铀)对铺展在载网上的样品进行染色;吸去染料,待样品干燥后,样品凹陷处铺了一薄层重金属盐,而凸出的地方则没有染料沉积,从而出现负染效果。负染可以显示生物大分子、细菌、病毒、分离的细胞器以及蛋白质晶体等样品的形状、结构、大小以及表面结构的特征。

4.3.2 实验材料

1. 试剂

2%或3%醋酸铀。

2. 器械

Gaten Plasma System(Gaten 等离子系统)、铜网、精细镊子、格式化的 U 盘、Tecnai G2 120 kV 电镜。

4.3.3 实验步骤

Tecnai G2 120 kV 电镜基本操作步骤如下:

1. 准备步骤

向冷阱中加液氮,如图 4.10 所示。电镜在使用前需要提前冷却,冷阱冷却镜桶大概需要 1 h 以上。

(1) 进入电镜控制系统(操作者需要进入自己的使用者账户),检查电脑屏幕右下角托盘中的图标是否为绿色(■),然后按顺序启动 TUI (Tecnai User Interface)和 TIA(TEM

Image and Analysis)系统。

(2) 升高压,点击“High Tesion”,将高压升至120 kV。

(3) 开灯丝,点击“Filament”(注意:当长时间离开时,需关闭灯丝)。

图4.10　向冷阱中加液氮

2. 准备样品

常规常温样品准备:

(1) 制备带有样品的铜网。

用Gatan Plasma System等离子清洗机处理铜网,用氢气、氧气处理10 s。用自锁镊子夹住铜网,正面朝上,加5 μL样品,静置1 min吸附。用滤纸边缘吸去多余样品,加5 μL醋酸铀,静置1 min染色。用滤纸边缘吸去多余染液,于灯下烤干15 min以上。

注意:样品多且对温度不敏感时,可在封口膜上将多个样品同时操作。样品可保存一周。

(2) 如图4.11所示,将样品铜网固定在样品杆上。

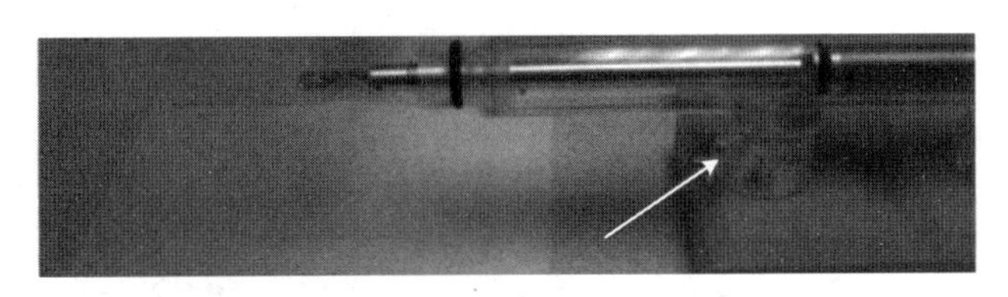

图4.11　将样品铜网固定在样品杆上

(3) 取出如图4.12所示的工具。

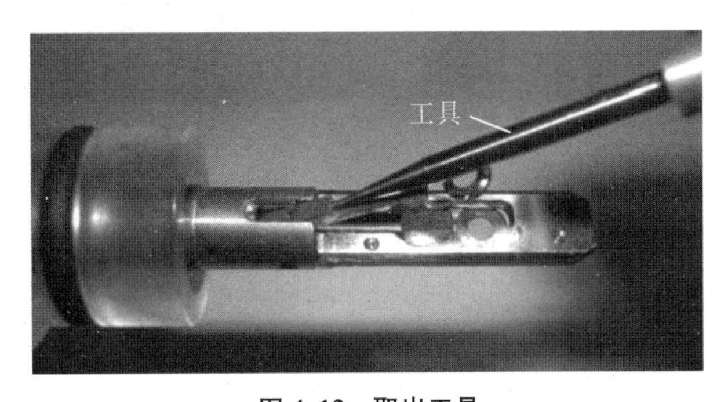

图4.12　取出工具

(4) 使用该工具将样品杆末端的弹簧夹掀起,用镊子把样品铜网放入样品。

注意:铜网插入电镜前,必须完全干燥。

3. 插入样品杆(常温常规样品杆)

(1) 设置抽真空时间。

(2) 检查镜筒阀是否关闭,黄色(Col. Valves Closed)表示关闭。

(3) 将样品末端的细小针尖[图4.14(a)中虚线箭头所示位置]对准样品台上的细缝(五

点钟位置),插入样品杆。预抽循环将会自动开始,请等待直至样品台上的红色指示灯熄灭。图 4.14(b)中箭头所示红灯熄灭后,将样品杆逆时针旋转至少十二点钟位置,然后小心并缓缓地将样品放入。

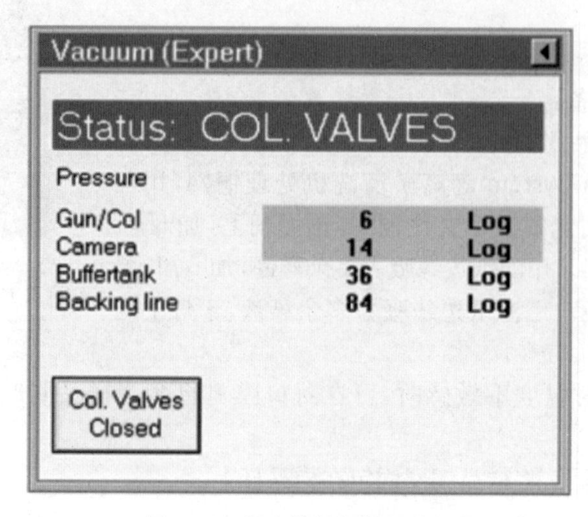

图 4.13　检查镜筒阀是否关闭

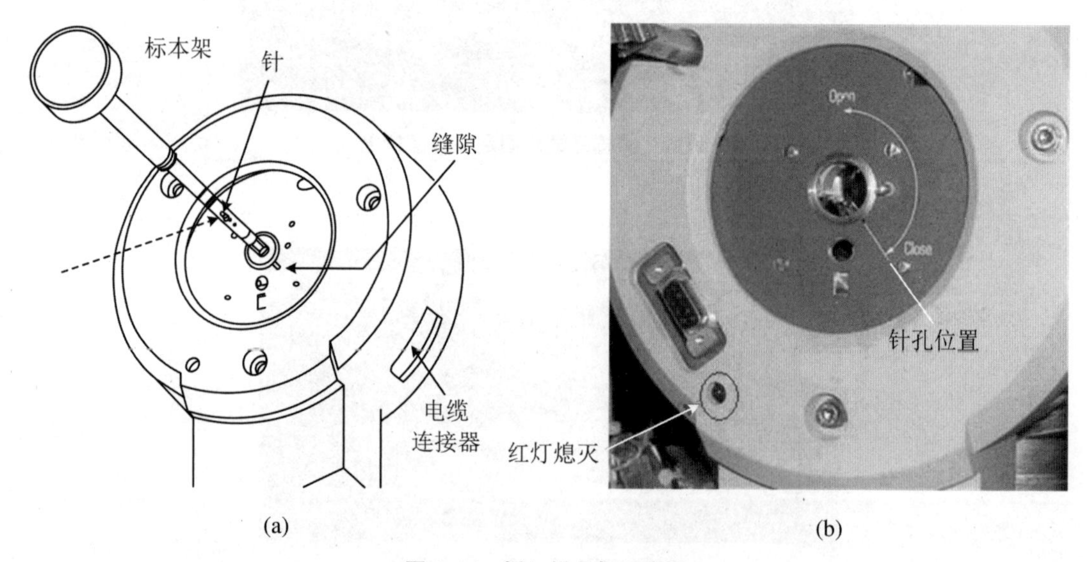

图 4.14　插入样品杆示意图

(4) 检查设置页中镜筒真空读数,即 Column 值是否为 20 以下,若在 20 以下,即可打开镜筒阀,点击“Col. Valves Closed”,此时 V4 和 V7 阀会被打开,即可开始观察样品。

4. 电镜基础调节

(1) “Eucentric Focus”操作。

做排列前,必须按下“Eucentric Focus”,如图 4.15 所示。用“Intensity”改变光斑大小的时候,最好顺时照明(即顺时扩大光斑)。

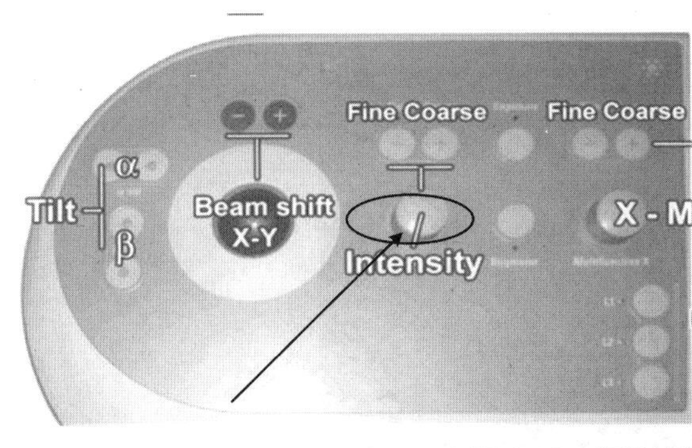

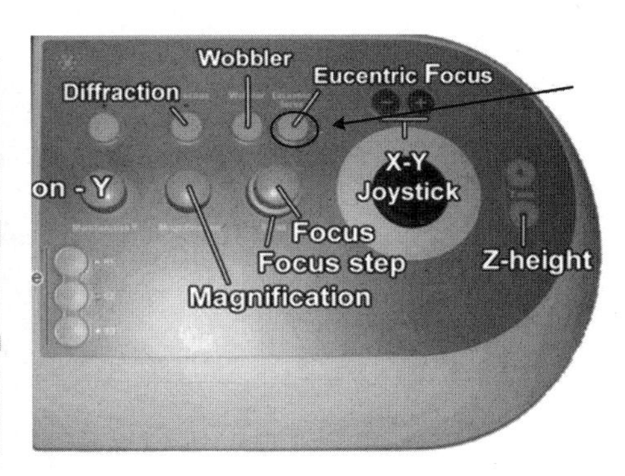

图 4.15　各种按钮示意图

(2) 调节“Z-height”，使样品位于等中心高度。

寻找样品中的特定物体作为参照物，激活“Alpha wobbler”，样品台正负 15°摆动，调节 Z 轴按钮，使荧光屏上的目标物近似不动，如图 4.16 所示。

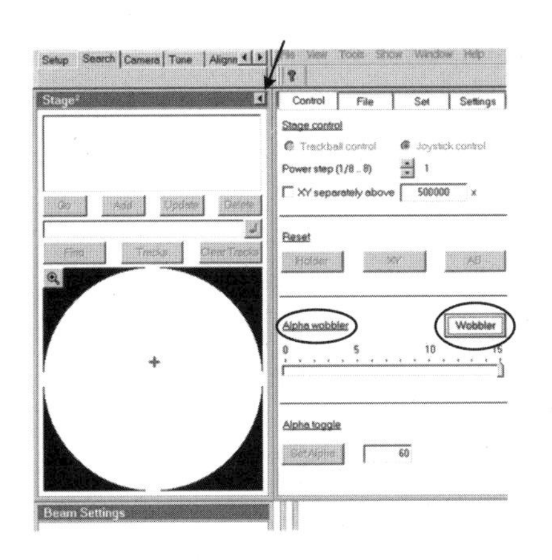

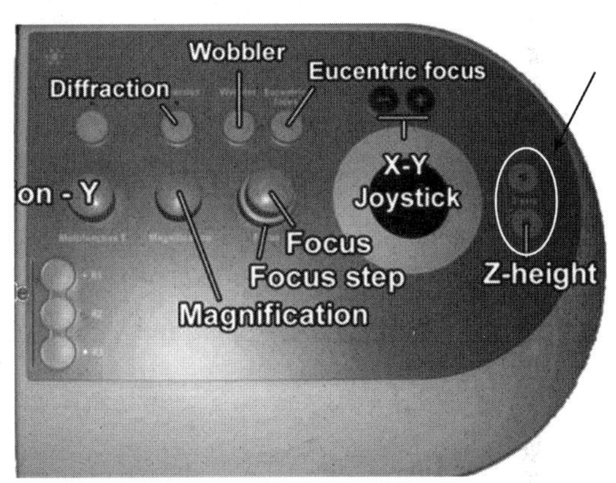

图 4.16　激活“Alpha wobbler”

(3) “Gun tilt”功能。

激活“Direct alignment”中的“Gun tilt”功能后，用“Multifunction X/Y”旋钮将荧光屏上的电流值(Screen Current)调到最大，肉眼观察并调至光斑最亮。

(4) C2 聚光镜光栏居中及象散矫正。

① C2 聚光镜光栏居中。插入聚光镜光栏(一般生物样品用 3 号光栏)，用“Intensity”逆时针聚拢电子束，用“Beam Shift”移光到中心，顺时散开电子束。若光斑与荧光屏不是同心相切，则调节 C2 光栏上的 X/Y(图 4.17)旋钮，使光斑同心相切。

重复以上步骤，保证光束于最小和最大状态下都位于荧光屏中心。

② C2 聚光镜象散矫正。若光斑呈椭圆形，则说明 C2 聚光镜有象散，需要矫正，选择“Stigmator”(图 4.18)，再点击“Condenser”。

如图 4.19 所示，使用面板中的多功能按钮，调节 X 和 Y 方向上的象散校正线圈的强度，使光束变圆且能够同心散开。

图 4.17　调节 C2 光栏上的 X/Y

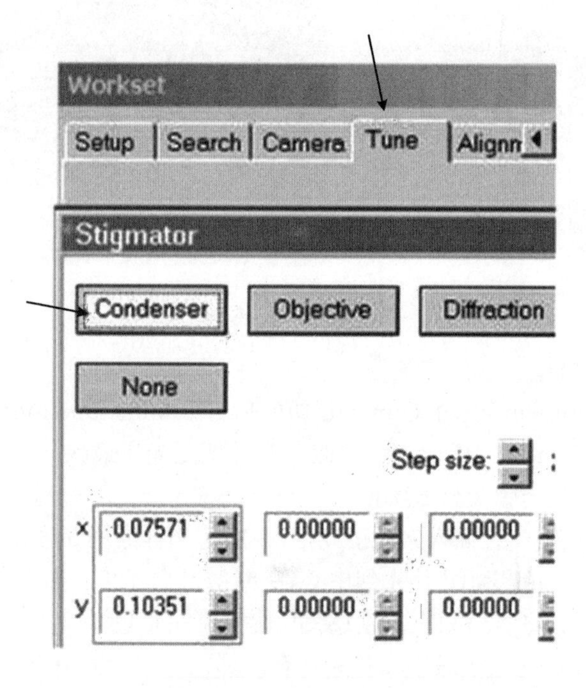

图 4.18　选择“Stigmator”

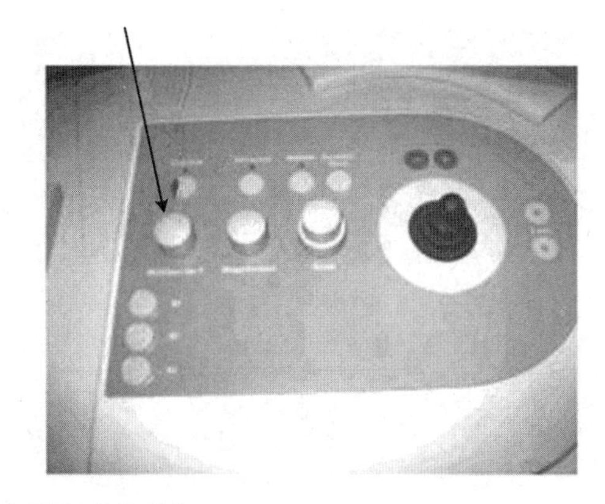

图 4.19 面板中的多功能按钮

③ 点击调节页中的“None”,结束象散调节。

(5) Direct Alignments 界面。

① 如图 4.20 所示,转到用户界面中的调节页,选择直接调节项目。

② 依次选择图 4.20 中框内的每一项,使用控制面板上的多功能调节旋钮,使荧光屏中的两束光重合且颤动最小。

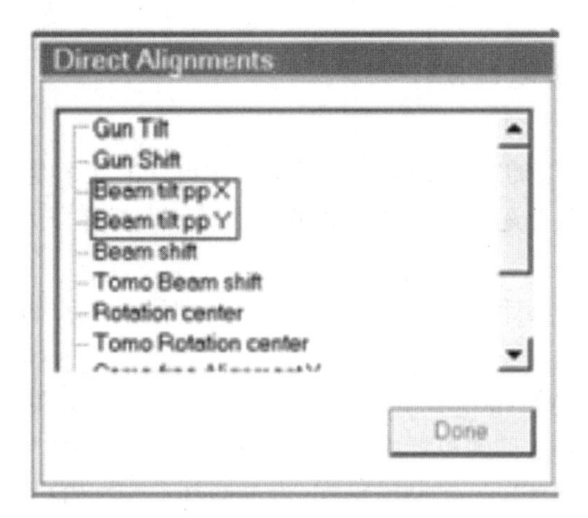

图 4.20 Direct Alignments 界面

③ 选择“Beam shift”,使用多功能调节旋钮,将光束移动至荧光屏中央。

(6) 物镜光栏居中及物镜象散矫正。

① 物镜光栏居中。在衍射(Diffraction)模式下插入物镜光栏(一般生物样品用3号光栏),调节物镜光栏上的 X/Y 旋钮,使物镜光栏居中。

② 物镜象散矫正。在碳膜区域稍欠焦的状态下,可用 CCD 观察(图 4.21),激活 Live FFT,依次点击“Stigma”→“Objective”,调节 MF X/Y,将傅里叶环调成圆形。

(7) “Gain Reference”,调节操作(选做,做 ET 必须要做的一步)。

① 去除暗电流。

a. 找一个空白区域,使光散开。

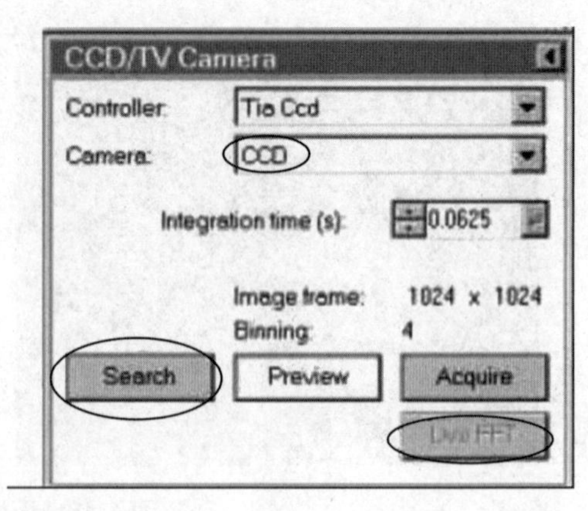

图 4.21　CCD 观察

b. 关掉“Column”。

c. 依次点击“CCD/TV Camera”→“Bias gain reference”→“All Bias”。

② “All Gain”操作。

a. 打开“Column”。

b. 在空白区域,使光散开至整个荧屏。

c. 点击“All Gain”。

③ 检测 Gain Reference 的效果。

a. 获得(Acquire)一张图。

b. 点击 TIA 软件右边的“Auto-Correlation”(做得好的状态是只有中间一个亮点)。

注意:做冷冻电镜时,上述的电镜基础调节步骤需要在暴露(Exposure)模式下做。

5. 样品观察

(1) 选定 Search、Focus 和 Exposure 所需的放大倍数及光点直径(Spot Size)和所需的光斑大小。

(2) 将 Search 模式与 Exposure 模式位置对准,找一个明显的样品参照物,在 Exposure 模式下用样品扭杆将参照物移到视野中央,再切换到 Search 模式下,依次点击“Low Dose”→“Option”→“Search Shift”,调节 MF X/Y,将参照物移到视野中央。

(3) 在 Search 模式下寻找样品,在 Focus 模式下调节焦距,在 Exposure 模式下拍照。

参 考 文 献

[1] Wzab C, et al. Structure Determination of CAMP Factor of Mobiluncus Curtisii and Insights into Structural Dynamics[J]. International Journal of Biological Macromolecules, 2020(150): 1027-1036.

[2] Riepenhoff-Talty M, Barrett H J, Spada B A, et al. Negative Staining and Immune Electron Microscopy as Techniques for Rapid Diagnosis of Viral Agents[J]. Blackwell Publishing Ltd., 1983 (420): 391-400.

4.4　冷冻电镜样品制备

4.4.1　实验简介

在低温下使用透射电子显微镜观察样品的显微技术叫作冷冻电子显微镜技术，简称冷冻电镜(cryo-Electron Microscopy，cryo-EM)。

冷冻电子显微学解析生物大分子及细胞结构的核心是透射电子显微镜成像，其基本过程包括样品制备、透射电子显微镜成像、图像处理及结构解析等几个基本步骤(图 4.22)。在透射电子显微镜成像中，电子枪产生的电子在高压电场中被加速至亚光速并在高真空的显微镜内部运动。根据高速运动的电子在磁场中发生偏转的原理，透射电子显微镜中的一系列电磁透镜对电子进行汇聚，并对穿透样品过程中与样品发生相互作用的电子进行聚焦成像及放大，最后在记录介质上形成样品放大几千倍至几十万倍的图像，利用计算机对这些放大的图像进行处理分析即可获得样品的精细结构。

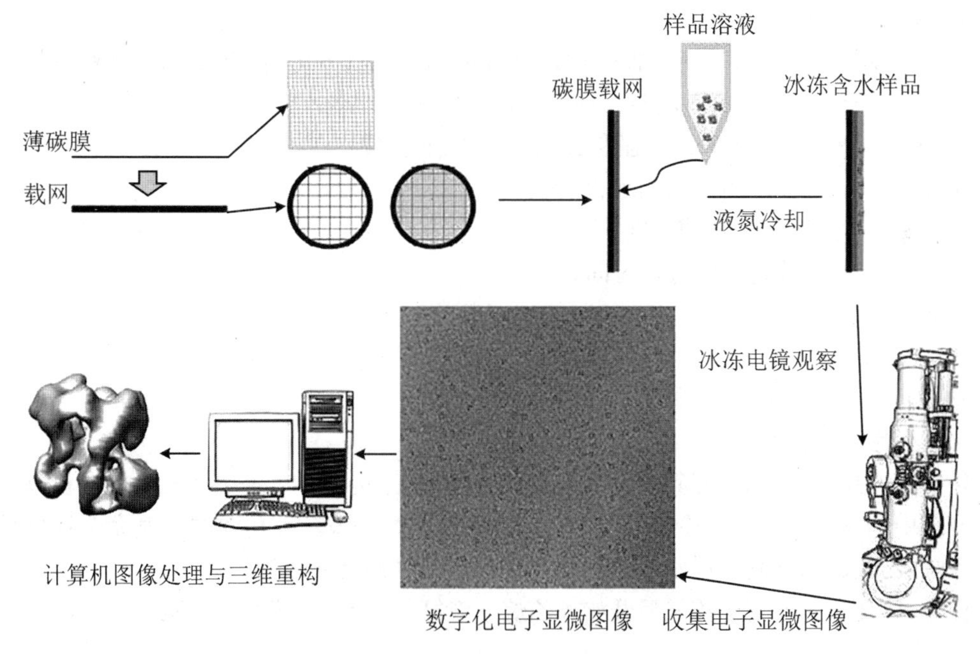

图 4.22　电镜解析结构流程图

其优点概括如下：

样品需求量少。一个冷冻样品只需要 3～5 μL 0.1～1 μmol 的蛋白质溶液，更接近生理状态。冷冻电子显微学通过将样品快速冷却至玻璃态冰，以达到固定生物含水样品的目的，其观察的结构信息基本反映了样品冷却前的瞬时状态。

适用研究对象广泛。从细胞、细胞器到分子量在200 kDa以上(最近的一些工作报道了分子量在200 kDa以下的蛋白质分子的冷冻电镜结构)的大分子复合体。

4.4.2 实验材料

器械:Vitrobot。

4.4.3 实验步骤

Vitrobot制样的基本操作如下:

(1) 加水:用针筒从下面的软管注入20~30 mL纯水。

(2) 装滤纸:打开机器,装上滤纸,点击“Reset Blot Paper”和“Blot”。

(3) 设置参数。

① 在Console(控制台)下设置:

温度(一般设为22 ℃)和湿度(设为100%)。

② 在Options(选项)下设置:

a. Miscellaneous(各项):

选上“Use Footpedal”(使用脚踏板)、“Humidifier off during Process”(过程中加湿器关闭)、“Skip Grid Transfer”(跳过Grid传输)。

b. 在Process Parameter(过程参数)下设置以下参数:

Blot time(S):滤纸吸附铜网液体时间。

Blot force:滤纸夹铜网的力度。

Wait time(S):吸附前的等待时间。

Blot total:滤纸吸附次数。

Drain time(S):Blot后的等待时间。

Skip application:跳过加样。

(4) 乙烷容器准备工作。

往中间的孔中加液氮,使其充满整个乙烷容器,并让其冷却。等中间孔中的液氮挥发完后再向孔中加少许液氮再次冷却,同时将孔外面的液氮加满。等孔中的液氮完全挥发后开始通乙烷,乙烷加八分满。待乙烷达到固液共存状态时移走导热杆。

注意:等孔中液氮完全挥发后开始通乙烷。液氮干净新鲜,液氮罐干燥。

(5) 制样。

① 装镊子。镊子夹好铜网后(铜网需先用离子清洗机处理),装在Vitrobot上,让铜网正面朝右,镊子有字一面朝向操作者。踩一下脚踏板,将镊子升上去。

注意:铜网要夹紧。

② 将乙烷容器放在操作台上,踩一下脚踏板,将乙烷容器升上去。

③ 打开 Humidity(湿度),将湿度升到 100%后关掉。

④ 踩一下脚踏板,镊子掉下一点后,加样品。

⑤ 踩一下脚踏板,用滤纸吸附多余的样品,让镊子快速掉进乙烷中,将乙烷容器降下来。

⑥ 补充液氮,取下镊子。注意不能碰撞铜网,也不能让铜网离开乙烷。

⑦ 将乙烷容器转移至桌面,松开镊子上的固定圈,将铜网迅速转移到液氮中,然后转移至样品盒内。

(6) 收尾工作。

取出滤纸,将镊子用电吹风吹干,将容器中的液氮和乙烷倒掉后放入通风橱中风干,退出程序关机,关闭 Vitrobot 的电源,抽出剩余的纯水。将所有物品归位后,登记使用记录。

参 考 文 献

[1] Taylor K A, Glaeser R M. Electron-diffraction of Frozen, Hydrated Protein Crystals[J]. Science, 1974(186):1036-1037.

4.5 结 晶 筛 选

4.5.1 实验简介

蛋白结晶是一个有序化的过程,即蛋白质由在溶液中的随机状态转变成规则排列的状态。当蛋白质溶液达到过饱和状态时,能形成一定大小的晶核,溶液中分子失去自由运动的能量,不断结合到形成的晶核上而长成适合 X 射线衍射的晶体。结晶过程分为两步:首先形成晶核,而后形成晶体,其中形成晶核是一个关键的步骤。下面以蛋白结晶的相变过程简要介绍结晶的一般方法以及涉及的关键因素。有 4 种主要的蛋白结晶方法,即批量结晶法(Microbatch)、气相扩散法(Vapor Diffusion)、透析法(Dialysis)、自由界面扩散法(Free Interface Diffusion)。尤以气相扩散法最为常用,气相扩散法又细分为悬滴法(Hanging Drop)和坐滴法(图 4.23)。蛋白浓度、沉淀剂浓度、添加剂浓度、pH、温度等都是影响蛋白结晶的关键因素。这里以气相扩散法来说明蛋白结晶的相变过程(图 4.24),假定浓缩的蛋白溶液与母液以一定比例混合后形成的液滴刚开始是澄清的,也就是说蛋白质分子尚处于非饱和状态。由于混合的液滴与下槽的母液都处于封闭环境中,并且母液的浓度要高于液滴的浓度,因此随着时间延长,借助水蒸气的扩散,液滴的水分会逐渐减少,意味着其中的蛋白质浓度与沉淀剂浓度都会逐渐升高,直到条件变化至成核区域(Nucleation Zone)中。晶核形成后溶液中的蛋白分子不断自发地结合到形成的晶核上,从而长成适合 X 射线衍射的晶体,即相变至亚稳态区域(Metastable Zone),在成核区域相变至亚稳态区域的过程中可以看到液滴中的蛋白浓度是直线下降的(图 4.24)。

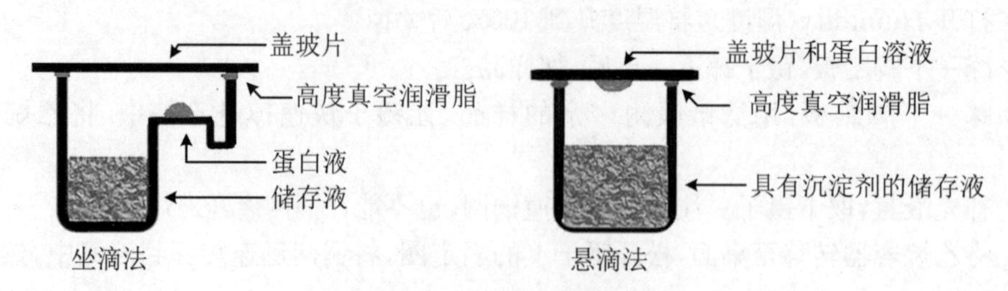

图 4.23　坐滴法与悬滴法

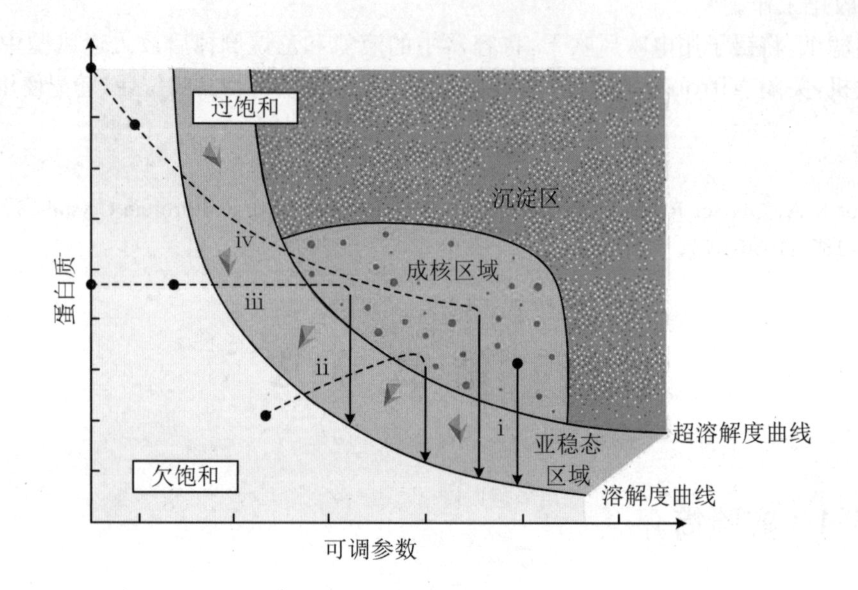

图 4.24　蛋白结晶原理

4.5.2　实验材料

1. 试剂

目的蛋白、结晶板、凡士林、硅化盖玻片等耗材。

2. 器械

恒温培养箱、体视显微镜。

4.5.3　实验步骤

1. 评估蛋白样品

(1) 浓度范围为 5～25 mg/mL，MBP 融合蛋白尽量浓缩至 30 mg/mL，甚至 50 mg/mL 以上。一般水溶性好的蛋白对初始浓度要求高一些，分子量小的蛋白对浓度要求高一些，分子量大的蛋白对浓度要求低一些。在纯化到目的蛋白之后，点晶体之前，需要对目的蛋白进行尽量多的状态评估，以提高实验效率。通常利用蛋白状态评估常见问题。

(2) 蛋白纯度。纯度是结晶性能最重要的前提条件。纯蛋白意味着翻译后修饰不存在异质性，也意味着杂质占总蛋白质的含量较低，如1%。可通过运行一块过载的凝胶电泳来检测蛋白纯度。如果要结晶蛋白-蛋白复合物，在建立结晶前需要进一步纯化，使形成复合物的蛋白从未形成复合物的蛋白中分离。

(3) 蛋白折叠。既可检测蛋白活性，也可检测蛋白的圆二色光谱(CD)来反映蛋白是否正确折叠。

(4) 新鲜制备蛋白。蛋白会随着时间降解使混合物变得不均匀，最好在蛋白纯化完成当天进行结晶实验。

(5) 在单一的蛋白聚合状态下，如仅存在单体或二聚体中的任意一种，可将分子筛纯化方法作为蛋白纯化的最后步骤，也可使用动态光散射器确定蛋白的聚合状态。

(6) 蛋白浓度。

(7) 确定蛋白在室温下是否稳定，是否需要添加一些东西(如盐)，蛋白降解是否迅速。

(8) 确定类似的蛋白是否结晶过，检查 PDB 并查看头部记录，以获得结晶化的详细信息。

2. 选择适当的晶体筛选试剂盒

市售的多种蛋白结晶筛选试剂盒，大多是基于随机法或者不完全因素法(Sparse Matrix Screen)设计的。最早由 McPherson 报道，收集了最常见的蛋白结晶条件，把这些因素进行随机组合而成。最经典的就是 Hampton Research 公司的水晶屏套件(Crystal Screen Kit)。后来新开发的试剂盒参考了更多蛋白样本。还有一些有一定针对性的试剂盒，如针对蛋白复合物的试剂盒(Protein Complex Screen)。Hampton Research 公司的 Natrix Screen 是针对核酸蛋白复合物结晶的试剂盒。可在实验室现有的结晶试剂盒的基础上，根据需要和样品特性选择。

3. 蛋白样品需选择适当的缓冲液

需要对蛋白缓冲液的喜好有一定的了解。如缓冲液 pH 远离蛋白等电点 1～2 个单位，则应尽量减少盐或其他组分(如甘油)。避开磷酸缓冲液，因为磷酸根容易与钙/镁离子互作，形成盐晶。根据需要判断是否需要加还原剂，如 DTT 等。

4. 悬滴法结晶实验的建立(预计消耗时间为 2 h/试剂盒)

挑选需要用到的结晶试剂盒(见附录)，按照试剂盒条件的顺序，在结晶板(一般为 24 孔)的盖子上做好编号，每完成一块结晶板的编号，切记将结晶板的盖子与底座做上唯一的标记，以防在后续步骤中不同结晶板的盖子与底座混淆。

完成对结晶板的编号与标记后，将试剂盒中的各种条件溶液一一对应地加入各孔中，即加入下槽液，下槽液的体积一般为 250～300 μL(如果是优化条件，为方便计算，体积为 500 μL)。

根据目的蛋白的个数或浓度，预先在一块盖玻片上点几个悬滴，确定数目(如 4～6 个)，进一步确定悬滴间的位置，在结晶板的盖子上最好画一个盖玻片示意图，将悬滴间的位置关系在示意图上标记清楚，留意盖玻片的正反面视角，观察悬滴间位置关系的差异，同时在结晶板的盖子上标记清楚姓名、实验日期、蛋白名称、蛋白浓度等相关信息。

按照设定的顺序，将目的蛋白点在盖玻片上，吸取对应的下槽液与之混合（目的蛋白的滴加量根据浓缩后的体积而定，确保目的蛋白的量是足以点完所有条件的，一般目的蛋白的滴加量为 0.2 μL；下槽液的滴加量取决于其与目的蛋白的比例，一般为 1∶1）。

待悬滴混合完成后，将盖玻片盖在对应的孔上，压片时用力适中，确保密封（如果结晶板没有自带封胶，那么需要在加入下槽液之前，在每个孔的边缘人工均匀地涂上凡士林等封胶）。

不同的蛋白结晶速度快慢不一，因此观察晶体形成情况的时间也没有规律，一般是在第二天进行第一次观察，将结晶板从恒温箱中取出，在显微镜下逐孔观察。注意观察时尽量迅速，避免光线、温度等外界条件的变化对晶体造成影响。

根据经验对每孔中的结晶情况进行判断，如遇疑似目的蛋白的晶体，要将对应的悬滴标记出来，留待进一步确定或冻存（大多数情况下，初步筛选一无所获是很正常的，在少数幸运的情况下，会观察到晶体或一些疑似晶体的物质，可能会存在各种形态，或太密集，或太小，或极不规则等，此时就需要对结晶条件进行优化）。

观察结束后，将出现疑似晶体的孔的编号记录下来，随即将结晶板放回恒温箱中，对照试剂盒的说明书及母液管壁上的注释，将记录下来的编号对应的条件挑选出来，并另记于实验本上。

5. 影响出晶的试剂成分参考

(1) 聚合物分子量大小。

不同分子量的聚合物（如 PEG）和水的作用方式不同，沉淀蛋白的能力也不同。一般来说，分子量大的 PEG，沉淀效果更强，更容易产生晶核。相反，分子量小的 PEG，更不容易让蛋白沉淀和结晶。因此有的蛋白能在较低浓度高分子量的 PEG（如 PEG8000）条件下长出晶体，但是不能在高浓度低分子量的 PEG 条件下长出晶体。另外，低分子量 PEG，包括 EG、PEG400 等，都是很好的防冻剂。在高分子量的 PEG 条件下长出的晶体，可以添加 20%左右的 EG 或 PEG400 来防冻。根据 PEGs 的相似性和不同性质，优化晶体时，可以尝试不同分子量的 PEG，以获得高质量单晶。

(2) 盐的种类和选择。

盐的种类有很多，对蛋白质结晶的影响也各有不同，总体来说基本符合 Hofmeister 定律。电解质溶液的表面张力会表现出特殊的离子效应，表面张力会随着盐溶液浓度的增加而增大，而在浓度增量相同时，不同的电解质溶液的表面能增量不相同，这个现象被认为是 Franz Hofmeister 效应。从大量实验来看，Hofmeister 序列离子对溶液的影响在盐浓度高的溶液中较明显，且阴离子的影响要大于阳离子的影响。模拟研究表明，溶剂化能在离子和周围水分子之间出现是 Hofmeister 效应形成机制的基础。Hofmeister 序列如下：$SCN^- < I^- < ClO_4^- < NO_3^- < Br^- < ClO_3^- < Cl^- < BrO_3^- < F^- < SO_4^{2-} < K^+ < Na^+ \ll Li^+ \sim Ca^{2+}$。序列中前几种离子可增强溶剂的表面张力，降低非极性盐析分子的溶解度（盐析），加强疏水作用。而最后几种离子可增加非极性盐溶分子的溶解度（盐溶），增加水的有序性，降低疏水作用。盐析效应通常用于蛋白质纯化，例如硫酸铵沉淀。然而，这些盐也直接与蛋白质相互作用（蛋白质带电且具有强偶极矩），甚至可以特异性结合（如磷酸盐和硫酸盐与 RNaseA 结合）。具有强烈盐溶效应的离子，如 i^- 和 SCN^- 是强变性剂，因为它们在肽基团中

盐化,因此与未折叠的蛋白质相互作用比与天然蛋白质相互作用更强,它们将去折叠反应的化学平衡转移到未折叠蛋白上。在一个含有多种类型离子的水溶液中,蛋白变性更加复杂。

4.5.4 针对性建议

实验前需确保蛋白样品比较均一。高速离心去除蛋白沉淀,提高蛋白的均一性。

根据目的蛋白初筛时出晶的大概时间,对优化的条件进行显微镜观察,如果能够观察到单个晶体,应尽快将晶体冻存起来,留待衍射。

晶体筛选前应尽量详细记录蛋白信息。

参 考 文 献

[1] Adachi H, et al. Application of A Two-liquid System to Sitting-drop Vapour-diffusion Protein Crystallization[J]. Acta Crystallographica Section D-structural Biology,2003(59):194-196.

[2] McPherson A, Gavira J A. Introduction to Protein Crystallization[J]. Acta Crystallographica Section F-structural Biology Communications,2014(70):2-20.

[3] Chayen N E. Turning Protein Crystallisation from An Art into A Science[J]. Current Opinion in Structural Biology,2004(14):577-583.

4.6 结晶条件优化

4.6.1 实验简介

利用晶体学方法获取蛋白结构往往需要付出极大的努力,因为在很多情况下,获得高质量的晶体是很困难的,大多数时候没有晶体或只有低质量的晶体,如出现孪晶、晶体太小、晶体不衍射等。以下是一些常见的关于晶体优化的相关内容。

如果只能得到微晶,那么可以改变结晶条件:沉淀剂浓度、pH(有时 0.1 pH 单位的改变足以影响出晶)、蛋白浓度(提高液滴中蛋白质的比例可以提高蛋白终浓度)、温度(如果需要 4 度结晶,可在结晶前预冷所有的溶液并于冰上操作)、液滴(更大的液滴可以形成更大的晶体,因为液滴中含有更多的蛋白质,平衡的速度更慢,也可以尝试坐滴或三明治滴)、蛋白自身。

1. 如果无法提高晶体质量,可以尝试改变蛋白

(1) 配体-蛋白复合物。

蛋白质结合配体可制备配体-蛋白复合物,因为配体的结合可能会连接两个子结构域而降低灵活性,所以将改变蛋白质的表面特性,可能会导致蛋白构象改变。

(2) 均质性。

非均质的第三、四级结构会阻碍结晶。判断蛋白质是否可分解成一个稳定的蛋白水解片段(或是“自发的”,或在一个附加的蛋白酶的帮助下),或蛋白质与同一家族其他蛋白质的同源性是否能降低到 n 末端和 c 末端。

(3) 结构域。

关于蛋白质是否有结构域,可通过检查 Pfam 数据库和 ProDom 数据库,利用 Psiblast 搜索获悉。

(4) 低复杂性区域。

有时点突变可阻止/启动蛋白质结晶。研究不同的物种是获得不影响功能的点突变集合的最简单的方法。

(5) 脱糖基作用。

对于糖基化修饰的蛋白质,松软和不均匀的碳水化合物可能会干扰结晶。可尝试酶促脱糖。

(6) 添加剂及洗涤剂。

最受欢迎的添加剂有甘油(通常用1%～25%甘油),它可以阻止成核,可带来更少、更大的晶体,并可作为冷冻保护剂;乙醇或二氧六环,这些物质会毒化晶体并使晶体停止生长,避免成核过多;二价阳离子,如镁;洗涤剂,如 β-辛基葡萄糖苷。Hampton 有 3 个添加剂筛选试剂盒和 3 个洗涤剂筛选试剂盒。找到合适的添加剂可能与找到蛋白质单一聚合态的条件有关。尝试使用不同的添加剂得到单一聚合态蛋白。

2. 晶体衍射的相关影响因素

(1) 衍射。

衍射取决于晶体大小。因为散射与晶体中的单位晶胞数成正比,单位晶胞数与晶体的体积成正比,所以将立方晶体的所有尺寸加倍,衍射就会达到 8 倍。相反,晶体中的单位晶胞数取决于单位晶胞的大小,而单位晶胞的大小又取决于蛋白质的大小。

(2) 秩序。

散射取决于每个单元的相同程度。同一性越强,散射越强。盐比蛋白质衍射更好,因为它更有序。

(3) 对称性。

对于同样大小的晶体,盐的衍射效果比蛋白质好,因为盐的单位晶胞要小得多。(盐晶衍射的光斑相距较远,在一个小的振荡角范围内,光斑可能会消失。在高分辨率下会有一些强烈的斑点,不会看到低分辨率的斑点。)

晶体的衍射质量可以随表 4.3 中任何的组合而变化。

表 4.3　衍射强度与衍射质量表

衍射强度	衍射质量
无衍射	多镶嵌晶体
弱衍射 10 埃	镶嵌晶体
衍射 3.5～6 埃	多晶体
衍射>2.8 埃	单晶体

4.6.2　实验材料

1. 试剂

目的蛋白、结晶板、凡士林、硅化盖玻片等耗材。

2. 器械

恒温培养箱、体视显微镜。

4.6.3　实验步骤

(1) 确定晶体生长条件。可使用自己配制的晶体母液,也可由其他试剂代替。建议在确定晶体生长条件时以母液管壁上标注的说明为准。

(2) 拟定优化方案。一般情况下将沉淀剂浓度拉梯度(当然也有其他方法,下文中会有所涉及),具体的做法是先设定梯度的两端值(即沉淀剂的最小浓度和最大浓度),随即配制好相应的 2 份母液,然后吸取 2 份母液按不同的比例混合以完成梯度设置,如出晶的条件中沉淀剂是 2 M 硫酸铵,那么可以将梯度设置为 1.5～2.5 M,配制 2 份结晶母液(溶液 A 和溶液 B),其含有沉淀剂的浓度分别为 1.5 M 和 2.5 M,注意这 2 份结晶母液中只改变了沉淀的浓度而其他成分的浓度和原始结晶条件一致。如果准备点 6 个孔,那么可以按表 4.4 中的比例分别吸取 2 份母液混合于相应的孔中。

表 4.4　吸取溶液 A 和溶液 B 的比例

孔数	1	2	3	4	5	6
溶液 A (μL)	500	400	300	200	100	0
溶液 B (μL)	0	100	200	300	400	500

(3) 当然也可以按照每 50 μL 为基础变量进行递减/递增,这样会产生 11 个条件。

(4) 如果要以 pH 为优化变量或者设置条件组合,方法同上述类似。

(5) 根据目的蛋白初筛时出晶的大概时间,对优化的条件进行显微镜观察,如果能够观察到单个晶体,那么应该尽快将晶体冻存起来,留待衍射。

4.6.4　针对性建议

(1) 应拍摄新鲜的晶体。晶体在生长后几天内就会变质。

(2) 镶嵌晶体需要仔细地收集数据。如果镶嵌性不会导致斑点彼此重叠,则可以进行数据收集。

(3) 明确使弱衍射晶体进一步衍射的方法。

(4) 注意辐射损伤。有些冻存的晶体在 X 射线照射下会衰减。晶体死亡表现在第一幅衍射图像上有微弱的衍射,第二幅图像上的衍射更少。

(5) 拍摄新鲜的晶体。轻轻地处理晶体,使用大环来冷冻。

(6) 脱水。将晶体置于较高的沉淀剂条件下使细胞收缩,这可以大幅度提高分辨率。

(7) 退火。把晶体冷冻在低温流中(不要射击),再放于室温下,然后再次放回结晶溶液中几分钟重新冷冻。

参考文献

[1] McPherson A, Cudney B. Optimization of Crystallization Conditions for Biological Macromolecules [J]. Acta Crystallographica Section F-structural Biology Communications, 2014(70): 1445-1467.

[2] Luft J R, et al. Efficient Optimization of Crystallization Conditions by Manipulation of Drop Volume Ratio and Temperature[J]. Protein Science, 2007(16): 715-722.

4.7 使用 PISA 进行生物大分子结构互作界面分析

4.7.1 实验简介

解析生物大分子结构以后,往往需要对结构中不同分子(链)之间的相互作用界面进行分析,得到分子间相互作用的关键信息,指导功能研究和应用。

本书介绍了 PDBePISA(简称 PISA)在线服务器的使用,网址为 http://pdbe.org/pisa/。这是一种基于网络的交互式工具,由 PDBe 提供,用于研究大分子复合物(蛋白质、DNA/RNA 和配体)形成的稳定性。除了对蛋白质数据库(PDB)中所有条目的表面、界面和组件进行详细的分析外,该服务还允许上传和分析自己的 PDB 或 mmCIF 格式坐标文件。

生物系统中大分子复合物的稳定性基本由以下物理化学性质决定:

(1) 自由形成能。

(2) 溶剂化能量增益。

(3) 界面区域。

(4) 氢键。

(5) 界面上的盐桥。

(6) 疏水特异性。

这些相互作用也可能在晶体系统中普遍存在,其中蛋白质分子在结晶溶液中彼此相互作用并将它们自身排列成有序的晶格以形成晶体。因此,考虑到一些结晶条件可以模拟溶液中的实际生物相互作用,晶体界面的分析和高阶结构的预测实际上可以反映生物系统中存在的那些相互作用。利用 PISA 服务,使用上面列出的所有标准来分析给定的结构并预测可能的稳定复杂性。但是,重要的是要强调 PISA 的结果是预测的,从中得出的任何结论必须依据其他生物和实验证据。如果可以获得所研究蛋白质的结构,则 PISA 的结果可用于验证独立的生化数据。

4.7.2　实验步骤

(1) 可以从 PDBe 页面上的多个位置访问 PISA。可以从 PDBe Services 页面访问该服务,如图 4.25、图 4.26 所示。

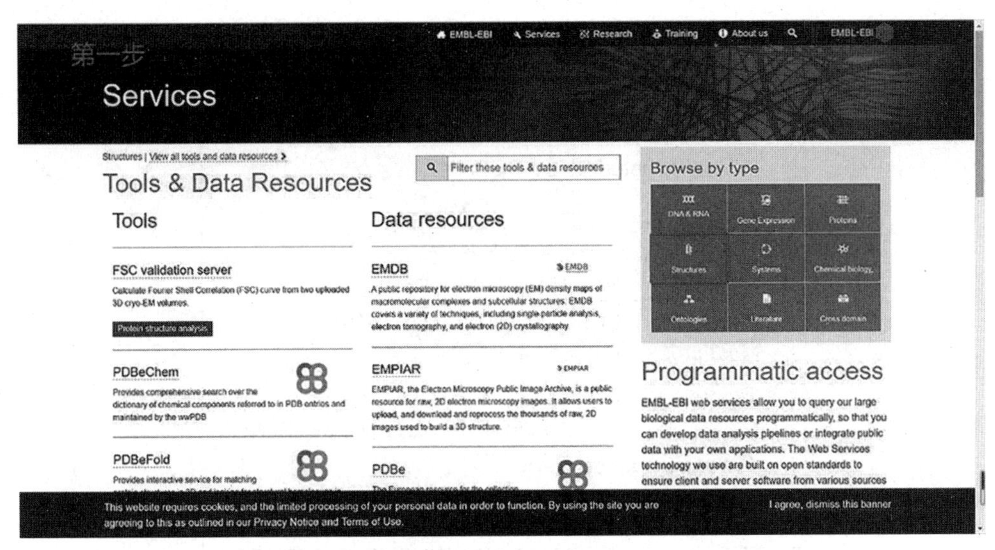

图 4.25　从 PDBe Services 页面访问 PISA(第一步)

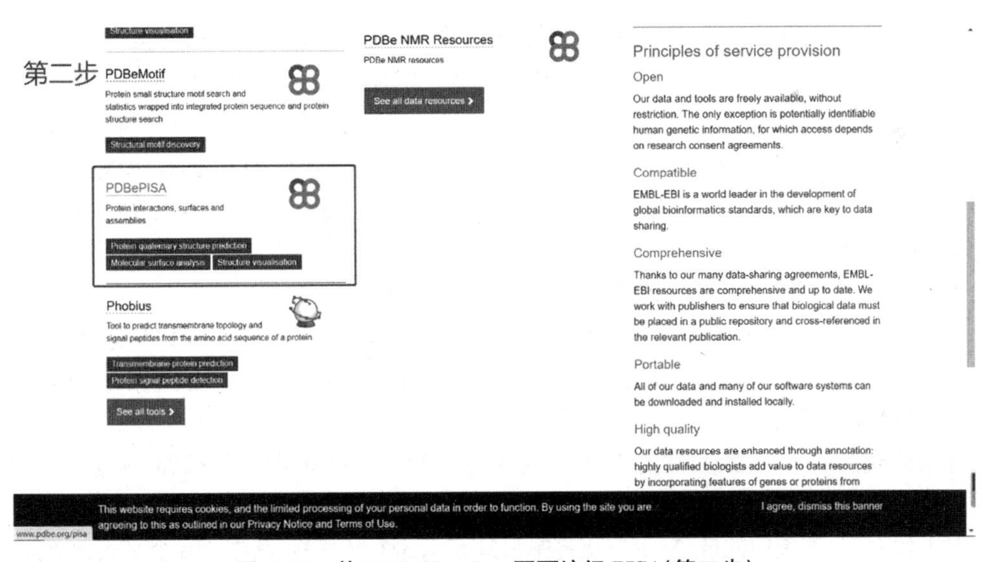

图 4.26　从 PDBe Services 页面访问 PISA(第二步)

还可以从特定条目的摘要页面访问特定条目的 PISA。单击左侧边栏上的链接转到 PISA。在出现的新页面上,选择"Start PISA"(图 4.27)。

然后打开提交表单,在提供的框中键入 PDB Id Code(图 4.28 中为"1n2c")。

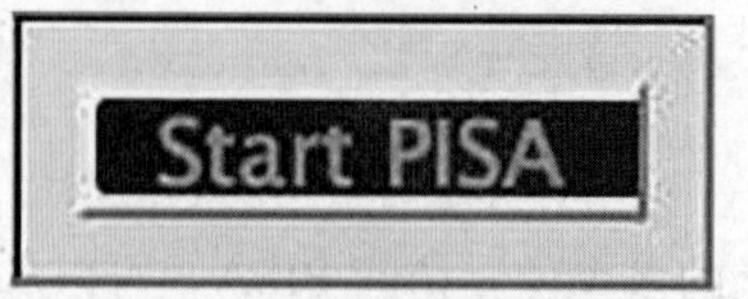

图 4.27　选择“Start PISA”

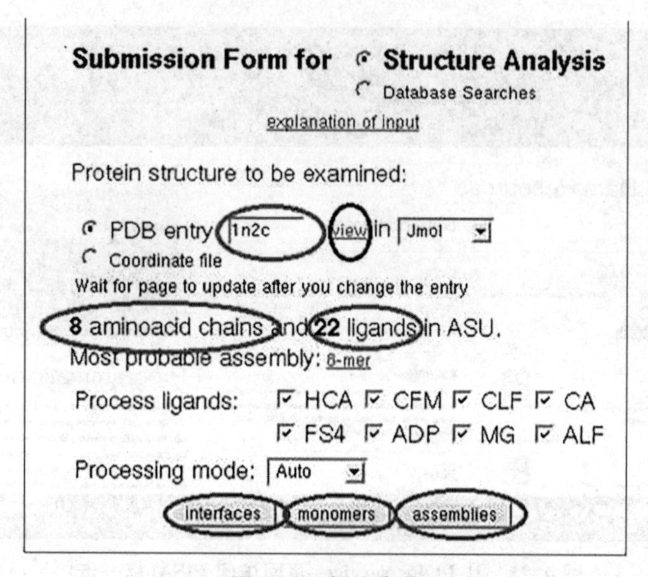

图 4.28　提交表单

一旦文件上传到服务器，它将为我们提供有关 PDB 条目的初步信息（蛋白质链和结合配体的数量）。条目 1n2c 具有 8 个蛋白质链和 22 个配体。最可能的组件称为 8-mer。

(2) 要了解有关此 PDB 条目的更多信息（如蛋白质的名称、来源等），请转到此条目的摘要页面。该条目的图册页面为我们提供了一个信息，即它是由 ADP-四氟铝酸盐稳定的固氮酶复合物结构。有 3 种不同的蛋白质：NIFD（链 A 和链 B）、NIFK（链 C 和链 D）和 NIFH1（链 E、链 F、链 G、链 H）。

我们可以单击“view”（图 4.28）来查看加载的 PDB 条目。

提交页面底部有 3 个按钮：“interfaces”（界面）、“monomers”（单体）和“assemblies”（组件）。它们中的每一个都提供与感兴趣的蛋白质相关的结构信息（如结合能、溶剂化能、埋藏表面积、H 键和盐桥等）。

首先让我们从 PDB 条目中存在的不同单体开始。如果单击单体按钮，则会获得 PDB 条目下有关单体的信息（图 4.29）。

对于代表钼-铁蛋白的链 A，蛋白质链中总共有 478 个氨基酸，其中 416 个是表面暴露的残基。该蛋白质 19473.3 Å2 的溶剂可及表面积和折叠的溶剂化能量（ΔG）为 −441.1 kcal/M。

同样，对于链 E，总共有 274 个氨基酸，其中 235 个存在于蛋白质表面上。该结构 11703.4 Å2 的溶剂可及表面积和溶剂化能量（ΔG）为 −268 kcal/M。

我们还可以通过单击对应于蛋白质链的字母（图 4.29 第 4 列中的 A、B、C、D、E、F、G、

H)在3D图形查看器中查看单个蛋白质链。

识别相互作用中的氨基酸残基:单击结果页面上显示为数字的链接(图4.29第2列中的数字)。在我们的例子中,链A为1,链E为5。

Interfacing monomers

##			Range	Class	Structure		Surface			ΔG, kcal/M
Id	NN	«»			N_{at}	N_{res}	$^sN_{at}$	$^sN_{res}$	Area, Å^2	
1	1		A	Protein	3793	478	1886	416	19473.3	-441.1
	2		C	Protein	3793	478	1876	416	19438.5	-441.3
				Average:	3793	478	1881	416	19455.9	-441.2
2	3		B	Protein	4170	522	2233	465	23880.1	-498.8
	4		D	Protein	4170	522	2240	466	23907.4	-498.7
				Average:	4170	522	2236	465	23893.8	-498.7
3	5		E	Protein	2066	274	1067	235	11703.4	-268.0
	6		F	Protein	2066	274	1055	237	11702.7	-268.2
	7		G	Protein	2066	274	1064	237	11722.0	-268.0
	8		H	Protein	2066	274	1064	237	11714.4	-268.0
				Average:	2066	274	1062	236	11710.6	-268.1
4	9		[HCA]A:494	Ligand	14	1	13	1	351.3	
	10		[HCA]C:494	Ligand	14	1	13	1	351.6	
				Average:	14	1	13	1	351.5	
5	11		[CFM]A:496	Ligand	17	1	17	1	490.6	
	12		[CFM]C:496	Ligand	17	1	17	1	489.6	
				Average:	17	1	17	1	490.1	
6	13		[CLF]A:498	Ligand	15	1	15	1	454.0	
	14		[CLF]C:498	Ligand	15	1	15	1	453.9	
				Average:	15	1	15	1	453.9	
7	15		[CA]A:499	Ligand	1	1	1	1	84.9	
	16		[CA]C:499	Ligand	1	1	1	1	84.9	
				Average:	1	1	1	1	84.9	
8	17		[FS4]E:290	Ligand	8	1	8	1	304.4	
	18		[FS4]G:290	Ligand	8	1	8	1	304.4	

图4.29　PDB条目下有关单体的信息

单击链A的链接A(图4.29第4列中的A),这将带我们进入下一页,我们可以在其中获得溶剂可及性(Solvent accessibility)信息(图4.30)。

Solvent accessibility (¤ interface engaged in PQS[1])

Inaccessible residues　Solvent-accessible residues　Interfacing residues

##	Monomer A	ASA, Å^2	Buried surface in interface						
			2¤	7¤	10¤	15¤	17¤	24¤	26¤
1	A:MET 4	82.86	0.00	0.00	0.00	0.00	0.00	0.00	0.00
2	A:SER 5	42.94	0.00	0.00	0.00	0.00	0.00	0.00	0.00
3	A:ARG 6	68.41	0.00	0.00	0.00	0.00	0.00	0.00	0.00
4	A:GLU 7	111.20	0.00	0.00	0.00	0.00	0.00	0.00	0.00
5	A:GLU 8	94.55	0.00	0.00	0.00	0.00	0.00	0.00	0.00
6	A:VAL 9	3.52	0.00	0.00	0.00	0.00	0.00	0.00	0.00
7	A:GLU 10	80.74	0.00	0.00	0.00	0.00	0.00	0.00	0.00
8	A:SER 11	55.73	0.00	0.00	0.00	0.00	0.00	0.00	0.00
9	A:LEU 12	9.52	0.00	0.00	0.00	0.00	0.00	0.00	0.00
10	A:ILE 13	5.36	0.00	0.00	0.00	0.00	0.00	0.00	0.00
11	A:GLN 14	81.73	0.00	0.00	0.00	0.00	0.00	0.00	0.00
12	A:GLU 15	94.21	0.00	0.00	0.00	0.00	0.00	0.00	0.00
13	A:VAL 16	5.02	0.00	0.00	0.00	0.00	0.00	0.00	0.00
14	A:LEU 17	2.01	0.00	0.00	0.00	0.00	0.00	0.00	0.00
15	A:GLU 18	133.14	0.00	0.00	0.00	0.00	0.00	0.00	0.00
16	A:VAL 19	86.65	47.95	0.00	0.00	0.00	0.00	0.00	0.00
17	A:TYR 20	15.29	6.45	0.00	0.00	0.00	0.00	0.00	0.00
18	A:PRO 21	95.12	68.33	0.00	0.00	0.00	0.00	0.00	0.00
19	A:GLU 22	113.74	0.00	0.00	0.00	0.00	0.00	0.00	0.00
20	A:LYS 23	165.23	41.89	0.00	0.00	0.00	0.00	0.00	0.00
21	A:ALA 24	11.01	10.86	0.00	0.00	0.00	0.00	0.00	0.00
22	A:ARG 25	73.71	0.00	0.00	0.00	0.00	0.00	0.00	0.00
23	A:LYS 26	121.28	0.00	0.00	0.00	0.00	0.00	0.00	0.00

图4.30　溶剂可及性信息

图 4.30 中，所有残基均根据其溶剂可及性进行颜色编码。溶剂暴露的残基是浅灰色的，界面残基是深灰色的，埋藏的残基是黑色的(图 4.30 未展示埋藏的残基)。

现在让我们从页面顶部单击此 PDB 条目 1n2c 的界面按钮(图 4.31)。

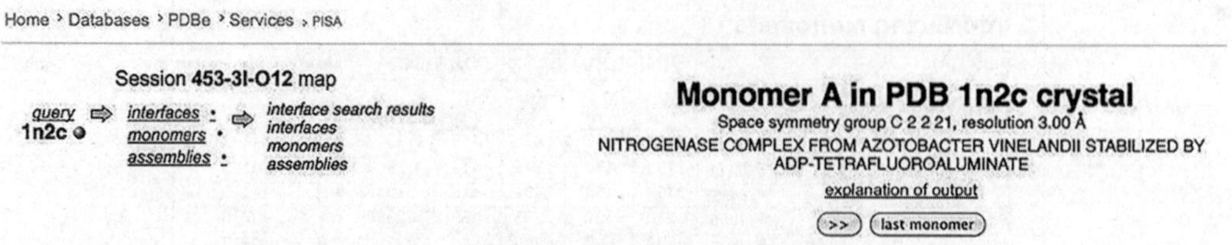

Home › Databases › PDBe › Services › PISA

Session 453-3I-O12 map

query ⇨ interfaces ⇨ interface search results
1n2c ● monomers interfaces
assemblies monomers
assemblies

Monomer A in PDB 1n2c crystal
Space symmetry group C 2 2 21, resolution 3.00 Å
NITROGENASE COMPLEX FROM AZOTOBACTER VINELANDII STABILIZED BY ADP-TETRAFLUOROALUMINATE
explanation of output
>> last monomer

图 4.31　单击 PDB 条目 1n2c 的界面按钮

结果页面将为我们提供有关复杂结构中存在的两个蛋白质链之间的界面详细信息(图 4.32)。

Found interfaces

##			Structure 1			×		Interface	Δ^iG	Δ^iG	N_{HB}	N_{SB}	N_{DS}	CSS
Id	NN	«»	Range	$^iN_{at}$	$^iN_{res}$		Range	area, Å^2	kcal/M	P-value				
1	1	↻	D	469	119	◊	C	4367.5	-54.3	0.011	56	18	0	0.551
	2	↻	B	474	120	◊	A	4360.2	-54.4	0.010	55	17	0	0.551
								4363.9	-54.3	0.011	56	18	0	0.551
2	3	↻	D	322	77	◊	B	2872.0	-21.6	0.430	46	32	0	0.724
3	4	↻	H	251	66	◊	G	2335.1	-12.4	0.400	31	15	0	0.302
	5	↻	F	248	66	◊	E	2321.0	-12.4	0.398	31	14	0	0.302
								2328.0	-12.4	0.399	31	15	0	0.302
4	6	↻	B	140	37	◊	C	1288.3	-15.5	0.177	17	6	0	0.306
	7	↻	D	137	36	◊	A	1283.3	-15.3	0.181	16	7	0	0.306
								1285.8	-15.4	0.179	17	7	0	0.306
5	8	↻	G	69	19	◊	D	554.0	1.5	0.724	5	3	0	0.004
	9	↻	E	71	19	◊	B	549.2	1.4	0.703	5	4	0	0.004
								551.6	1.4	0.713	5	4	0	0.004
6	10	↻	F	61	19	◊	A	514.0	-1.5	0.599	4	3	0	0.027
	11	↻	H	60	19	◊	C	506.8	-1.8	0.576	4	5	0	0.027
								510.4	-1.7	0.588	4	4	0	0.027
7	12	↻	F	52	16	◊	B	417.6	-7.8	0.088	4	2	0	0.030
	13	↻	H	51	17	◊	D	405.0	-7.5	0.095	5	1	0	0.030
								411.3	-7.6	0.091	5	2	0	0.030
8	14	↻	G	49	15	◊	C	392.9	-6.7	0.112	4	2	0	0.056
	15	↻	E	48	15	◊	A	390.0	-6.7	0.109	4	2	0	0.056

图 4.32　两个蛋白质链之间的界面详细信息

在上面的例子中，链 C 和链 D 之间有 18 个盐桥和 56 个 H 键相互作用。如果单击×列下的链接(图 4.32)，则可以显示蛋白质链之间的界面区域，如图 4.33 所示。

通过单击 NN 列下的链接(图 4.32)，可以找到关于复合物形成中涉及的特定残基的信息(图 4.34)。该页面还提供有关界面在复合物形成中的重要性信息(图 4.35)。

除了残基之间的盐桥和 H 键相互作用外，结果页面还提供了有关埋藏和可接触表面区域及界面残基的溶剂化能量的信息。

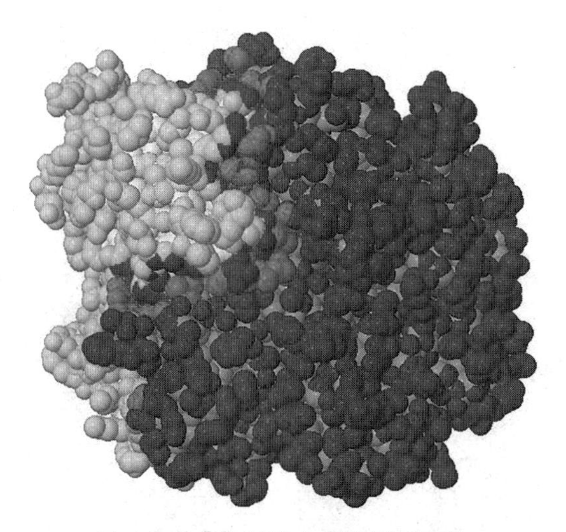

图 4. 33　蛋白质链之间的界面区域

Hydrogen bonds

##	Structure 1	Dist. [Å]	Structure 2
1	D:ASN 137[ND2]	2.90	C:PRO 54[O]
2	D:TYR 142[OH]	2.81	C:LEU 56[O]
3	D:TYR 142[OH]	3.81	C:MET 57[O]
4	D:ARG 100[NH1]	3.90	C:THR 58[O]
5	D:GLN 93[NE2]	3.24	C:GLY 61[O]
6	D:TYR 447[OH]	3.30	C:GLN 90[O]
7	D:CYS 70[SG]	2.79	C:TYR 91[OH]
8	D:CYS 70[N]	3.21	C:TYR 91[OH]
9	D:LYS 34[NZ]	3.73	C:ILE 101[O]
10	D:ARG 453[NH2]	3.46	C:THR 104[O]
11	D:ASN 65[N]	2.83	C:ASN 113[O]
12	D:THR 63[N]	2.99	C:THR 115[O]
13	D:LYS 68[NZ]	3.02	C:ASP 117[OD1]
14	D:LYS 68[NZ]	2.90	C:ASP 117[OD2]
15	D:HIS 396[NE2]	3.80	C:ASP 117[OD2]
16	D:LEU 62[N]	2.95	C:GLU 137[OE1]
17	D:ALA 61[N]	3.23	C:GLU 137[OE1]
18	D:ALA 61[N]	3.10	C:GLU 137[OE2]
19	D:GLU 60[N]	2.93	C:GLU 137[OE2]
20	D:TYR 52[OH]	3.02	C:LEU 141[O]
21	D:SER 92[OG]	3.18	C:CYS 154[SG]
22	D:GLU 120[N]	3.04	C:PHE 186[O]
23	D:GLN 93[NE2]	2.79	C:VAL 189[O]
24	D:LYS 27[NZ]	2.90	C:GLU 261[OE1]
25	D:LYS 27[NZ]	2.98	C:GLU 261[OE2]
26	D:SER 2[N]	3.85	C:TYR 331[OH]
27	D:GLN 3[N]	3.14	C:GLU 334[OE1]
28	D:SER 2[OG]	3.17	C:GLU 334[OE2]
29	D:ARG 100[NH2]	3.70	C:LYS 426[O]
30	D:ASP 266[N]	3.70	C:LYS 433[O]
31	D:GLN 268[N]	3.03	C:LYS 433[O]
32	D:GLN 3[NE2]	3.33	C:ASP 454[O]

Salt bridges

##	Structure 1	Dist. [Å]	Structure 2
1	D:LYS 68[NZ]	3.02	C:ASP 117[OD1]
2	D:LYS 68[NZ]	2.90	C:ASP 117[OD2]
3	D:HIS 396[NE2]	3.80	C:ASP 117[OD2]
4	D:LYS 27[NZ]	2.90	C:GLU 261[OE1]
5	D:LYS 27[NZ]	2.98	C:GLU 261[OE2]
6	D:SER 2[N]	3.41	C:ASP 454[OD1]
7	D:SER 2[N]	3.36	C:ASP 454[OD2]
8	D:GLU 32[OE1]	2.90	C:LYS 76[NZ]
9	D:GLU 32[OE2]	3.01	C:LYS 76[NZ]
10	D:GLU 33[OE1]	3.16	C:ARG 210[NH2]
11	D:GLU 33[OE1]	3.53	C:LYS 146[NZ]
12	D:GLU 33[OE2]	2.99	C:ARG 210[NH1]
13	D:GLU 33[OE2]	3.20	C:ARG 210[NH2]
14	D:GLU 109[OE1]	2.71	C:LYS 433[NZ]
15	D:GLU 109[OE2]	3.37	C:LYS 433[NZ]
16	D:ASP 121[OD1]	3.49	C:LYS 51[NZ]
17	D:ASP 133[OD1]	3.93	C:LYS 23[NZ]
18	D:ASP 133[OD2]	3.01	C:LYS 23[NZ]

Disulfide bonds

##	Structure 1	Dist. [Å]	Structure 2
No disulfide bonds found			

Covalent bonds

##	Structure 1	Dist. [Å]	Structure 2
No covalent bonds found			

图 4. 34　复合物形成中涉及的特定残基的信息

This interface scored

0.548

in complexation significance score (CSS).

CSS ranges from 0 to 1 as interface relevance to complexation increases.

Achieved CSS implies that the interface plays an essential role in complexation

图 4. 35　有关界面在复合物形成中的重要性信息

图 4.36 中的所有残基均根据其溶剂可及性(浅灰色区域表示溶剂暴露,深灰色区域表示界面残基)进行颜色编码。黑色底的 HSDC 代表涉及氢/二硫键、盐桥或共价相互作用的残基。

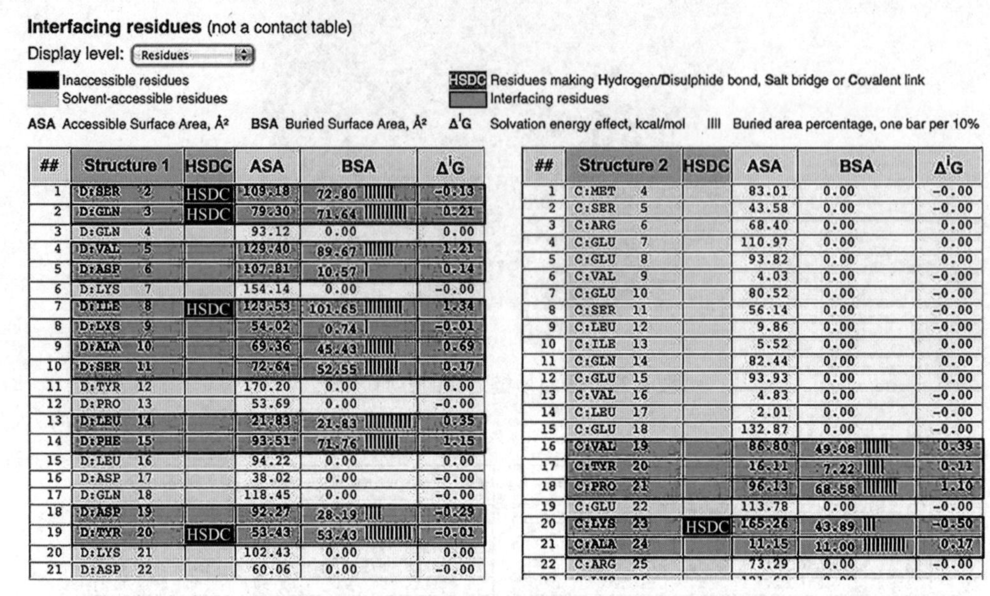

Interfacing residues (not a contact table)

Display level: Residues

Inaccessible residues
Solvent-accessible residues
HSDC Residues making Hydrogen/Disulphide bond, Salt bridge or Covalent link
Interfacing residues

ASA Accessible Surface Area, Å² BSA Buried Surface Area, Å² Δ^iG Solvation energy effect, kcal/mol IIII Buried area percentage, one bar per 10%

##	Structure 1	HSDC	ASA	BSA	Δ^iG
1	D:SER 2	HSDC	109.18	72.80	-0.13
2	D:GLN 3	HSDC	79.30	71.64	0.21
3	D:GLN 4		93.12	0.00	0.00
4	D:VAL 5		129.40	89.67	1.21
5	D:ASP 6		107.81	10.57	0.14
6	D:LYS 7		154.14	0.00	-0.00
7	D:ILE 8	HSDC	123.53	101.65	1.34
8	D:LYS 9		54.02	0.74	-0.01
9	D:ALA 10		69.36	45.43	0.69
10	D:SER 11		72.64	52.55	0.17
11	D:TYR 12		170.20	0.00	0.00
12	D:PRO 13		53.69	0.00	-0.00
13	D:LEU 14		21.83	21.83	0.35
14	D:PHE 15		93.51	71.76	1.15
15	D:LEU 16		94.22	0.00	0.00
16	D:ASP 17		38.02	0.00	-0.00
17	D:GLN 18		118.45	0.00	-0.00
18	D:ASP 19		92.27	28.19	-0.29
19	D:TYR 20	HSDC	53.43	53.43	-0.01
20	D:LYS 21		102.43	0.00	0.00
21	D:ASP 22		60.06	0.00	-0.00

##	Structure 2	HSDC	ASA	BSA	Δ^iG
1	C:MET 4		83.01	0.00	-0.00
2	C:SER 5		43.58	0.00	-0.00
3	C:ARG 6		68.40	0.00	0.00
4	C:GLU 7		110.97	0.00	0.00
5	C:GLU 8		93.82	0.00	0.00
6	C:VAL 9		4.03	0.00	-0.00
7	C:GLU 10		80.52	0.00	-0.00
8	C:SER 11		56.14	0.00	-0.00
9	C:LEU 12		9.86	0.00	-0.00
10	C:ILE 13		5.52	0.00	0.00
11	C:GLN 14		82.44	0.00	0.00
12	C:GLU 15		93.93	0.00	0.00
13	C:VAL 16		4.83	0.00	-0.00
14	C:LEU 17		2.01	0.00	-0.00
15	C:GLU 18		132.87	0.00	-0.00
16	C:VAL 19		86.80	49.08	0.39
17	C:TYR 20		16.11	7.22	0.11
18	C:PRO 21		96.13	68.58	1.10
19	C:GLU 22		113.78	0.00	-0.00
20	C:LYS 23	HSDC	165.26	43.89	-0.50
21	C:ALA 24		11.15	11.00	0.17
22	C:ARG 25		73.29	0.00	-0.00

图 4.36 所有残基根据其溶剂可及性进行颜色编码

组装模式:要获取 1n2c 的四元结构信息(图 4.37),请单击页面顶部的“程序集”。

Analysis of complex represented *As Is* by PDB entry is found here.

Analysis of protein interfaces suggests that the following quaternary structures are stable in solution

PQS set NN	«»	mm Size	Formula	Composition	Id	Stable	Surface area, sq. Å	Buried area, sq. Å	ΔG^{int}, kcal/M	ΔG^{diss}, kcal/M
1	◉	8	$A_2B_2C_4d_2e_2f_2g_2h_2i_4j_4k_4$	ACBDEFGH[HCA]$_2$[CFM]$_2$[CLF]$_2$[CA]$_2$[FS4]$_2$[ADP]$_4$[MG]$_4$[ALF]$_4$	1	yes	84866.0	55490.3	-450.7	28.1
2	○	4	$ABC_2defghi_2j_2k_2$	CBGH[HCA][CFM][CLF][CA][FS4][ADP]$_2$[MG]$_2$[ALF]$_2$	2	yes	56472.6	13690.3	-131.9	1.2
	○	4	$ABC_2defghi_2j_2k_2$	ADEF[HCA][CFM][CLF][CA][FS4][ADP]$_2$[MG]$_2$[ALF]$_2$	2	yes	56529.3	13664.5	-131.6	0.5
3	○	4	$A_2B_2c_2d_2e_2f_2$	ACBD[HCA]$_2$[CFM]$_2$[CLF]$_2$[CA]$_2$	3	yes	56944.1	32516.1	-299.1	91.2
	○	2	$A_2bc_2d_2e_2$	GH[FS4][ADP]$_2$[MG]$_2$[ALF]$_2$	4	yes	17843.1	7621.0	-55.9	25.3
	○	2	$A_2bc_2d_2e_2$	EF[FS4][ADP]$_2$[MG]$_2$[ALF]$_2$	4	yes	17839.8	7592.5	-56.0	25.3
4	○	3	$AB_2cdefg_2h_2i_2$	CGH[HCA][CFM][CLF][FS4][ADP]$_2$[MG]$_2$[ALF]$_2$	5	yes	35180.3	11017.5	-108.5	1.9
	○	3	$AB_2cdefg_2h_2i_2$	AEF[HCA][CFM][CLF][FS4][ADP]$_2$[MG]$_2$[ALF]$_2$	5	yes	35200.0	11001.4	-108.2	1.2
	○	2	A_2b_2	BD[CA]$_2$	6	yes	42021.6	5935.8	-39.4	39.4
	○	2	$A_2bc_2d_2e_2$	GH[FS4][ADP]$_2$[MG]$_2$[ALF]$_2$	4	yes	17843.1	7621.0	-55.9	25.3

图 4.37 1n2c 四元结构信息

对于该条目,PISA 提出的四元结构是异八聚体,其已经作为 PDB 文件中的稳定组装而存在。在装配结果页面中,PISA 还提供有关埋藏和可接触表面区域的信息,以及在整个复杂结构形成时获得的溶剂化自由能。

单击图 4.37 中 Id 列下的链接以查看预测装配的详细信息(图 4.38)。

Assembly Summary

Multimeric state	8	Surface area, Å^2	84849.0	ΔG^{int}, kcal/mol	-452.5	$T\Delta S^{diss}$, kcal/mol	30.4
Copies in unit cell	8	Buried area, Å^2	55491.5	ΔG^{diss}, kcal/mol	28.1	Symmetry number	2
Formula	$A_2B_2C_4a_2b_2c_2d_2e_4f_4g_4h_2$					Biomolecule (R350)	1
Composition	ACBDEFGH$[HCA]_2[CFM]_2[CA]_2[CLF]_2[MG]_4[ALF]_4[ADP]_4[SF4]_2$						
Dissociation pattern	ACBD$[HCA]_2[CFM]_2[CA]_2[CLF]_2$ + EF$[MG]_2[ALF]_2[ADP]_2$[SF4] + GH$[MG]_2[ALF]_2[ADP]_2$[SF4]						

view assembly　view dissociated　in Jmol　download assembly　remark 350

Engaged interfaces

Id	##		Interfacing structures	N_{occ}	Diss.	Sym.ID	Buried area, Å^2	Δ^iG, kcal/mol	N_{HB}	N_{SB}	N_{DS}	CSS
1	1	⊙	D+C	1		1_555	4367.5 (8%)	-54.3 (12%)	56 (14%)	18 (15%)	0	0.548
	2	○	B+A	1		1_555	4360.1 (8%)	-54.4 (12%)	55 (13%)	17 (14%)	0	0.548
						Average:	4363.8 (8%)	-54.3 (12%)	56 (14%)	18 (15%)	0	0.548
2	3	○	D+B	1		1_555	2872.0 (5%)	-21.6 (5%)	46 (11%)	24 (20%)	0	0.719
3	4	○	H+G	1		1_555	2335.1 (4%)	-12.4 (3%)	31 (8%)	15 (12%)	0	0.302
	5	○	F+E	1		1_555	2321.0 (4%)	-12.4 (3%)	31 (8%)	14 (11%)	0	0.302
						Average:	2328.0 (4%)	-12.4 (3%)	31 (8%)	15 (12%)	0	0.302

图 4.38　预测装配的详细信息

单击图 4.37 中 Composition 列下第 1 行的链接,以图形方式查看所形成的装配(图 4.39)。

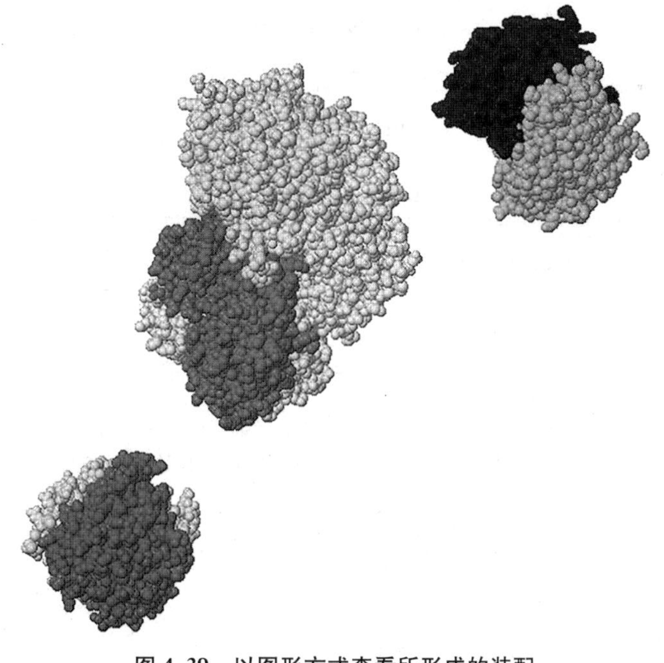

图 4.39　以图形方式查看所形成的装配

单击“View dissociated”将以图形方式显示组件的组合方式。在该条目下，该程序表明链 A、B、C、D 形成组装的核心，然后链 E、F、G 和 H 结合在该核心蛋白的任一侧上形成稳定的组装。

因此，使用 PISA，我们可以获得有关基于化学稳定性和晶体接触可形成的络合物类型的有价值的信息。PISA 提供的残基信息可用于鉴定对于形成与生物学功能相关的稳定复合物至关重要的氨基酸(图 4. 40)。

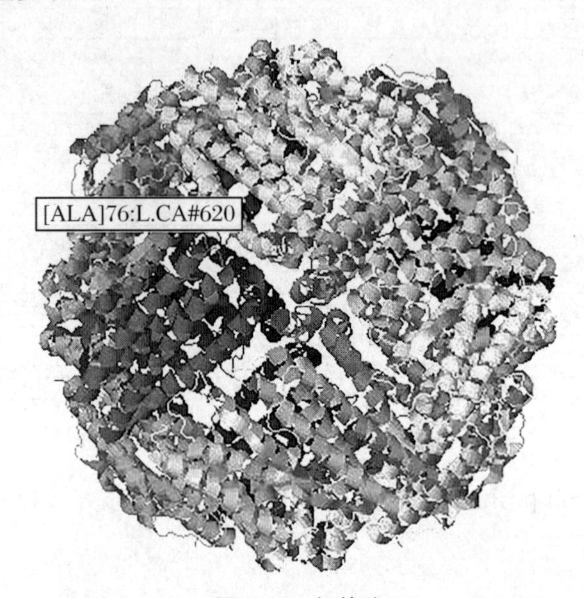

图 4. 40　氨基酸

还有其他一些有趣的装配模式，如 1DAT 提交的 PDB 是单链，但稳定的复合物是 24 聚体(图 4. 41)；2WS9 提交的 PDB 是 4 个链，但实际装配的是 240-mer。

Analysis of complex represented *As Is* by PDB entry is found here.

Analysis of protein interfaces suggests that the following quaternary structures are stable in solution

PQS set		mm	Formula	Composition	Id	Biomol	Stable	Surface	Buried	ΔG^{int},	ΔG^{diss},
NN	«»	Size				R350		area, sq. Å	area, sq. Å	kcal/mol	kcal/mol
	⊙	24	A_{24}	A_{24}	1	1	yes	137880	93980	-263.8	254.5

图 4. 41　1DAT 稳定的复合物是 24 聚体

病毒在 PDB 中是特殊的，因为并非所有存在于晶体学不对称单元中的链都被提交(图 4. 42)。相反，只有能够唯一描述二十面体重复单元的最小数量的链被提交在 PDB 中。然后使用对称操作来产生完整的病毒衣壳(图 4. 43)。

(3) PISA 维护 PDB 中所有条目的数据库(图 4. 44)，可用于快速搜索符合特定标准的条目。这些可能是：

① 低聚状态。

② 对称/空间群。

③ 盐桥和/或二硫键的数量。

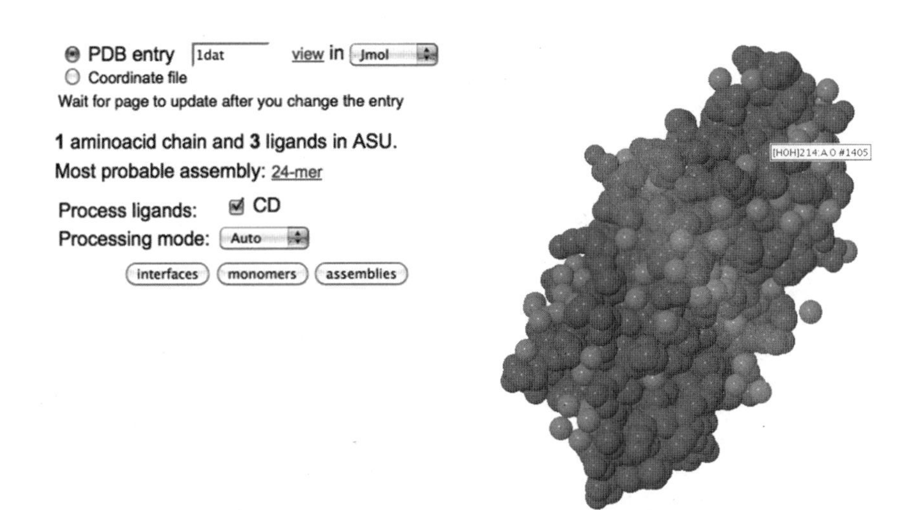

图 4.42　病毒在 PDB 中是特殊的

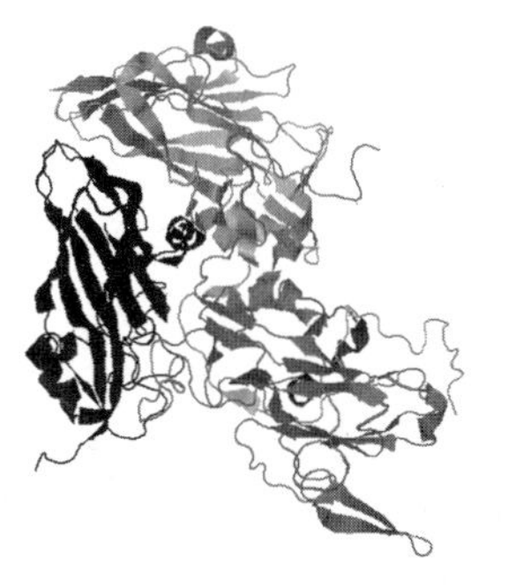

Protein structure to be examined:

PDB entry 2ws9 view in Jmol

Coordinate file

Wait for page to update after you change the entry

Total **120** aminoacid chains in ASU

including **116** NCS-mates. **119** NCS-mates ignored

Most probable assembly: 240-mer

interfaces　monomers　assemblies

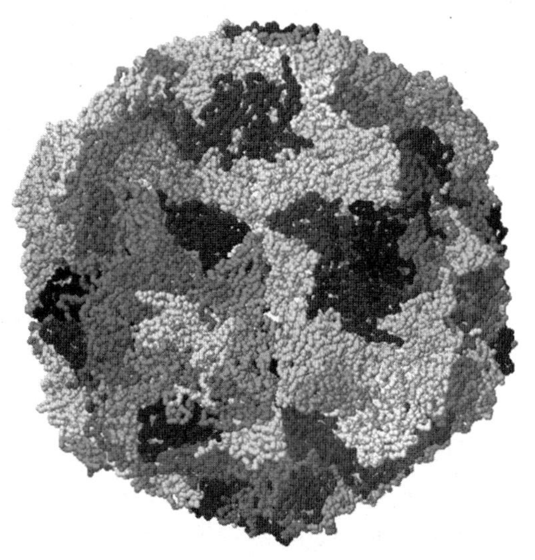

图 4.43　完整的病毒衣壳

Submission Form for ⊙ Database Searches
○ Structure Analysis
explanation of input

Multimeric state: All resolved [55194], Monomers [21060], Dimers [18015], Trimers [3454], Tetramers [7426], Pentamers [245], Hexamers [2213]

Symmetry number: Any, 1 [32785], 2 [18948], 3 [2144], 4 [4486], 5 [154], 6 [1531]

Space group: Any, A 1 2 1 [2], B 1 1 2 [36], B 2 21 2 [1], C 1 2 1 [5548], C 2 2 2 [134], C 2 2 21 [2926]

Homomeric type: Any　Salt bridges: Present or not　Disulphides: Present or not

Containing ligands:
Keywords:
UniProt/SCOP refs:

Filter	compo-sition:	interaction: P	D	R	L
Protein	▢	▢	▢	▢	▢
DNA	▢		▢	▢	▢
RNA	▢			▢	▢
Ligand	▢				▢

	From:	To:
ΔG^{diss}, kcal/mol	0.0	13916.4
ASA, $Å^2$	183.3	13548655.1
BSA, $Å^2$	127.3	7418503.1
Percent BSA	0.36	91.02
Avg. Chain length	0	2775

Reset　Submit

图 4.44　PISA 维护 PDB 中所有条目的数据库

④ UniProt/SCOP 参考。

⑤ 组成等。

要查看数据库搜索表单,请从 PISA 提交表单页面中选择数据库搜索单选按钮,而不是结构分析按钮。

搜索 PDB 中酶类“水解酶”并含有蛋白质和配体分子的所有条目(其中蛋白质与配体和蛋白质相互作用,并且预测的 PISA 组装是同型二聚体),提交形式如图 4.45 所示。

单击“Submit”以查看搜索条目结果(图 4.46)。

选择“2rfp”进行进一步分析。单击第 1 列以查看界面的详细信息。单击 mm Size 列下的链接以图形方式查看,如图 4.47 所示。

当查看界面详细信息(图 4.48)时,还可以选择在整个 PDB 中搜索具有类似界面的其他结构。

这是一次内存密集型搜索。选择此选项将显示另一个提交表单(图 4.49),可以调整某些参数以进行搜索。

搜索完成后,将看到结果部分,其中包含与提交的条目具有类似界面的条目(图 4.50)。

结果表明,有 4 个条目可能具有相似的界面(第一个与查询相同)。PDB 条目 2ijc 是六角形,此条目的界面 5 可能与我们的查询匹配,但是 Q 分数(Q score)非常低(0.018)。对于与相同界面无关的 Q 分数,范围为 0～1。唯一具有高 Q 分数的条目是相同蛋白质的条目。这表明在我们的查询结构中找到的此界面在给定的搜索条件下对于 PDB 是唯一的。更改查询参数可能会产生不同的结果。

Submission Form for ⊙ Database Searches
○ Structure Analysis
explanation of input

Multimeric state: | Symmetry number: | Space group:

All resolved [55194]
Monomers [21060]
Dimers [18015]
Trimers [3454]
Tetramers [7426]
Pentamers [245]
Hexamers [2213]

Any
1 [32785]
2 [18948]
3 [2144]
4 [4486]
5 [154]
6 [1531]

Any
A 1 2 1 [2]
B 1 1 2 [36]
B 2 21 2 [1]
C 1 2 1 [5548]
C 2 2 2 [134]
C 2 2 21 [2926]

Homomeric type: Only homomers
Salt bridges: Present or not
Disulphides: Present or not
Containing ligands:
Keywords: hydrolase
UniProt/SCOP refs:

Filter

composition:		interaction: P	D	R	L
Protein	☑	☑	☐	☐	☑
DNA	☐		☐	☐	☐
RNA	☐			☐	☐
Ligand	☑				☐

	From:	To:
ΔG^{diss}, kcal/mol	0.0	13916.4
ASA, $Å^2$	183.3	13548655.1
BSA, $Å^2$	127.3	7418503.1
Percent BSA	0.36	91.02
Avg. Chain length	0	2775

Reset　Submit

图 4.45　搜索 PDB 中酶类“水解酶”并含有蛋白质和配体分子的所有条目提交形式

Session **124-30-AD5** map
DB query ⇨ **DB search results**
selected hit #1: **2rfp**
interfaces : ⇨ interface search results
monomers : interfaces
assemblies : monomers
assemblies

Database Search Results
explanation of output

>>　last page

Examined 61395 entries, hits 1-20 of 189.

##	Entry	mm Size	Sym. Num.	Space group	ASA, $Å^2$	BSA, $Å^2$	ΔG^{diss} kcal/mol	Title
1	2rfp	2	2	C 1 2 1	15852.0	10946.2	100.9	CRYSTAL STRUCTURE OF PUTATIVE NTP PYROPHOSPHOHYDROLASE (YP_189071.1) FROM EXIGUOBACTERIUM SIBIRICUM 255-15 AT 1.74 A RESOLUTION
2	3mqu	2	2	C 1 2 1	15787.5	11354.9	90.9	CRYSTAL STRUCTURE OF A PUTATIVE NTP PYROPHOSPHOHYDROLASE (EXIG_1061) FROM EXIGUOBACTERIUM SP. 255-15 AT 1.79 A RESOLUTION
3	3nl9	2	2	C 1 2 1	15804.7	11377.0	90.8	CRYSTAL STRUCTURE OF A PUTATIVE NTP PYROPHOSPHOHYDROLASE (EXIG_1061) FROM EXIGUOBACTERIUM SP. 255-15 AT 1.78 A RESOLUTION
4	1m9n	2	2	P 1 21 1	43176.0	14542.9	83.1	CRYSTAL STRUCTURE OF THE HOMODIMERIC BIFUNCTIONAL TRANSFORMYLASE AND CYCLOHYDROLASE ENZYME AVIAN ATIC IN COMPLEX WITH AICAR AND XMP AT 1.93 ANGSTROMS.
5	1oz0	2	2	P 1 21 1	43244.5	15739.2	82.1	CRYSTAL STRUCTURE OF THE HOMODIMERIC BIFUNCTIONAL TRANSFORMYLASE AND CYCLOHYDROLASE ENZYME AVIAN ATIC IN COMPLEX WITH A MULTISUBSTRATE ADDUCT INHIBITOR BETA-DADF.
6	2b1g	2	2	P 1	43499.7	12855.4	80.6	CRYSTAL STRUCTURES OF TRANSITION STATE ANALOGUE INHIBITORS OF INOSINE MONOPHOSPHATE CYCLOHYDROLASE
7	2b1i	2	2	P 1 21 1	41424.9	14659.4	79.4	CRYSTAL STRUCTURES OF TRANSITION STATE ANALOGUE INHIBITORS OF INOSINE MONOPHOSPHATE CYCLOHYDROLASE

图 4.46　搜索条目结果

Examined 61395 entries, hits 1-20 of 189.

##	Entry	mm Size	Sym. Num.	Space group	ASA, $Å^2$	BSA, $Å^2$	$ΔG^{diss}$ kcal/mol	Title
1	2rfp	2	2	C 1 2 1	15852.0	10946.2	100.9	CRYSTAL STRUCTURE OF PUTATIVE NTP PYROPHOSPHOHYDROLASE (YP_189071.1) FROM EXIGUOBACTERIUM SIBIRICUM 255-15 AT 1.74 A RESOLUTION
2	3mqu	2	2	C 1 2 1	15787.5	11354.9	90.9	CRYSTAL STRUCTURE OF A PUTATIVE NTP PYROPHOSPHOHYDROLASE (EXIG_1061) FROM EXIGUOBACTERIUM SP. 255-15 AT 1.79 A RESOLUTION
3	3nl9	2	2	C 1 2 1	15804.7	11377.0	90.8	CRYSTAL STRUCTURE OF A PUTATIVE NTP PYROPHOSPHOHYDROLASE (EXIG_1061) FROM EXIGUOBACTERIUM SP. 255-15 AT 1.78 A RESOLUTION
4	1m9n	2	2	P 1 21 1	43176.0	14542.9	83.1	CRYSTAL STRUCTURE OF THE HOMODIMERIC BIFUNCTIONAL TRANSFORMYLASE AND CYCLOHYDROLASE ENZYME AVIAN ATIC IN COMPLEX WITH AICAR AND XMP AT 1.93 ANGSTROMS.

图 4.47　单击 mm Size 列下的链接以图形方式查看

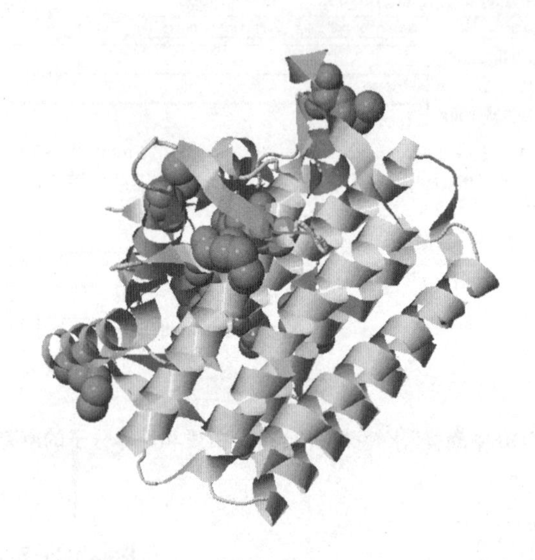

Found interfaces

##		Structure 1			×	Structure 2					Interface area, $Å^2$	$Δ^iG$ kcal/mol	$Δ^iG$ P-value
NN	«»	Range	$^iN_{at}$	$^iN_{res}$		Range	Symmetry op-n	Sym.ID	$^iN_{at}$	$^iN_{res}$			
1	◉	A	512	106	◊	A	-x,y,-z+1	2_556	508	106	5103.8	-98.8	0.033
2	○	A	41	14	◊	A	-x,y,-z	2_555	41	14	393.7	-8.0	0.302
3	○	A	37	12	x	A	x-1/2,y+1/2,z	3_455	43	14	380.7	-2.4	0.702
4	○	A	15	5	◊	A	-x+1,y,-z+1	2_656	15	5	116.4	-0.1	0.797
5	○	A	13	4	x	A	-x+1/2,y-1/2,-z+1	4_546	10	4	109.2	0.5	0.841
6	○	[GOL]A:171	6	1	f	A	x,y,z	1_555	16	7	105.8	-0.1	0.735
7	○	[GOL]A:171	5	1	◊	A	-x,y,-z+1	2_556	10	4	78.8	-1.3	0.419
8	○	A	4	1	x	A	x,y,z-1	1_554	6	3	46.4	-0.4	0.558
9	○	A	6	2	x	A	-x-1/2,y-1/2,-z+1	4_446	2	1	36.3	-0.4	0.323
10	○	A	3	1	x	A	-x-1/2,y-1/2,-z	4_445	4	1	29.4	0.9	0.861
11	○	A	2	1	x	A	x-1/2,y-1/2,z	3_445	3	2	17.4	0.4	0.818
12	○	A	2	1	◊	A	-x-1,y,-z	2_455	2	1	13.3	-0.4	0.400

>> view selected interface

>> details of selected interface

>> download selected interface

>> search PDB for interfaces between structures similar to those making the selected interface

图 4.48　查看界面详细信息

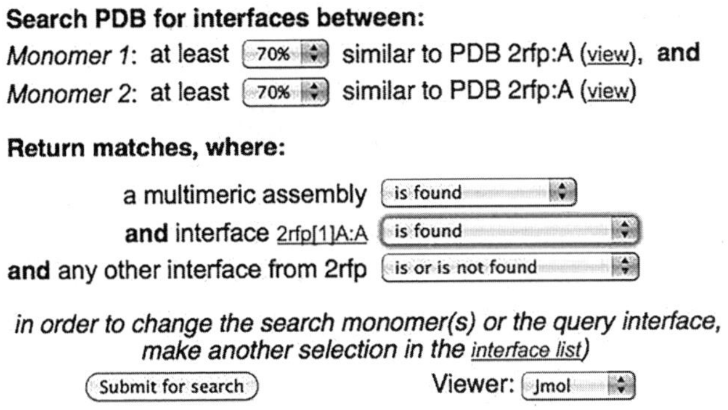

Search PDB for interfaces between:

Monomer 1: at least 70% similar to PDB 2rfp:A (view), **and**

Monomer 2: at least 70% similar to PDB 2rfp:A (view)

Return matches, where:

a multimeric assembly　is found

and interface 2rfp[1]A:A　is found

and any other interface from 2rfp　is or is not found

in order to change the search monomer(s) or the query interface, make another selection in the interface list)

Submit for search　　Viewer: Jmol

图 4.49　内存密集型搜索显示的另一个提交表单

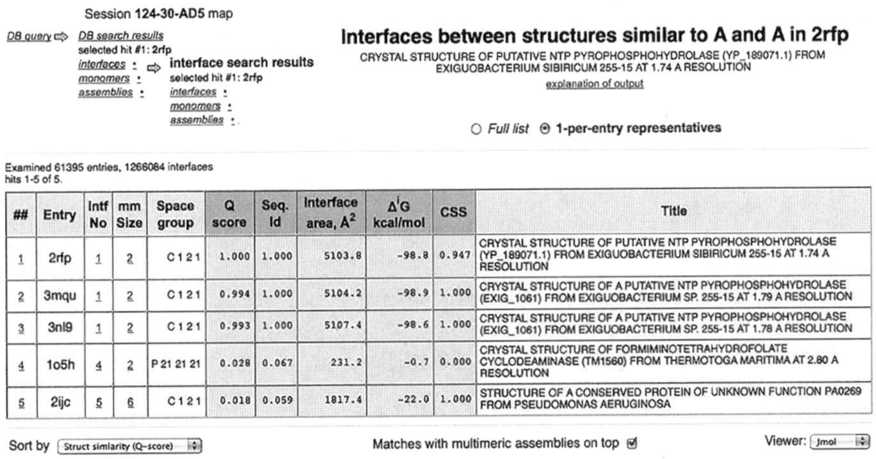

Session **124-30-AD5** map

DB query ⇨ DB search results
selected hit #1: 2rfp
interfaces : ⇨ **interface search results**
monomers :　selected hit #1: 2rfp
assemblies :　interfaces :
monomers :
assemblies :

Interfaces between structures similar to A and A in 2rfp

CRYSTAL STRUCTURE OF PUTATIVE NTP PYROPHOSPHOHYDROLASE (YP_189071.1) FROM EXIGUOBACTERIUM SIBIRICUM 255-15 AT 1.74 A RESOLUTION

explanation of output

○ *Full list* ⊙ **1-per-entry representatives**

Examined 61395 entries, 1266084 interfaces
hits 1-5 of 5.

##	Entry	Intf No	mm Size	Space group	Q score	Seq. Id	Interface area, A^2	$\Delta^i G$ kcal/mol	CSS	Title
1	2rfp	1	2	C 1 2 1	1.000	1.000	5103.8	-98.8	0.947	CRYSTAL STRUCTURE OF PUTATIVE NTP PYROPHOSPHOHYDROLASE (YP_189071.1) FROM EXIGUOBACTERIUM SIBIRICUM 255-15 AT 1.74 A RESOLUTION
2	3mqu	1	2	C 1 2 1	0.994	1.000	5104.2	-98.9	1.000	CRYSTAL STRUCTURE OF A PUTATIVE NTP PYROPHOSPHOHYDROLASE (EXIG_1061) FROM EXIGUOBACTERIUM SP. 255-15 AT 1.79 A RESOLUTION
3	3nl9	1	2	C 1 2 1	0.993	1.000	5107.4	-98.6	1.000	CRYSTAL STRUCTURE OF A PUTATIVE NTP PYROPHOSPHOHYDROLASE (EXIG_1061) FROM EXIGUOBACTERIUM SP. 255-15 AT 1.78 A RESOLUTION
4	1o5h	4	2	P 21 21 21	0.028	0.067	231.2	-0.7	0.000	CRYSTAL STRUCTURE OF FORMIMINOTETRAHYDROFOLATE CYCLODEAMINASE (TM1560) FROM THERMOTOGA MARITIMA AT 2.80 A RESOLUTION
5	2ijc	5	6	C 1 2 1	0.018	0.059	1817.4	-22.0	1.000	STRUCTURE OF A CONSERVED PROTEIN OF UNKNOWN FUNCTION PA0269 FROM PSEUDOMONAS AERUGINOSA

Sort by Struct simlarity (Q-score)　　Matches with multimeric assemblies on top ☑　　Viewer: Jmol

图 4.50　搜索完成结果部分

附　　录

附录1　试 剂 配 方

1. 常用抗生素配方

常用抗生素配方见附录表1。

附录表1　常用抗生素配方表

抗生素	母液浓度(mg/mL)	严紧型质粒工作浓度(μg/mL)	松弛型质粒工作浓度(μg/mL)	处理方式
氨苄青霉素(Ampicillin,Amp)	100(溶于水)	20	60	过滤除菌
卡那霉素(Kanamycin,Kan)	50(溶于水)	10	50	过滤除菌/高压
氯霉素(Chloramphenicol,Chl/Cm/CAP)	34(溶于乙醇)	25	170	无需灭菌
羧苄青霉素(Carbenicillin,Cab)	50(溶于水)	20	60	过滤除菌
链霉素(Streptomycin,Sm)	10(溶于水)	10	50	过滤除菌
四环素(Tetracycline,Tet)	5(溶于甲醇)	10	50	无需灭菌

(1) 保存条件:建议于-20℃下保存。

(2) -mycin(霉素),在不严格的缩写中作为“XX霉素”的后缀缩写为m。

(3) 氯霉素的标准缩写为CAP,有时也写作Cm。

(4) 过滤灭菌:用0.22 μm的一次性滤膜过滤除菌,置于超净工作台内。

(5) 以母液配制方法举例,如100 mg/mL氨苄青霉素:溶解1 g氨苄青霉素钠盐于足量的水中,最后定容至10 mL,分装成小份,于-20℃下保存。常以25～50 μg/mL的终浓度添加于生长培养基中。

2. 其他常用母液的配制

(1) 50×TAE(1 L)的配制见附录表2。

附录表 2　50×TAE(1 L)的配制

试剂	用量
Tris	242 g
冰醋酸	57.1 mL
0.5 M EDTA	100 mL

(2) 10×TBE(1 L)的配制见附录表 3。

附录表 3　10×TBE(1 L)的配制

试剂	用量
Tris	108.8 g
硼酸	55 g
0.5 M EDTA	40 mL

(3) 6×DNA 上样缓冲液(100 mL)的配制见附录表 4。

附录表 4　6×DNA 上样缓冲液(100 mL)的配制

试剂	用量
1 M Tris-HCl(pH 7.4)	10 mL
100%甘油	60 mL
0.5 M EDTA	12 mL
溴酚蓝	0.01 g

(4) X-Gal(40 mg/mL)、1000×(5 mL)的配制见附录表 5。

附录表 5　X-gal(40 mg/mL)、1000×(5 mL)的配制

试剂	用量
X-gal	0.2 g
二甲基甲酰胺(使用玻璃移液器!)	5 mL

分装成约 500 μL 一瓶，放在玻璃小瓶中，储存在 −20 ℃中。

(5) SOC 介质(250 mL)的配制见附录表 6。

附录表 6　SOC 介质(250 mL)的配制

试剂	用量
胰蛋白胨	5 g
酵母抽提物	1.25 g
NaCl	0.15 g
KCl(10 mM)	0.05 g
$MgCl_2$(10 mM)	0.51 g
0.5 g/mL 葡萄糖	4 mL

高压灭菌后加入无菌的 $MgCl_2$ 和葡萄糖。

(6) 蛋白质电泳缓冲液。

① 6×SDS 样品缓冲液的配制见附录表 7。

附录表 7　6×SDS 样品缓冲液的配制

试剂	用量
1 M Tris-HCl(pH 6.8)	25 mL
0.1 g/mL SDS	20 mL
50%甘油	50 mL
1 M DTT	2 mL
溴酚蓝	0.01 g

加双蒸水定容至 100 mL。

② 考马斯亮蓝 R250 染液(500 mL)的配制见附录表 8。

附录表 8　考马斯亮蓝 R250 染液(500 mL)的配制

试剂	用量
考马斯亮蓝 R250	0.5 g
乙醇	200 mL
醋酸	50 mL
ddH_2O	至 500 mL(～250 mL)

在加入水和醋酸之前将考马斯亮蓝 R250 溶解在乙醇中需要搅拌 1～2 h。

③ 库马西蓝脱色液(500 mL)的配制见附录表 9。

附录表 9　库马西蓝脱色液(500 mL)的配制

试剂	用量
乙醇	200 mL
醋酸	50 mL
ddH_2O	250 mL

④ 20×MES-SDS 电泳缓冲液(1 L)的配制见附录表 10。

附录表 10　20×MES-SDS 电泳缓冲液(1 L)的配制

试剂	用量
MES	195.2 g
Tris	121.2 g
SDS	20 g
EDTA	6 g

(7) 质粒制剂溶液。

① Qiagen 缓冲液 P1:50 mM Tris-HCl(pH 8.0)、10 mM EDTA、100 μg/mL RNaseA。

用于在 DNA 质粒制备中重悬细胞,和生工 P1 通用。其配制见附录表 11。

附录表 11　Qiagen 缓冲液 P1 的配制

试剂	用量
1 M Tris(pH 8.0)	5 mL
0.5 M EDTA(pH 8.0)	2 mL

加入双蒸水定容至 100 mL,高压灭菌。在高压灭菌后加入 10 mg RNA 酶 A,储存于4 ℃的冰箱中。

② Qiagen 缓冲液 P2:200 mM NaOH、0.1 g/mL SDS。

用于在 DNA 质粒制备中裂解细胞,和生工 P2 通用。其配制见附录表 12。

附录表 12　Qiagen 缓冲液 P2 的配制

试剂	用量
NaOH	0.8 g
SDS	1 g

加入双蒸水定容至 100 mL。

③ Qiagen 缓冲液 P3:3 M 醋酸钾(pH 5.5)。

不是用于旋转柱,而是用于 Qiatips、midi、maxi、giga。其配制见附录表 13。

附录表 13　Qiagen 缓冲液 P3 的配制

试剂	用量
醋酸钾	25.03 g
冰醋酸	~11.5 mL

调节 pH 至 5.5,加双蒸水定容至 100 mL。

④ Qiagen 缓冲液 N3:4.2 M Gu-HCl、0.9 M 醋酸钾(pH 4.8)。

作为中和缓冲液,沉淀掉蛋白质和基因组物质,和生工小抽试剂盒 P3 通用。

⑤ Qiagen 缓冲液 PB:5 M Gu-HCl、30%异丙醇。

⑥ Qiagen 缓冲液 QG:5.5 M 硫氰酸胍(GuSCN)、20 mM Tris HCl(pH 6.6)。

⑦ Qiagen 缓冲液 PE:10 mM Tris-HCl(pH 7.5)、80%乙醇。

⑧ Qiagen 缓冲液 QX1:7 M $NaPO_4$、10 mM NaAc(pH 5.3)。

⑨ Qiagen 缓冲液 QXB:5 M GuHCl。

用于将大于 3000 bp 的大片段结合到柱子上。

⑩ Qiagen 缓冲液 QBT:750 mM NaCl、50 mM MOPS(pH 7.0)、15%异丙醇、0.15% TritonX-100。

此为平衡缓冲液,其配制见附录表 14。

附录表 14　Qiagen 缓冲液 QBT 的配制

试剂	用量
NaCl	4.38 g
异丙醇	15 mL
MOPS	1.05 g
TritonX-100	150 mL

调节 pH 至 7.0(使用 1 N),加双蒸水定容至 100 mL。

⑪ Qiagen 缓冲液 QC:1 M NaCl、50 mM MOPS(pH 7.0)、15%异丙醇。

此为清洗缓冲液,其配制见附录表 15。

附录表 15　Qiagen 缓冲液 QC 的配制

试剂	用量
NaCl	5.84 g
MOPS	1.05 g
异丙醇	15 mL

调节 pH 至 7.0,加双蒸水定容至 100 mL,过滤除菌。

⑫ Qiagen 缓冲液 QF:1.25 M NaCl、50 mM Tris-HCl(pH 8.5)、15%异丙醇。

此为洗脱缓冲液,其配制见附录表 16。

附录表 16　Qiagen 缓冲液 QF 的配制

试剂	用量
NaCl	7.31 g
1 M Tris(pH 8.5)	5 mL
异丙醇	15 mL

调节 pH 至 8.0,加双蒸水定容至 100 mL。

(8) 分子生物学缓冲液。

① A1:1×NE 缓冲液 1(黄色)。

10 mM Bis Tris Propane-HCl、10 mM $MgCl_2$、1 mM DTT(pH 7.0,25 ℃)。以每管 10×浓度储存。

② A2:1×NE 缓冲液 2(蓝色)。

50 mM NaCl、10 mM Tris-HCl、10 mM $MgCl_2$、1 mM DTT(pH 7.9,25 ℃)。以每管 10×浓度储存。

③ A2:1×NE 缓冲液 3(红色)。

100 mM NaCl、50 mM Tris-HCl、10 mM $MgCl_2$、1 mM DTT(pH 7.9,25 ℃)。以每管 10×浓度储存。

④ A2:1×NE 缓冲液 4(绿色,CutSmart 缓冲液)。

50 mM 醋酸钾、20 mM 乙酸三酯、10 mM 醋酸镁、1 mM DTT(pH 7.9,25 ℃)。以每管 10×

浓度储存。

⑤ 2×T4 DNA 快速连接酶缓冲液。

60 mM Tris-HCl(pH 7.8)、20 mM $MgCl_2$、2 mM DTT、2 mM ATP、0.1 g/mL PEG6000。

⑥ 10×T4 DNA 连接酶缓冲液。

500 mM Tris-HCl(pH 7.6)、100 mM $MgCl_2$、100 mM DTT、10 mM ATP。

⑦ 10×pfu 缓冲液。

200 mM Tris-HCl(pH 8.6)、100 mM KCl、160 mM $(NH_4)_2SO_4$、10 mM $MgCl_2$、1% TritonX-100、1 mg/mL BSA。

⑧ 5×HF 缓冲液。

32 mM HEPES-KOH 缓冲液(pH 7.8)、100 mM KaCO、4 mM $Mg(OAc)_2$、0.5 mg/mL BSA。

⑨ 5×GC 富缓冲液。

32 mM HEPES-KOH 缓冲液(pH 7.8)、100 mM KaCO、7.5 mM $Mg(OAc)_2$、0.1 mg/mL BSA、1% DMSO。

⑩ 2×Taq Mix，其配制见附录表 17。

附录表 17　2×Taq Mix 的配制

试剂	用量
1 M Tris-HCl(pH 8.6)	4 mL
1 M KCl	20 mL
1 M $MgCl_2$	600 μL
蔗糖	68 g
dNTP(有 2 mM)	40 mL
0.01 g/mL 甲酚红	2 mL
Taq 聚合酶(2 U/μL)	20 mL

加双蒸水定容至 200 mL。

⑪ 10×Taq 缓冲液。

200 mM Tris-HCl(pH 8.4)、200 mM KCl、100 mM $(NH_4)_2SO_4$、30 mM $MgSO_4$、1 mg/mL BSA。

(9) 0.5 M EDTA(pH 8.0)(1 L)：93.05 g EDTA 二水合二钠盐。

用约 700 mL 双蒸水溶解，搅拌，然后调节 pH 至 8.0(用 1 M NaOH)，调节体积为 1 L。用 0.22 μm 滤膜抽滤或高压灭菌。

注意：EDTA 在 pH 等于 8.0 时才溶解。

(10) 青链霉素双抗(100×)配方。

分别称取 6.24 g 青霉素和 10 g 链霉素溶解于 1 L 灭菌水或生理盐水中，混匀后使用无菌滤器进行过滤分装，青链双抗的母液浓度为 10000 U/mL，工作浓度为 100 U/mL。

3. 缓冲液(pH 6.0～10.0)的 pKa 及缓冲范围

缓冲液(pH 6.0～10.0)的 pKa 及缓冲范围见附录表 18。

附录表 18　缓冲液(pH 6.0~10.0)的 pKa 及缓冲范围

缓冲液	酸度系数(25 ℃)	缓冲范围	分子量
MES	6.1	5.5~6.7	195.2
Bis-Tris	6.5	5.8~7.2	209.2
ADA	6.6	6.0~7.2	190.2
ACES	6.8	6.1~7.5	182.2
PIPES	6.8	6.1~7.5	302.4
MOPSO	6.9	6.2~7.6	225.3
Bis-Tris Propane	6.8	6.3~9.5	282.3
BES	7.1	6.4~7.8	213.2
MOPS	7.2	6.5~7.9	209.3
HEPES	7.5	6.8~8.2	238.3
TES	7.4	6.8~8.2	229.2
DIPSO	7.6	7.0~8.2	243.3
TAPSO	7.6	7.0~8.2	259.3
Tris	8.1	7.0~9.1	121.1
HEPPSO	7.8	7.1~8.5	268.3
POPSO	7.8	7.2~8.5	362.4
EPPS	8.0	7.3~8.7	252.3
TEA	7.8	7.3~8.3	149.2
Tricine	8.1	7.4~8.8	179.2
Bicine	8.3	7.6~9.0	163.2
TAPS	8.4	7.7~9.1	243.3
AMPSO	9.0	8.3~9.7	227.3
CHES	9.3	8.6~10.0	207.3
CAPSO	9.6	8.9~10.3	237.3
AMP	9.7	9.0~10.5	89.1
CAPS	10.4	9.7~11.1	221.3

4. 磷酸缓冲液配方

(1) 试剂：$NaH_2PO_4 \cdot 2H_2O$、$Na_2HPO_4 \cdot 12H_2O$。

(2) 配制方法。

配制时，常先配制 0.2 M NaH_2PO_4 和 0.2 M Na_2HPO_4，两者按一定比例混合即为 0.2 M 磷酸盐缓冲液(PB)，根据需要可配制不同浓度的 PB 和 PBS。

① 0.2 M NaH_2PO_4：称取 31.21 g $NaH_2PO_4 \cdot 2H_2O$(或 27.6 g $NaH_2PO_4 \cdot H_2O$)，加重蒸水至 1000 mL 溶解。

② 0.2 M Na_2HPO_4：称取71.64 g $Na_2HPO_4 \cdot 12H_2O$（或53.6 g $Na_2HPO_4 \cdot 7H_2O$或35.61 g $Na_2HPO_4 \cdot 2H_2O$），加重蒸水至1000 mL溶解。

③ 0.2 M PB（pH 7.4）：取19 mL 0.2 M NaH_2PO_4和81 mL 0.2 M Na_2HPO_4，充分混合即为0.2 M PB（pH为7.4～7.5）。若pH偏高或偏低，可通过改变两者的比例来加以调整，于室温下保存即可。

④ 25 ℃下0.2 M磷酸钠缓冲液的配制见附录表19。

附录表19　25 ℃下0.2 M磷酸钠缓冲液的配制

pH	0.2 M Na_2HPO_4（mL）	0.2 M NaH_2PO_4（mL）
5.8	8	92
5.9	10	90
6.0	12.3	87.7
6.1	15	85
6.2	18.5	81.5
6.3	22.5	77.5
6.4	26.5	73.5
6.5	31.5	68.5
6.6	37.5	62.5
6.7	43.5	56.5
6.8	49	51
6.9	55	45
7.0	61	39
7.1	67	33
7.2	72	28
7.3	77	23
7.4	81	19
7.5	84	16
7.6	87	13
7.7	89.5	10.5
7.8	91.5	8.5
7.9	93.5	6.5
8.0	94.7	5.3

⑤ 25 ℃下 0.1 M 磷酸钾缓冲液的配制见附录表 20。

附录表 20　25 ℃下 0.1 M 磷酸钾缓冲液的配制

pH	1 M K_2HPO_4(mL)	1 M KH_2PO_4(mL)
5.8	8.5	91.5
6.0	13.2	86.8
6.2	19.2	80.8
6.4	27.8	72.2
6.6	38.1	61.9
6.8	49.7	50.3
7.0	61.5	38.5
7.2	71.7	28.3
7.4	80.2	19.8
7.6	86.6	13.4
7.8	90.8	9.2
8.0	94	6

附录 2　资 源 信 息

1. 常用网站

常用网站根据功能分类如下：

(1) 分子克隆(Molecular Cloning)。

① 引物 T_m 计算：http://biotools.nubic.northwestern.edu/OligoCalc.html。

② 密码子优化：https://sg.idtdna.com/CodonOpt。

③ 质粒图谱分析：http://wishart.biology.ualberta.ca/PlasMapper/。

④ 启动子信息：https://blog.addgene.org/plasmids-101-the-promoter-region。

⑤ 启动子结构预测：http://www.cbs.dtu.dk/services/Promoter/。

⑥ Addgene(一个质粒数据库)：http://www.addgene.org/vector-database/。

⑦ NEB 内切酶缓冲液推荐：https://nebcloner.neb.com/#!/redigest。

⑧ 核酸数据分析：http://biotools.nubic.northwestern.edu/OligoCalc.html。

(2) 蛋白表达与纯化(Protein Expression and Purification)。

① 蛋白表达菌株信息：http://wolfson.huji.ac.il/expression/bac-strains-prot-exp.html。

② 蛋白纯化：http://wolfson.huji.ac.il/purification/Purification_Protocols.html。

(3) 蛋白序列分析(Protein Sequence Analysis)。

① 信号肽预测：http://www.cbs.dtu.dk/services/SignalP/。

② 跨膜区预测 TMpred：http://www.ch.embnet.org/software/TMPRED_form.html。

③ 结构域预测：http：//smart. embl-heidelberg. de/。

④ 蛋白性质预测：http：//web. expasy. org/protparam/；http：//biotools. nubic. northwestern. edu/proteincalc. html。

⑤ 蛋白质结构与功能预测：http：//raptorx. uchicago. edu/。

⑥ 二级结构预测：http：//bioinf. cs. ucl. ac. uk/psipred/。

⑦ 评估结构预测的准确性和可靠性：https：//www. cameo3d. org/。

⑧ 蛋白质结构和功能预测：https：//open. predictprotein. org/。

⑨ 三维结构比对：http：//ekhidna. biocenter. helsinki. fi/dali_server/start。

⑩ 同源建模：https：//zhanglab. ccmb. med. umich. edu/I-TASSER/；https：//swissmodel. expasy. org/。

⑪ 预测蛋白相互作用：https：//string-db. org/。

⑫ Pfam 数据库中蛋白质家族的集合（根据结构域分类）：http：//pfam. xfam. org/。

（4）结构分析（Structure Analysis）。

① RCSB PDB 数据库：http：//www. rcsb. org/。

② 晶体界面分析 PISA Server：http：//www. ebi. ac. uk/pdbe/pisa/。

③ Deposition Server：https：//deposit-1. wwpdb. org/。

④ 配体结构文件下载：http：//www. rcsb. org/pdb/ligand/chemAdvSearch. do。

⑤ Bernhard Rupp 的生物大分子晶体学网站：http：//www. ruppweb. org/Xray/101index. html。

（5）其他网站。

① 美国模式培养物集存库：http：//www. attc. org/。

② 化学分子性质：http：//www. chemicalbook. com/ProductIndex_EN. aspx。

③ RNA 修饰数据库：http：//mods. rna. albany. edu/mods/modifications/。

④ 维基百科：https：//www. wikipedia. org/。

⑤ 各类实验方案：http：//openwetware. org/wiki/Protocols。

⑥ 文献检索：http：//www. webofknowledge. com/wos。

⑦ 引文分析软件 Histcite 教程：https：//zhuanlan. zhihu. com/p/20902898。

⑧ 文献下载：https：//sci-hub. tw/。

⑨ 校外访问知网入口：https：//fsso. cnki. net/。

⑩ 英文教材下载：http：//gen. lib. rus. ec/。

⑪ 生物类文件格式转化：https：//www. ebi. ac. uk/Tools/sfc/emboss_seqret/。

⑫ PDF 文件更改格式：https：//www. ilovepdf. com/zh-cn。

⑬ 远程访问服务器软件 Xshell：https：//www. cnblogs. com/Hijack-you/p/10501136. html。

2. 密码子及其偏好性表格

密码子表格见附录表 21。

附录表 21　密码子表格

第一位碱基	第二位碱基 U	C	A	G	第三位碱基
U	UUU(Phe/F)苯丙氨酸	UCU(Ser/S)丝氨酸	UAU(Tyr/Y)酪氨酸	UGU(Cys/C)半胱氨酸	U
	UUC(Phe/F)苯丙氨酸	UCC(Ser/S)丝氨酸	UAC(Tyr/Y)酪氨酸	UGC(Cys/C)半胱氨酸	C
	UUA(Leu/L)亮氨酸	UCA(Ser/S)丝氨酸	UAA(终止)	UGA(终止)	A
	UUG(Leu/L)亮氨酸	UCG(Ser/S)丝氨酸	UAG(终止)	UGG(Trp/W)色氨酸	G
C	CUU(Leu/L)亮氨酸	CCU(Pro/P)脯氨酸	CAU(His/H)组氨酸	CGU(Arg/R)精氨酸	U
	CUC(Leu/L)亮氨酸	CCC(Pro/P)脯氨酸	CAC(His/H)组氨酸	CGC(Arg/R)精氨酸	C
	CUA(Leu/L)亮氨酸	CCA(Pro/P)脯氨酸	CAA(Gln/Q)谷氨酰胺	CGA(Arg/R)精氨酸	A
	CUG(Leu/L)亮氨酸	CCG(Pro/P)脯氨酸	CAG(Gln/Q)谷氨酰胺	CGG(Arg/R)精氨酸	G
A	AUU(Ile/I)异亮氨酸	ACU(Thr/T)苏氨酸	AAU(Asn/N)天冬酰胺	AGU(Ser/S)丝氨酸	U
	AUC(Ile/I)异亮氨酸	ACC(Thr/T)苏氨酸	AAC(Asn/N)天冬酰胺	AGC(Ser/S)丝氨酸	C
	AUA(Ile/I)异亮氨酸	ACA(Thr/T)苏氨酸	AAA(Lys/K)赖氨酸	AGA(Arg/R)精氨酸	A
	AUG(Met/M)甲硫氨酸	ACG(Thr/T)苏氨酸	AAG(Lys/K)赖氨酸	AGG(Arg/R)精氨酸	G
G	GUU(Val/V)缬氨酸	GCU(Ala/A)丙氨酸	GAU(Asp/D)天冬氨酸	GGU(Gly/G)甘氨酸	U
	GUC(Val/V)缬氨酸	GCC(Ala/A)丙氨酸	GAC(Asp/D)天冬氨酸	GGC(Gly/G)甘氨酸	C
	GUA(Val/V)缬氨酸	GCA(Ala/A)丙氨酸	GAA(Glu/E)谷氨酸	GGA(Gly/G)甘氨酸	A
	GUG(Val/V)缬氨酸	GCG(Ala/A)丙氨酸	GAG(Glu/E)谷氨酸	GGG(Gly/G)甘氨酸	G

人类密码子偏好性表格及大肠杆菌密码子编好性表格分别见附录表22、附录表23。

附录表 22　人类密码子偏好性表格

第一位碱基	第二位碱基 U	C	A	G	第三位碱基
U	UUU(17.6%)	UCU(15.2%)	UAU(12.2%)	UGU(10.6%)	U
	UUC(20.3%)	UCC(17.7%)	UAC(15.3%)	UGC(12.6%)	C
	UUA(7.7%)	UCA(12.2%)	UAA(1%)	UGA(1.6%)	A
	UUG(12.9%)	UCG(4.4%)	UAG(0.8%)	UGG(13.2%)	G
C	CUU(13.2%)	CCU(17.5%)	CAU(10.9%)	CGU(4.5%)	U
	CUC(19.6%)	CCC(19.8%)	CAC(15.1%)	CGC(10.4%)	C
	CUA(7.2%)	CCA(16.9%)	CAA(12.3%)	CGA(6.2%)	A
	CUG(39.6%)	CCG(6.9%)	CAG(34.2%)	CGG(11.4%)	G

续表

第一位碱基	第二位碱基 U	C	A	G	第三位碱基
A	AUU(16%)	ACU(13.1%)	AAU(17%)	AGU(12.1%)	U
	AUC(20.8%)	ACC(18.9%)	AAC(19.1%)	AGC(19.5%)	C
	AUA(7.5%)	ACA(15.1%)	AAA(24.4%)	AGA(12.2%)	A
	AUG(22%)	ACG(6.1%)	AAG(31.9%)	AGG(12%)	G
G	GUU(11%)	GCU(18.4%)	GAU(21.8%)	GGU(10.8%)	U
	GUC(14.5%)	GCC(27.7%)	GAC(25.1%)	GGC(22.2%)	C
	GUA(7.1%)	GCA(15.8%)	GAA(29%)	GGA(16.5%)	A
	GUG(28.1%)	GCG(7.4%)	GAG(39.6%)	GGG(16.5%)	G

附录表 23　大肠杆菌密码子偏好性表格

第一位碱基	第二位碱基 U	C	A	G	第三位碱基
U	UUU(24.4%)	UCU(13.1%)	UAU(21.6%)	UGU(5.9%)	U
	UUC(13.9%)	UCC(9.7%)	UAC(11.7%)	UGC(5.5%)	C
	UUA(17.4%)	UCA(13.1%)	UAA(2%)	UGA(1.1%)	A
	UUG(12.9%)	UCG(8.2%)	UAG(0.3%)	UGG(13.4%)	G
C	CUU(14.5%)	CCU(9.5%)	CAU(12.4%)	CGU(15.9%)	U
	CUC(9.5%)	CCC(6.2%)	CAC(7.3%)	CGC(14%)	C
	CUA(5.6%)	CCA(9.1%)	CAA(14.4%)	CGA(4.8%)	A
	CUG(37.4%)	CCG(14.5%)	CAG(26.7%)	CGG(7.9%)	G
A	AUU(29.6%)	ACU(13.1%)	AAU(29.3%)	AGU(13.2%)	U
	AUC(19.4%)	ACC(18.9%)	AAC(20.3%)	AGC(14.3%)	C
	AUA(13.3%)	ACA(15.1%)	AAA(37.2%)	AGA(7.1%)	A
	AUG(23.7%)	ACG(13.6%)	AAG(15.3%)	AGG(4%)	G
G	GUU(21.6%)	GCU(18.9%)	GAU(33.7%)	GGU(23.7%)	U
	GUC(13.1%)	GCC(21.6%)	GAC(17.9%)	GGC(20.6%)	C
	GUA(13.1%)	GCA(23%)	GAA(35.1%)	GGA(13.6%)	A
	GUG(19.9%)	GCG(21.1%)	GAG(19.4%)	GGG(12.3%)	G

3. 结晶试剂盒

蛋白质晶体的析出是由清澈的蛋白质溶液变成饱和溶液，饱和溶液变成过饱和溶液的过程。当过饱和溶液满足适当的条件时，蛋白质才有可能以晶体的形式从溶液中析出，否则就会变成无定形沉淀。而结晶过程不可能自发完成，必须要在外界的“作用力”帮助下才可能完成这种熵减的过程。

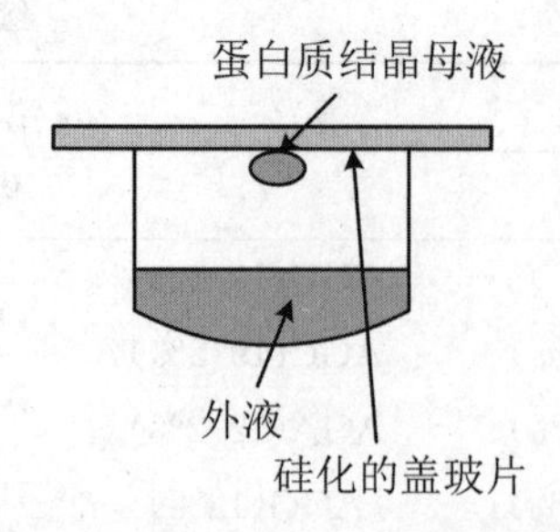

附录图1　母液中蛋白质以晶体状态析出

这里采用的是悬滴气象扩散法:在起始状态时,结晶母液与外液之间存在某些因素的梯度差,随着气相扩散,这些梯度发生变化。如果变化后的条件合适,母液中的蛋白质就有可能以晶体状态析出,如附录图1所示。

中国科学技术大学结构免疫学实验室自主研发了许多MBP-screen。原则上带MBP标签的蛋白一开始可以用MBP-screen来筛选。如果没有晶体长出来,则可以根据蛋白在该试剂盒的表现(都是沉淀还是都是清澈的液滴)来决定下一步用什么试剂盒。本附录中收纳了已有的所有试剂盒的配方。

中国科学技术大学结构免疫学实验室现有晶体试剂盒介绍如下:

① MBP-phusion Protein Crystallization Screen,见附录表24。

此为中国科学技术大学结构免疫学实验室研制的利用率和成功率最高的试剂盒。它是MBP偶联蛋白的首选,其他样品也适用,一般用于初筛。

② Wizard Ⅰ/Ⅱ Random Sparse Matrix Crystallization Screen,见附录表25。

③ Wizard Ⅲ/Ⅳ Random Sparse Matrix Crystallization Screen,见附录表26。

适合初筛,pH为4.5～10.5,对于不同的缓冲液及不同的盐,沉淀剂也有很多种。

附录表24　MBP-phusion Protein Crystallization Screen

序号	盐/添加剂	缓冲液	pH	沉淀剂
1	0.2 M $MgCl_2$	MES	6.0	0.2 g/mL PEG6000
2	0.2 M $CaCl_2$	MES	6.0	0.2 g/mL PEG6000
3	0.2 M Zn acetate(醋酸锌)	MES	6.0	0.2 g/mL PEG6000
4	0.2 M Li acetate(醋酸锂)	cacodylate(甲次砷酸盐)	6.5	0.2 g/mL PEG6000
5	0.2 M Li sulfate(硫酸锂)	MES	6.0	0.15 g/mL PEG6000
6	0.2 M Na tartrate(酒石酸钠)	MES	6.0	0.2 g/mL PEG6000
7	0.1 M Na citrate(柠檬酸钠)	MES	6.0	0.3 g/mL PEG6000
8	0.2 M NH_4 acetate(醋酸铵)	MES	6.0	0.2 g/mL PEG6000
9	0.2 M NH_4 sulfate(硫酸铵)	Na acetate	4.6	0.15 g/mL PEG6000
10	0.2 M NH_4 tartrate(酒石酸铵)	MES	6.0	0.2 g/mL PEG6000
11	0.1 M Na/K phosphate(磷酸钠/钾)	MES	6.0	0.2 g/mL PEG6000
12	0.1 M NaCl,10 mM $MnCl_2$	cacodylate	6.5	0.2 g/mL PEG6000
13	0.2 M Na acetate(醋酸钠)	CHES	9.5	0.2 g/mL PEG6000
14	0.2 M $MgCl_2$	HEPES	7.4	0.2 g/mL PEG6000
15	0.2 M $CaCl_2$	HEPES	7.4	0.2 g/mL PEG6000

续表

序号	盐/添加剂	缓冲液	pH	沉淀剂
16	0.2 M Zn acetate	HEPES	6.5	0.2 g/mL PEG6000
17	0.2 M Li acetate	HEPES	7.4	0.25 g/mL PEG6000
18	0.2 M Li sulfate	HEPES	7.4	0.2 g/mL PEG6000
19	0.2 M Na tartrate	HEPES	7.4	0.2 g/mL PEG6000
20	0.2 M Na citrate	HEPES	7.4	0.15 g/mL PEG6000
21	0.2 M NH_4 acetate	HEPES	7.4	0.2 g/mL PEG6000
22	0.2 M NH_4 sulfate	cacodylate	6.5	0.2 g/mL PEG6000
23	0.2 M NH_4 tartrate	HEPES	7.4	0.2 g/mL PEG6000
24	0.1 M Na/K phosphate	HEPES	7.4	0.2 g/mL PEG6000
25	0.1 M Na iodide(碘化钠)	Na acetate	4.6	0.2 g/mL PEG8000
26	0.2 M Na citrate	MES	6.0	0.2 g/mL PEG8000
27	0.2 M Na malonate(丙二酸钠)	cacodylate	6.5	0.2 g/mL PEG8000
28	0.2 M NH_4 sulfate	MES	6.5	0.2 g/mL PEG8000
29	0.1 M Mg formate(甲酸镁)	HEPES	7.0	0.2 g/mL PEG8000
30		HEPES(甲酸铵)	7.4	0.2 g/mL PEG8000
31	0.1 M K nitrate(硝酸钾)	Tris	8.0	0.2 g/mL PEG8000
32	0.1 M NH_4 formate(甲酸铵)	CHES	9.5	0.2 g/mL PEG8000
33	0.1 M Zn acetate	cacodylate	6.5	0.2 g/mL PEG8000
34	0.2 M NH_4Cl	Na citrate	5.6	0.15 g/mL PEG8000
35	0.2 M NH_4 acetate	Na acetate	5.0	0.15 g/mL PEG8000
36	0.2 M Na/K tartrate	MES	5.0	0.15 g/mL PEG8000
37	0.1 M LiCl	Tris	8.5	0.15 g/mL PEG8000
38	0.1 M $MgCl_2$	Tris	8.5	0.25 g/mL PEG4000
39	0.2 M NH_4NO_3	Na acetate	4.6	0.25 g/mL PEG4000
40	0.1 M NaCl,10%glycerol(甘油)	cacodylate	6.5	0.25 g/mL PEG4000
41	0.2 M Na malonate	Tris	8.0	0.25 g/mL PEG4000
42	0.2 M Li sulfate	MES	6.0	0.2 g/mL PEG4000
43	0.2 M Na tartrate	HEPES	7.0	0.2 g/mL PEG4000
44	0.2 M Na formate(甲酸钠)	HEPES	7.4	0.2 g/mL PEG4000
45	5%isopropanol(异丙醇)	Tris	8.5	0.15 g/mL PEG4000
46	0.1 M Zn acetate	cacodylate	7.0	0.15 g/mL PEG4000
47	0.2 Li acetate	Na citrate	5.6	0.15 g/mL PEG4000
48		HEPES	7.4	0.2 g/mL PEG10000

续表

序号	盐/添加剂	缓冲液	pH	沉淀剂
49		cacodylate	6.5	0.15 g/mL PEG10000
50		Na citrate	5.6	0.1 g/mL PEG10000
51	0.2 M NH_4 citrate(柠檬酸铵)	HEPES	7.0	0.1 g/mL PEG10000
52	0.2 M K acetate(醋酸钾)	Tris	8.0	0.1 g/mL PEG10000
53	10%glycerol	Na citrate	5.6	2.5 M NH_4 sulfate
54		MES	6.0	2.5 M NH_4 sulfate
55		HEPES	7.0	2.5 M NH_4 sulfate
56		Tris	8.0	2.5 M NH_4 sulfate
57		Na acetate	4.6	2 M NH_4 sulfate
58		MES	5.5	2 M NH_4 sulfate
59		cacodylate	6.5	2 M NH_4 sulfate
60		HEPES	7.4	2 M NH_4 sulfate
61		Tris	8.5	2 M NH_4 sulfate
62	0.2 M $MgCl_2$	Na citrate	5.6	1.5 M NH_4 sulfate
63	10 mM Zn acetate	MES	6.0	1.5 M NH_4 sulfate
64	10 mM $MnCl_2$	HEPES	7.0	1.5 M NH_4 sulfate
65	10 mM $CaCl_2$	Tris	8.0	1.5 M NH_4 sulfate
66				1.8 M NaCl,0.3 g/mL sucrose(蔗糖)
67	50 mM $CdCl_2$	HEPES	7.4	1 M Na acetate
68	0.2 M NH_4 sulfate	MES	6.5	1 M Na acetate
69	0.2 M Na acetate,10 mM $MgCl_2$	MES	6.0	0.2 g/mL PEG5000 MME
70	0.2 M NH_4 tartrate	phosphate(磷酸盐)	7.9	0.2 g/mL PEG2000 MME
71	0.2 KCl	Na citrate	5.6	0.2 g/mL PEG2000 MME
72	0.2 M NH_4 sulfate	Na acetate	4.6	0.2 g/mL PEG2000 MME
73	0.2 M NH_4 nitrate(硝酸铵)	cacodylate	6.5	0.2 g/mL PEG2000 MME
74	0.1 M NaCl	Na acetate	4.6	0.2 g/mL PEG2000 MME
75	0.1 M NaF	Tris	8.5	0.2 g/mL PEG2000 MME
76	0.1 M Na/K phosphate	HEPES	7.0	0.2 g/mL PEG1000
77	0.2 M Na malonate	MES	6.0	0.2 g/mL PEG1000
78	0.2 M NH_4 sulfate	Na citrate	5.6	30%PEG550 MME
79	0.2 M NH_4 sulfate	Na acetate	4.6	30%PEG550 MME
80	0.1 M $MgCl_2$	cacodylate	6.5	30%PEG550 MME
81	0.1 M KCl	Na acetate	4.6	30%PEG550 MME

续表

序号	盐/添加剂	缓冲液	pH	沉淀剂
82		Tris	8.5	30%PEG550 MME
83	10 mM $CaCl_2$	HEPES	7.4	35%PEG550 MME
84	10 mM Zn acetate，0.1 M NaCl	Na citrate	5.6	30%PEG400
85	0.1 M $MgCl_2$	cacodylate	6.5	30%PEG400
86	0.2 M NH_4 sulfate	HEPES	7.0	25%PEG400，25%glycerol
87		Na citrate	5.6	20%PEG400，0.2 g/mL sucrose
88	2%MPD，50 mM $MnCl_2$	MES	6.5	40%PEG400
89	50 mM $MgCl_2$	HEPES	7.4	40%PEG400
90	50 mM $CaCl_2$	Na acetate	4.6	40%PEG400
91	0.1 M $CaCl_2$	HEPES	7.0	30%MPD
92	0.1 M NaCl	Na citrate	5.6	30%MPD
93	0.2 M NH_4 sulfate	cacodylate	6.5	25%MPD
94	0.1 M K nitrate	MES	5.5	20%MPD
95	0.1 M Na/K phosphate	Na acetate	4.6	20%MPD
96	10 mM $MgCl_2$，0.5%Jeffamine	cacodylate	6.0	1 M Li sulfate

注：本表中的百分比均为体积分数。

附录表 25　Wizard Ⅰ/Ⅱ Random Sparse Matrix Crystallization Screen

序号	结晶剂	盐(0.2 M)	缓冲液(0.1 M)
1	0.2 g/mL PEG8000	无	CHES(pH 9.5)
2	10% 2-丙醇	NaCl	HEPES(pH 7.5)
3	15% 乙醇	无	CHES(pH 9.5)
4	35% 2-甲基-2，4-戊二醇	$MgCl_2$	咪唑基(pH 8.0)
5	30% PEG400	无	CAPS(pH 10.5)
6	0.2 g/mL PEG3000	无	柠檬酸盐(pH 5.5)
7	0.1 g/mL PEG8000	$Zn(OAc)_2$	MES(pH 6.0)
8	2 M $(NH_4)_2SO_4$	无	柠檬酸盐(pH 5.5)
9	1 M $(NH_4)_2HPO_4$	无	醋酸盐(pH 4.5)
10	0.2 g/mL PEG2000 MME	无	Tris(pH 7.0)
11	20% 1，4-丁二醇	Li_2SO_4	MES(pH 6.0)
12	0.2 g/mL PEG1000	$Ca(OAc)_2$	咪唑基(pH 8.0)
13	1.26 M $(NH_4)_2SO_4$	无	甲次砷酸盐(pH 6.5)

续表

序号	结晶剂	盐(0.2 M)	缓冲液(0.1 M)
14	1 M 柠檬酸钠	无	甲次砷酸盐(pH 6.5)
15	0.1 g/mL PEG3000	Li_2SO_4	咪唑基(pH 8.0)
16	2.5 M NaCl	无	磷酸钠/钾(pH 6.2)
17	0.3 g/mL PEG8000	Li_2SO_4	醋酸盐(pH 4.5)
18	1 M 酒石酸钾/钠	NaCl	咪唑基(pH 8.0)
19	0.2 g/mL PEG1000	无	Tris(pH 7.0)
20	0.4 M NaH_2PO_4/1.6 M K_2HPO_4	NaCl	咪唑基(pH 8.0)
21	0.2 g/mL PEG8000	无	HEPES(pH 7.5)
22	10% 2-丙醇	无	Tris(pH 8.5)
23	15% 乙醇	$MgCl_2$	咪唑基(pH 8.0)
24	35% 2-甲基-2,4-戊二醇	NaCl	Tris(pH 7.0)
25	30% PEG400	$MgCl_2$	Tris(pH 8.5)
26	0.1 g/mL PEG3000	无	CHES(pH 9.5)
27	1.2 M NaH_2PO_4/0.8 M K_2HPO_4	Li_2SO_4	CAPS(pH 10.5)
28	0.2 g/mL PEG3000	NaCl	HEPES(pH 7.5)
29	0.1 g/mL PEG8000	NaCl	CHES(pH 9.5)
30	1.26 M $(NH_4)_2SO_4$	NaCl	醋酸盐(pH 4.5)
31	0.2 g/mL PEG8000	NaCl	磷酸盐-柠檬酸盐(pH 4.2)
32	0.1 g/mL PEG3000	无	磷酸钠/钾(pH 6.2)
33	2 M $(NH_4)_2SO_4$	Li_2SO_4	CAPS(pH 10.5)
34	1 M $(NH_4)_2HPO_4$	无	咪唑基(pH 8.0)
35	20% 1,4-丁二醇	无	醋酸盐(pH 4.5)
36	1 M 柠檬酸钠	无	咪唑基(pH 8.0)
37	2.5 M NaCl	无	咪唑基(pH 8.0)
38	1 M 酒石酸钾/钠	Li_2SO_4	CHES(pH 9.5)
39	0.2 g/mL PEG1000	Li_2SO_4	磷酸盐-柠檬酸盐(pH 4.2)
40	10% 2-丙醇	$Ca(OAc)_2$	MES(pH 6.0)
41	0.3 g/mL PEG3000	无	CHES(pH 9.5)
42	15%乙醇	无	Tris(pH 7.0)
43	35% 2-甲基-2,4-戊二醇	无	磷酸钠/钾(pH 6.2)
44	30% PEG400	$Ca(OAc)_2$	醋酸盐(pH 4.5)
45	0.2 g/mL PEG3000	无	醋酸盐(pH 4.5)
46	0.1 g/mL PEG8000	$Ca(OAc)_2$	咪唑盐(pH 8.0)

续表

序号	结晶剂	盐(0.2 M)	缓冲液(0.1 M)
47	1.26 M $(NH_4)_2SO_4$	Li_2SO_4	Tris(pH 8.5)
48	0.2 g/mL PEG1000	$Zn(OAc)_2$	酸醋盐(pH 4.5)
49	0.1 g/mL PEG3000	$Zn(OAc)_2$	醋酸盐(pH 4.5)
50	35% 2-甲基-2,4-戊二醇	Li_2SO_4	MES(pH 6.0)
51	0.2 g/mL PEG8000	$MgCl_2$	Tris(pH 8.5)
52	2 M $(NH_4)_2SO_4$	NaCl	甲次砷酸盐(pH 6.5)
53	20% 1,4-丁二醇	NaCl	HEPES(pH 7.5)
54	10% 2-丙醇	Li_2SO_4	磷酸盐-柠檬酸盐(pH 4.2)
55	0.3 g/mL PEG3000	NaCl	Tris(pH 7.0)
56	0.1 g/mL PEG8000	NaCl	磷酸钠/钾(pH 6.2)
57	2 M $(NH_4)_2SO_4$	无	磷酸盐-柠檬酸盐(pH 4.2)
58	1 M $(NH_4)_2HPO_4$	无	Tris(pH 8.5)
59	10% 2-丙醇	$Zn(OAc)_2$	甲次砷酸盐(pH 6.5)
60	30% PEG400	Li_2SO_4	甲次砷酸盐(pH 6.5)
61	15% 乙醇	Li_2SO_4	柠檬酸盐(pH 5.5)
62	0.2 g/mL PEG1000	NaCl	磷酸钠/钾(pH 6.2)
63	1.26 M $(NH_4)_2SO_4$	无	HEPES(pH 7.5)
64	1 M 柠檬酸钠	无	CHES(pH 9.5)
65	2.5 M NaCl	$MgCl_2$	Tris(pH 7.0)
66	0.2 g/mL PEG3000	$Ca(OAc)_2$	Tris(pH 7.0)
67	1.6 M NaH_2PO_4/0.4 M K_2HPO_4	无	磷酸盐-柠檬酸盐(pH 4.2)
68	15% 乙醇	$Zn(OAc)_2$	MES(pH 6.0)
69	35% 2-甲基-2,4-戊二醇	无	醋酸盐(pH 4.5)
70	10% 2-丙醇	无	咪唑基(pH 8.0)
71	15% 乙醇	$MgCl_2$	HEPES(pH 7.5)
72	0.3 g/mL PEG8000	NaCl	咪唑基(pH 8.0)
73	35% 2-甲基-2,4-戊二醇	NaCl	HEPES(pH 7.5)
74	30% PEG400	无	CHES(pH 9.5)
75	0.1 g/mL PEG3000	$MgCl_2$	甲次砷酸盐(pH 6.5)
76	0.2 g/mL PEG8000	$Ca(OAc)_2$	MES(pH 6.0)
77	1.26 M $(NH_4)_2SO_4$	NaCl	CHES(pH 9.5)
78	20% 1,4-丁二醇	$Zn(OAc)_2$	咪唑基(pH 8.0)
79	1 M 柠檬酸钠	NaCl	Tris(pH 7.0)

续表

序号	结晶剂	盐(0.2 M)	缓冲液(0.1 M)
80	0.2 g/mL PEG1000	无	Tris(pH 8.5)
81	1 M $(NH_4)_2HPO_4$	NaCl	柠檬酸盐(pH 5.5)
82	0.1 g/mL PEG8000	无	咪唑基(pH 8.0)
83	0.8 M NaH_2PO_4/1.2 M K_2HPO_4	无	醋酸盐(pH 4.5)
84	0.1 g/mL PEG3000	NaCl	磷酸盐-柠檬酸盐(pH 4.2)
85	1 M 酒石酸钾/钠	Li_2SO_4	Tris(pH 7.0)
86	2.5 M NaCl	Li_2SO_4	醋酸盐(pH 4.5)
87	0.2 g/mL PEG8000	NaCl	CAPS(pH 10.5)
88	0.2 g/mL PEG3000	$Zn(OAc)_2$	咪唑基(pH 8.0)
89	2 M $(NH_4)_2SO_4$	Li_2SO_4	Tris(pH 7.0)
90	30% PEG400	NaCl	HEPES(pH 7.5)
91	0.1 g/mL PEG8000	$MgCl_2$	Tris(pH 7.0)
92	0.2 g/mL PEG1000	$MgCl_2$	甲次砷酸盐(pH 6.5)
93	1.26 M $(NH_4)_2SO_4$	无	MES(pH 6.0)
94	1 M $(NH_4)_2HPO_4$	NaCl	咪唑基(pH 8.0)
95	2.5 M NaCl	$Zn(OAc)_2$	咪唑基(pH 8.0)
96	1 M 酒石酸钾/钠	无	MES(pH 6.0)

注:本表中的百分比均为体积分数。

附录表 26　Wizard Ⅲ/Ⅳ Random Sparse Matrix Crystallization Screen

序号	结晶剂	盐/添加剂 1	添加剂 2	缓冲液	pH
1	0.2 g/mL PEG3350	0.2 M 柠檬酸钠(二盐基)			
2	30% MPD	0.02 M 氯化钙		0.1 M 醋酸钠	4.6
3	0.2 g/mL PEG3350	0.2 M 甲酸镁			
4	0.2 g/mL PEG3350	0.2 M 甲酸铵			
5	0.2 g/mL PEG3350	0.2 M 氯化铵			
6	0.2 g/mL PEG3350	0.2 M 甲酸钾			
7	50% MPD	0.2 M $NH_4H_2PO_4$		0.1 M Tris	8.0
8	0.2 g/mL PEG3350	0.2 M 硝酸钾			
9	0.8 M 硫酸铵			0.1 M 柠檬酸	4.0
10	0.2 g/mL PEG3350	0.2 M 硫氰酸钠			
11	0.2 g/mL PEG6000			0.1 M N-二甘氨酸	9.0
12	0.1 g/mL PEG8000	8% 乙二醇		0.1 M HEPES	7.5

续表

序号	结晶剂	盐/添加剂 1	添加剂 2	缓冲液	pH
13	0.08 g/mL PEG4000			0.1 M 醋酸钠	4.6
14	0.2 g/mL PEG6000			0.1 M 柠檬酸	5.0
15	1.6 M 柠檬酸钠				
16	0.2 g/mL PEG3350	0.2 M 柠檬酸钾(三盐基)			
17	0.2 g/mL PEG4000	10% 2-丙醇		0.1 M 柠檬酸盐	5.5
18	0.2 g/mL PEG6000	1 M 氯化锂		0.1 M 柠檬酸	4.0
19	0.2 g/mL PEG3350	0.2 M 硝酸铵			
20	0.1 g/mL PEG6000			0.1 M HEPES	7.0
21	1.6 M 磷酸钠/钾			0.1 M HEPES	7.5
22	20% 乙醇			0.1 M Tris	8.5
23	0.1 g/mL PEG20000	2% 二恶烷		0.1 M N-二甘氨酸	9.0
24	2 M 硫酸铵			0.1 M 醋酸钠	4.6
25	0.1 g/mL PEG1000	0.1 g/mL PEG8000			
26	0.24 g/mL PEG1500	20% 甘油			
27	30% PEG400	0.2 M 氯化镁		0.1 M HEPES	7.5
28	70% MPD			0.1 M HEPES	7.5
29	40% MPD			0.1 M Tris	8.0
30	0.055 g/mL PEG4000	0.17 M 硫酸铵	15% 甘油		
31	14% 2-丙醇	0.14 M 氯化钙	30% 甘油	0.07 M 醋酸钠	4.6
32	0.16 g/mL PEG8000	0.04 M KH_2PO_4	20% 甘油		
33	1.6 M 硫酸镁			0.1 M MES	6.5
34	0.1 g/mL PEG6000			0.1 M N-二甘氨酸	9.0
35	0.044 g/mL PEG8000	0.16 M 醋酸钙	20% 甘油	0.08 M 甲次砷酸盐	6.5
36	30% Jeffamine M-600	0.05 M 氯化铯		0.1 M MES	6.5
37	3.2 M 硫酸铵			0.1 M 柠檬酸	5.0
38	0.15 g/mL PEG10000	2% 二恶烷		0.1 M 柠檬酸盐	5.5
39	20% Jeffamine M-600			0.1 M HEPES	7.5
40	10% MPD			0.1 M N-二甘氨酸	9.0
41	28% PEG400	0.2 M 氯化钙		0.1 M HEPES	7.5
42	0.3 g/mL PEG4000	0.2 M 硫酸锂		0.1 M Tris	8.5

续表

序号	结晶剂	盐/添加剂 1	添加剂 2	缓冲液	pH
43	0.3 g/mL PEG8000	0.2 M 硫酸铵			
44	0.3 g/mL PEG5000 MME	0.2 M 硫酸锂		0.1 M Tris	8.0
45	1.5 M 硫酸铵		12% 甘油	0.1 M Tris	8.5
46	50% MPD	0.2 M $NH_4H_2PO_4$		0.1 M Tris	8.5
47	0.3 g/mL PEG5000 MME	0.2 M 硫酸铵		0.1 M MES	6.5
48	0.2 g/mL PEG10000				7.5
49	20% 甘油	40 mM 磷酸钾	0.16 g/mL PEG8000		
50	15% 乙醇	100 mM 氯化钠	5% MPD	Tris	8.0
51	40% 乙醇		0.05 g/mL PEG1000	磷酸盐-柠檬酸盐	4.2
52	200 mM 硫酸铵			BisTris	5.5
53	2 M 硫酸铵		2% PEG400	醋酸盐	5.5
54	800 mM 硫酸铵			柠檬酸盐	4.0
55	2 M 硫酸锂	100 mM 硫酸镁	5% 异丙醇	醋酸盐	4.5
56	2 M 硫酸锂		2% PEG400	Tris	8.5
57	2 M 硫酸锂	100 mM 硫酸镁	5% PEG400	醋酸盐	5.5
58	50% PEG200	200 mM 氯化镁		甲次砷酸钠	6.5
59	40% PEG300	200 mM 醋酸钙		甲次砷酸钠	6.5
60	30% Jeffamine M-600(pH 7.0)	200 mM 硫酸锂		HEPES	7.0
61	800 mM 琥珀酸(pH 7.0)				
62	40% PEG400	200 mM 硫酸锂		Tris	8.5
63	50% PEG400	200 mM 硫酸锂		醋酸钠	4.5
64	15% PEG550 MME			MES	6.5
65	0.25 g/mL PEG1500			SPG 缓冲液/NaOH	5.5
66	0.25 g/mL PEG1500			SPG 缓冲液/NaOH	8.5
67	0.25 g/mL PEG1500			MMT 缓冲液/NaOH	6.5
68	0.25 g/mL PEG1500			MMT 缓冲液/NaOH	9.0
69	0.25 g/mL PEG1500			MIB 缓冲液/HCl	5.0

续表

序号	结晶剂	盐/添加剂 1	添加剂 2	缓冲液	pH
70	0.25 g/mL PEG1500			PCB 缓冲液/NaOH	7.0
71	0.12 g/mL PEG1500	2500 mM 氯化钠	1.5% MPD	醋酸钠	5.5
72	2400 mM 丙二酸钠				
73	0.3 g/mL PEG2000 MME	150 mM 溴化钾			
74	0.1 g/mL PEG2000 MME	200 mM 硫酸铵		醋酸钠	5.5
75	0.2 g/mL PEG2000 MME	200 mM 二水氧化三甲胺	Tris		8.5
76	0.2 g/mL PEG3350	200 mM 氟化钠		Bis-Tris 丙烷	6.5
77	0.2 g/mL PEG3350	200 mM 柠檬酸钠		柠檬酸盐	4.0
78	0.2 g/mL PEG3350	200 mM 丙二酸钠		Bis-Tris 丙烷	8.5
79	0.2 g/mL 聚丙烯酸 5100	20 mM 氯化镁		HEPES	7.0
80	2100 mM DL-苹果酸(pH 7.0)				
81	800 mM K_2HPO_4		800 mM Na_3PO_4	HEPES	7.5
82	0.2 g/mL PEG6000	200 mM 氯化铵		MES	6.0
83	0.2 g/mL PEG6000	200 mM 氯化钠		HEPES	7.0
84	0.2 g/mL PEG6000	200 mM 氯化锂		Tris	8.0
85	0.2 g/mL 聚乙烯聚吡咯烷酮 K15	100 mM 氯化钴		Tris	8.5
86	50% 乙二醇	200 mM 氯化镁		Tris	8.5
87	0.2 g/mL PEG8000		3% MPD	咪唑基	6.5
88	0.2 g/mL PEG8000	100 mM 氯化镁	20% PEG400	Tris	8.5
89	0.2 g/mL PEG8000	200 mM 硫酸铵	10% 异丙醇	HEPES	7.5
90	30% MPD		0.25 g/mL PEG1500	醋酸盐	4.5
91	30% MPD	200 mM 硫酸铵	0.1 g/mL PEG3350	咪唑基	6.5
92	30% MPD	500 mM 氯化钠	0.08 g/mL PEG8000	Tris	8.5
93	40% 异丙醇		0.15 g/mL PEG8000	咪唑基	6.5
94	30% 异丙醇		0.3 g/mL PEG3350	Tris	8.5
95	0.17 g/mL PEG10000	100 mM 醋酸铵		Bis-Tris	5.5
96	0.15 g/mL PEG20000			HEPES	7.0

注:本表中的百分比均为体积分数。